만 사 일 생 (萬死一生)

북한대사관 참사의 자유를 향한 탈출

만 사 일 생

북한대사관 참사의 자유를 향한 탈출

초판 3쇄   2015년 11월 5일

지은이   홍순경

디자인   굿플러스커뮤니케이션(주)
교정교열   이혜경
제작   신사고하이테크(주)

펴낸곳   도서출판 바른기록
출판등록   2013년 7월 15일
주소   서울시 영등포구 은행로 58 삼도빌딩 307호

ISBN   979 - 11 - 950895 - 4 - 3

만 사 일 생 (萬死一生)

북한대사관 참사의 자유를 향한 탈출

지은이 / 홍순경

바른기록

비행기가 곧 착륙한다는 안내방송이 들린다. 감고 있던 눈을 뜨고 창밖을 내다보니 새벽 안개가 포근하게 감싸고 있는 서울이 한눈에 들어왔다. 꿈꿔왔던 자유세계로의 도착을 눈앞에 두니 지난 1년 8개월간의 롤러코스터와 같았던 일들이 파노라마처럼 눈앞을 스쳐지나갔다.

2000년 10월 5일. 우리 가족이 자유대한에서 첫 아침을 맞은 날이다.
이른 새벽이었지만 거리에는 차들이 분주했고 길가의 가로등이 환했다.

… …

찢어지게 가난한 집안에서 태어나 일찍이 부모를 여의고 어려운 유년기를 보냈던 나는 소위 북한에서 말하는 진정한 프롤레타리아 계급이었다. 지지리 못살았던 출생성분 덕분(?)에 부르주아 계급의 타도를 외치는 북한 사회에서 나는 많은 이들의 부러움을 받는 외교관이 되기 위한 발걸음을 내디딜 수 있었고 내 나름의 성공적인 삶을 살 수 있었다.
누가 그랬던가, 인간이라는 동물은 간사하다고?

지나온 세월을 돌이켜 보면 인간이란 때로는 참으로 간사함을 어쩔 수 없다.

분명 사회의 부조리와 불합리를 보면서 불평도 하고 한탄도 하지만 막상 자기 자신만 편하다면 그 부조리함에 대한 분노보다는 자신이 느끼는 편안함에 더 익숙해지는 것 같다. 나도 그랬다. 북한에서 많은 사람들이 선망하는 외교관 생활을 그 누구보다 오랜 기간 하면서 많은 이들의 부러움을 한 몸에 받으며 편하게 잘 살았다.

그러했기에, 내 조국의 몰락과 쇠퇴를 지켜보면서 한숨을 쉬고 개탄도 했지만 막상 그 사회의 부조리를 바로세우기 위하여 발 벗고 나서지는 못했다. 그러나 영원할 것만 같았던 나의 평온한 삶이 일순 벼랑 끝에 몰리고 모든 것이 산산조각이 나는 순간에서야 비로소 나는 그 부조리한 사회를 등지고 자유를 찾아 떠날 용기를 낼 수 있었다.

나는 유명한 철학자도, 카리스마 넘치는 정치가도, 명석한 과학자도 아니다. 그냥 평범한 외교관이었을 뿐이다. 그런 내가 자서전을 써서 사람들에게 나의 일생에 대한 이야기를 한다는 것이 부끄러웠다. '과연 누가 나의 이야기에 관심이나 가져줄까' 하는 의구심이 들었다. 그런 내가 한국에 온 지 13년이 훌쩍 넘은 지금이나마 이 책을 쓰기로 결심하게 된 이유는 사소한 나의 이야기들이 통일을 준비해 나가는 대한민국 사회에 조금이나마 도움이 될 수 있으면 정말 좋겠다는 작은 바람에서다.

나는 통일이 5년 이내에 온다고 믿는다. 아니 믿고 싶다는 것이 더 정확한 표현일지 모르겠다. 내 인생의 작은 이야기들이 통일을 염원하고 소망하는 이들에게 북한을 알리고 독재체제의 본질을 깨우칠 수 있는 기회가 되길 희망한다. 더 나아가 평화통일에 자그마한 밑거름이 될 수 있다면 더 바랄 것이 없겠다.

마지막으로 우리 가족의 생명의 은인이신 추안 릭파이 전 총리와 태국정부에 머리 숙여 감사의 인사를 올리며, 낯선 한국 땅에서 우리 가족을 따뜻이 맞아준 대한민국 정부와 지난 13년간 물심양면으로 도와주신 많은 분들께 감사드린다. 더불어, 온누리교회 성도여러분과 하나공동체 자매님들에게 감사드리며, 오늘도 북한민주화를 위하여 열정을 다하고 있는 탈북동지들께 경의를 표한다.

2014년 새싹 움트는 봄에
홍순경 拜上

萬死一生의 결단, 통일 앞당길 것

국민대통합위원회 홍순경 위원님의 저서 「만사일생」 출판을 진심으로 축하드립니다.

책은 마음의 양식이라고 합니다. 또한 책 속에 길이 있다 하여 동서고금을 통해 성현들은 책 읽기를 강조해왔습니다.

책을 통해서 우리는 다양한 분야를 간접적으로 체험하여 지식세계를 넓히고, 마음을 살찌우기 때문입니다.

그러한 의미에서 「만사일생」은 우리에게 그동안 상상하지 못했고 경험하지 못한 또 다른 세계를 경험하게 합니다.

저자 홍순경 위원께서는 지난 1999년 3월, 태국 방콕 주재 북한대사관에 과학기술 참사관으로 근무하던 중 죽음의 사선을 넘어 가족과 함께 대한민국으로 망명하셨습니다.

망명 과정에서 겪은 고난과 역경을 소개하는 이 책을 통해 우리는 '의지는 고난보다 강하다'는 진리를 다시 한 번 깨닫게 합니다.

우리는 흔히 여러 차례 죽음의 고비를 넘겨 간신히 목숨을 건진 일을 두고 '아홉 번 죽을 뻔했다가 한 번 살아난다.'는 뜻으로 구사일생이라고 표현 합니다. 그러나 홍순경 위원께서 겪은 고난은 만 번의 죽을 고비를 넘겼다는 뜻으로 「만사일생」이라고 표현했습니다.

북한의 최고학부인 김일성대학을 졸업하고 외교관을 지낸 엘리트관료가 만 번의 죽음의 사선을 넘어 대한민국에 망명한 이유는 무엇이었을까?

그 이유는 바로 자유를 찾기 위해서였습니다. 남한으로 오는 탈북민들은 한결같이 "자유를 찾아서 왔다."고 말합니다.

공기의 소중함을 모르고 살듯이 자유를 만끽해온 우리는 이 말의 참뜻을 잘 모르는 사람들이 더 많습니다.

1775년 미국의 정치가인 패트릭 헨리는 버지니아 식민지 의회에서 연설을 통해 "자유가 아니면 죽음을 달라!"고 외쳤습니다.

이처럼 자유는 동서를 떠나 인간 모두에게 소중한 것이며 목숨과도 맞바꿀 만큼 소중한 가치인 것입니다.

홍순경 위원께서는 자신과 가족만의 자유를 찾기 위해서 죽음의 사선을 넘은 것은 결코 아닙니다.

북한 주민들이 하루빨리 진정한 자유와 민주주의를 찾을 수 있도록 북한의 현실을 널리 알리고 통일을 앞당기고자 죽음의 사선을 넘는 결단을 내린 것이었습니다.

홍순경 위원님은 남한에 정착해서도 현실에 안주하지 않고 국민대통합위원회 위원과 북한민주화위원회 위원장으로서 대한민국 미래, 한반도 통일, 북한주민들의 인권향상을 위해 노력과 열정을 바쳐왔습니다.

홍순경 위원께서 저서 「萬死一生」을 통해 알리고자 하는 북한의 실상이 국내는 물론 세계인들에게 널리 알려져 하루빨리 통일을 앞당기는 귀중한 초석이 되기를 기원합니다.

국민대통합과 남북평화통일을 위해 헌신하시는 홍순경 위원님께 다시 한 번 존경과 깊은 감사를 드립니다.

대통령소속 국민대통합위원회 위원장
한광옥

북한 '자유화' 투쟁의 폿대가 여기 있다.

오늘날 대한민국에는 폭정과 기아의 지옥을 탈출한 2만 7천여 명을 헤아리는 탈북동포들이 새로운 삶의 보금자리를 이룩하고 있다. 이들 탈북동포들이 자유의 땅 대한민국까지 오는 길은 사람들의 상상을 초월하는 고난의 길이었다. 많은 이들은 생명을 걸고 두만강과 압록강을 건너야 했고 어떤 이들은 해외에서 북한 보위부원들의 밀착 감시를 뿌리쳐야 했다. 대부분의 경우, 그들의 탈북 행로는 북한을 탈출하는 것이 전부가 아니었다.

그들은 중국의 광야를 가로지른 뒤, 체포와 북송 등의 위험을 무릅쓰고, 몽골과 베트남, 캄보디아, 라오스, 미얀마의 오지를 경유하는 그들만의 '지하 통로'를 통과하여 타일랜드에 도착할 때라야 첫 번째 관문을 통과하는 것이 될 수 있었다.

탈북동포들로 구성된 대표적 NGO 단체인 〈북한민주화위원회〉의 홍순경 위원장은 두만강이나 압록강을 도강한 사람은 아니다. 그의 탈북의 기점(起點)은 북한이 아니라 타일랜드였다. 그는 무역 분야의 일꾼으로 타일랜드 주재 북한대사관 참사관으로 근무하다가 북한의 실상에 대하여 환멸과 좌절을 느낀 나머지 현지에서 탈북을 단행했다. 그러나, 탈북의 기점이 해외였다고 해서 홍 위원장의 탈북 행로가 편안했던 것은 아니었다. 그는 방콕에서 탈북의 행로에 나선 뒤에도 북한 공작원에 의한 납치와 탈출을 경험해야 했고 북한 땅에 '인질'로 남겨 두어야 했던 맏아들의 희생을 감수해야 했다.

대한민국에 도착한 홍 위원장의 인품은 1997년 탈북·월남한 고(故) 황장엽(黃長燁) 선생의 눈길을 끌어 고인이 벌이던 '북한 민주화 투쟁'의 제2인자로 발탁되어 고인이 '북한 민주화 투쟁'의 발판으로 삼을 목적으로 조직한 〈북한민주화위원회〉의 수석 부위원장 일을 맡아서 고인을 보좌했고 2010년 고인의 서거 이후에는 고인의 뒤를 이어서 동 위원회의 위원장으로 선출되어서 오늘에 이르고 있다.

이제 홍순경 위원장이 그의 탈북 경위를 수기(手記)로 엮어서 출판한다. 모쪼록 많은 독자들이 이 수기를 통하여 북한의 실상에 대한 깨우침을 얻어서 이들이

대한민국을 거점으로 하여 전개하고 있는 북한 '민주화'와 '자유화' 투쟁을 물심양
면으로 도와주는 계기가 조성되기를 바라는 마음이 간절하다. 많은 사람들이 이
수기를 읽어 주기를 바라 마지않는다.

북한민주화포럼 상임대표
15대 국회의원
전 남북고위급회담 남측 대표/대변인
이동복

파란만장한 수기,
북한 외교를 이해할 수 있는 살아있는 자료

홍순경 동지는 주 태국 북한 대사관 무역, 과학기술 참사로 9년간 근무하다가 자유를 찾아 가족과 함께 탈출했고, 보위부 요원들에 의해 북송되는 운명에 처하게 되었다.

생사의 갈림길에 선 필자는 세상에 태어나 처음으로 하나님께 북송 대신에 차라리 죽음을 달라고 기도하며 자식들의 안위만을 소원했다. 죽음의 길에서 부르짖은 간절한 소원이 하나님께 감동을 주었던지 라오스로 향하던 그들의 후송차량이 전복되는 '기적'이 일어났다.

보통의 경우에 차량 전복사고는 참으로 불행한 일이지만 이것은 하나님께서 행한 특별한 구원의 손길이었다. 차량전복 사고로 인하여 필자의 가족은 재탈출에 성공하였으며 죽음의 문턱에서 구원되는 상상하기조차 어려운 기적 같은 일이 일어난 것이다.

체포와 재탈출이라는 극적인 이 드라마는 단 하루, 그것도 10시간이라는 짧은 시간에 일어난 기적이었다. 사고 당시에 별도의 차량으로 끌려가던 막내아들은 북한 대사관에 감금되어 북송 위기에서 고통을 받고 있다가 15일 동안의 사투 끝에 구원되어 자유 대한민국에 오게 되는 기적이 일어나기도 했다.

북한의 인질정책 때문에 갈라질 수밖에 없었고 지금은 생사조차 알 수 없는 맏아들과 대한민국 최고의 엘리트로 성장한 막내아들의 엇갈린 운명, 그리고 자유를 선택한 땅에서 독재를 반대하는 북한민주화의 길을 걸으며 국민대통합위원회 위원으로 되기까지 그의 삶은 북한엘리트의 운명을 재조명하는 곡절 많은 인생사이기도 하다.

홍순경 위원장은 김일성 종합대학을 나온 나의 선배이다. 계급사회인 북한에서 나름대로 부와 명예를 누렸던 최고의 엘리트로서뿐만 아니라 한 인간으로서 아버지와 가장으로서 그의 70평생은 추억과 감동만이 아닌 슬픔과 회환 그리고 탈북자의 역사를 돌이켜보는 인생사와도 같다.

북한 외교관의 파란만장한 수기에는 북한의 현실을 가감 없이 진실하게 표현하고 있으며, 특히 북한 대사관과 외교관들의 생활이 사실 그대로 풍부한 자료들과 함께 구체적으로 수록되어 있다.

필자는 1990년대 중반 고난의 행군이라는 말도 안되는 살인적 구호를 내걸고 300만 명 이상의 백성을 굶겨 죽이면서도 김일성의 시신을 보존하는데 막대한 돈을 쓰는 북한정권에 자괴감을 느꼈으며 마음은 이미 祖國을 떠난 상태였음을 서술하고 있다.

　필자는 북한의 현실에 대한 깊은 성찰과 문제 해결을 위한 애국충정의 고뇌를 거듭하면서 세습독재체제 하에서는 더 이상 출구가 없다는 것을 실감하고 북한 민주화를 위한 사업에 몸을 바치기로 한 것이다.

　이미 출간된 여러 탈북자들의 도서와 함께 이 책은 특별히 십여 년간 북한 외교관을 지낸 필자의 증언을 통하여 북한사회를 좀 더 심층적으로 파헤치고 이해할 수 있는 귀중한 참고서가 될 수 있기에 많은 분들이 구독해 주시기를 바라며 적극 추천하는 바이다.

국회의원 **조명철**

'자유의 도정' 걸어온 생생한 간증

홍순경 위원장은 남북분단의 아픔과 북한의 현실에 대하여 가장 정확하게 아시는 분으로서 한반도의 평화와 대한민국이 통일을 어떻게 준비해야 할지 그 길을 제시하실 수 있는 분 가운데 한 분입니다.

태국 주재 북한외교관으로 10여 년간 근무한 그는 수백만 명이 굶어죽는 북한의 현실과 자유와 인권이 존중되는 자유민주국가들의 현실을 비교 목격하면서 갈등과 분노를 가지게 되었습니다.

마음속으로부터 이미 북한을 떠난 저자는 북한에 인질로 남은 맏아들 때문에 참고 망설이다가 북한정부로부터 체포영장이나 다름없는 긴급 소환장을 받고 망명을 결심하고 가족의 생명을 위해 극적으로 탈출한 것은 참으로 다행한 행동이었습니다.

망명 당시 탈출과 체포, 납치에 이어진 구원의 드라마는 하나님의 도움없이는 불가능한 일이었다는 점을 홍위원장은 여러 차례 간증을 통하여 이야기한 바도 있습니다.

　대한민국에 정착한 홍순경 위원장은, 북한민주화운동을 전개한 황장엽 선생과 함께 북한이탈 주민들의 인권을 위해, 한반도의 평화적인 자유민주통일을 위해 헌신적으로 일해 왔습니다. 그리고 이 책을 통해 북한의 실상을 대한민국과 세계평화애호 국가들에 알리고 한반도의 통일을 누구 주도로 어떻게 해 나가야 할지에 대한 견해를 제시하고 있습니다.

　더욱이 자신이 북한 체제로 인하여 받은 고난과 역경을 기독교 신앙의 관점에서 역설적으로 해석하고 감사하고 계시다는 점은 목회자로서 깊은 감동을 받은 대목입니다. 북한보위부에 의해 납치되어 끌려갈 때 차량이 전복되는 사고가 일어나 북한으로부터 벗어날 수 있게 된 것을 하나님께서 행하신 일이라고 고백하고, 자유세계로의 탈출을 부추긴 보위부에 감사함으로써 자유의 역설로 책을 마무리하신 것은 매우 탁월한 시각입니다.

　아무쪼록 이 책이 많은 분들에게 읽혀져서 북한민주화를 위해 함께 노력할 수 있게 되기를 기대하며 적극 추천합니다.

이재훈 온누리교회 담임목사

하나

탈출, 납치,
다시 탈출

1·1· 평양의 소환장

"평양에서 긴급한 암전이 왔으니, 어서 대사관으로 오시라요."

1999년 2월 17일, 대사관 행정참사로부터 전화가 걸려왔다. 북한의 최대 명절인 김정일 생일 다음 날이어서, 나는 압록강기술개발회사 기술자 가족들과 함께 방콕에서 제일 크다는 놀이공원에서 휴식을 취하고 있던 참이었다. 전화를 받으면서 짜증섞인 목소리로 대꾸했다.

"전보야 내일 출근해서 보면 되는거지, 왜 오라 말라 하는거요?"

"급한 일이니, 당장 나와서 보시라요."

더는 고집할 수 없어서, 일행들에게 이해를 구하고 대사관으로 갔다. 기다리고 있던 행정참사가 내게 전보를 건넸다. 평양의 국가보위부에서 보낸 전보였다.

"과학기술 참사 홍순경과 그 아들 및 기술자 네 명 등 6인은 2월 19일 방콕을 출발하는 조선민항기로 귀국할 것. 들어올 때 재정문건 일체를 지참할 것."

청천벽력같은 내용이었다. 내게는 '감옥에 보내겠다'는 뜻으로 읽혀졌다. 이렇게 느닷없이, 더구나 국가보위부에서 날아드는 소환장은 '감옥행'을 뜻하는 협박장이나 다름없었다. 순간 뇌리를 스치며 6개월 전 기억이 떠올랐다.

1998년 8월, 사회안전부 이종환 안전기술국장이 체포되었다. 나를 과학기술참사로 임명하고 태국대사관에 남아있게 해준 인물이다. 10월 초에는 그 산하 기관인 압록강기술개발회사의 베이징지사장과 직원들 모두가 소환되어 처벌받았다. 사실을 파악해보니, 이 국장에게 엉뚱한 불만을 품은 국가보위부원의 모략에 의해, 이 국장과 관련자들 모두 지문 기술을 해외에 팔아먹으려 했다는 죄목으로 하루아침에 숙청당한 것이다.

사회안전부와 국가보위부의 갈등　　사건의 발생은 같은 해 4월로 거슬러 올라간다. 이종환 국장이 지휘하는 압록강 기술개발회사의 최영호 사장을 포함한 3명의 대표단 그리고 국가보위부 요원 한 명이 일본지사를 현지 방문하는 해외출장을 갔다. 당시 북한에서는 해외로 출장나가는 모든 대표단의 일원으로 국가보위부 요원을 포함시켰는데 이는 대표단 구성원들을 감시하기 위한 것으로서 북한에서는 일상화된 광경이었다. 북한의 보위부와 사회안전부는 남한의 국정원과 경찰에 해당한다. 둘 다 권력기관이기 때문에 최고 권력자에 대한 충성경쟁이 치열하고, 기회만 있으면 상대를 공격하는 적대관계로 돌변한다.

그 나름 북한 내에서 위상이 높던 사회안전부 사람들은 자기들을 감시하는 보위부 요원을 좋은 감정으로 대할 수 없었다. 대표단이 일본에서 활동하는 동안 사회안전부 사람들은 보위부 요원을 껄끄러운 존재로 여기고 따돌렸으며, 돈이 생겨도 보위부 요원에게는 주지 않고 자기들만 나누어 썼다. 이것이 발단이었다.

:: **사회안전부 이종환 국장과 함께**
  무역참사 연임 임기를 마치고 평양으로 소환되는 나를 태국 북한대사관 과학기술 참사로 스카우트해준 고마운 은인. 그
  가 국가보위부 음해로 소환되고 숙청 당하자, 그 불똥이 내게로 튀었던 것이다.

사회안전부 대표단으로부터 왕따를 당한 보위부 요원이 앙심을 품고 사건을 일
으킨 것이다.

더구나 이 국장이 해외출장을 다녀온 직후, 4월 28일 김정일은 사회안전부 지
문연구소를 방문하여 이종환 안전기술국장에게 높은 치하와 격려를 해주었다.
이 장면이 경쟁자인 보위부 간부들의 마음을 상하게 했던 것이다. 함께 출장갔던
보위부 요원은 보위부 간부들과 야합하여 김정일에게 직접 허위 보고를 올렸다.

"사회안전부 대표단이 일본에 지문기술을 팔아먹으려 했습니다."

"검토하시오."

직계 조직으로부터 보고받은 문서에 김정일은 '검토' 사인을 했고, 북한 최고 지도자의 '검토' 사인은 단순히 검토하라는 의미가 아니라 응분의 조치를 취하라는 명령으로 통했다.

보위부는 사회안전부 이종환 국장과 그 주변 인물들을 체포하고 심문하기 시작했다. 이렇게 일이 커지기 시작하여 결국 압록강기술개발회사 베이징지사장과 직원 및 기술자들 모두가 10월 초 평양으로 소환되어 감옥으로 직행했으며, 베이징지사는 폐쇄되었다. 이 소식을 다 전해들은 나는 혹시 그 불똥이 태국지사에도 튈까 싶어 매우 노심초사하지 않을 수 없었다.

숙청된 이종환 안전기술국장은 1997년 초에 북한으로 소환되려던 나를 스카우트해서 태국지사장을 맡긴, 내게는 은인이나 다름없던 인물이다. 사회적 연좌제가 적용되는 북한의 풍토를 생각하면, 잔인한 숙청의 칼바람이 나에게까지 불어올 가능성을 배제할 수 없었다. 그런데 연말까지 아무런 추가 조치없이 해를 넘기고, 최고 명절인 김정일 생일까지 넘기게 되자, 나는 안도하고 있던 참이었다.

'운 좋게도 무사히 넘어가나 보다.'

그러던 때, 평양에서 불호령이 떨어진 것이다. 당장 들어와서 처벌 받으라고.

'기어코, 올 것이 왔구나!'

순간 심장이 내려앉는 듯한 충격과 함께, 다리에 힘이 풀려서 주저앉을 것만 같았다. 그러나 이를 악물고 버텨야 했다.

'불만을 내비치면 안돼!'

내 안의 생존 본능이 나를 제어했다. 겨우 정신을 차리고 태연히 말했다.

"내가 태국 땅에 오래도 있었으니, 이제 돌아갈 때가 됐나 보오."

겨우 대사관을 나와서 운전대를 잡았지만, 정신이 혼미하여 운전하기가 어려울 정도였다. 밀물처럼 몰려오는 상념에 머리가 터질 것만 같았다.

'이것으로 내 인생은 끝인가. 그리 되면, 내 가족은 어떻게 되는가?'

보위부의 소환장은 '숙청 통보서'

무엇보다 우선 억울했다. 북으로 돌아가면, 나를 소환한 국가보위부에 의해, 어떤 누명을 쓰고서라도 처벌될 것이 뻔했다. 북한에서는 그 누구라도, 아무 잘못이 없어도, 보위부에서 죄를 만들어 씌우면, 거기에서 빠져나오는 것은 불가능했다.

외화벌이 일꾼으로 10여 년 넘도록 열심히 일한 내게 돌아오는 결과가 고작 '숙청'이라는 현실을 나는 인정할 수 없었다.

더욱 받아들일 수 없는 것은 내 가족의 운명이었다. 북한사회에서는 가족 가운데 한 사람이라도 숙청당하게 되면, 그 집안은 몰락하게 마련이었다. 내가 숙청당하면, 내 가족의 운명도 끝장나는 것이다.

'내 아내와 아들은 또 무슨 죄란 말인가?'

가까스로 차에 올라 가족들이 있는 놀이공원으로 돌아가려고 운전대를 잡았지만 차가 자꾸 옆으로 왔다 갔다 하는 것처럼 느껴졌다. 겨우 정신을 가다듬고 놀이공원에 도착했지만, 나를 바라보는 아내와 아들 그리고 기술자들에게 아무 말도 할 수 없었다. 침묵 속에 한두 시간을 보내고 직원들과 헤어지고 나서 집으로 돌아왔다.

저녁 식사 후 나는 평양에서 소환장이 왔다는 사실을 아내에게 이야기했다. 국가보위부에서 보낸 전보 내용과 그 안에 숨겨진 무시무시한 음모에 대해 상세히 설명했다. 아내는 이미 베이징에서 일어난 일과 이종환 안전기술국장이 체포된 일 등을 알고 있었다. 그래서 나와 우리 가족에 닥칠 불행에 대해 단박에 이해했다. 나즈막히 아내에게 물었다.

"일이 이리 되었으니, 어떻게 하면 좋겠소?"

"그 전보는 숙청통보서나 마찬가지군요. 만일 당신이 평양에 들어가면 즉시 보위부에 체포될 것이고, 온갖 모략을 씌워서 감옥으로 보낼 것이 뻔해요. 그렇게 되면 아들 둘 다 앞날이 막히게 되고, 우리 집과 친인척 모두가 망하고 말텐데…"

한숨을 내쉬며 말문을 연 아내가 격앙된 감정을 토로하다, 갑자기 눈물을 펑펑 쏟아냈다.

"큰아들에게는 정말 죄스러운 일이지만, 아들 하나라도 살립시다! 안 그래요?"

눈물 탓인지, 결사 의지 때문인지, 눈물로 그렁한 아내의 눈매가 빛나기 시작했다. 아내 뜻이 그렇다면, 나도 결단할 수밖에 없었다.

"탈출합시다!"

1·2· '위대한 장군님' 생신은 탈없이 넘겼건만

"어느 날 현지지도의 길에서 위대한 장군님께서는 부관에게 〈아직 저녁 식사가 준비되지 않았는가〉 물으시면서 〈점심에 죽을 먹었더니 배가 출출하다〉고 하시었습니다. 우리의 위대한 김정일 장군님께서는 인민들이 굶으면 같이 굶으시고 인민들이 죽을 먹으면 똑같이 죽을 잡수시며 언제나 인민들과 생사고락을 같이 하시는 조선 인민의 위대한 수령이십니다."

:: 북한대사관에서 환갑 생일 맞은 홍순경 참사의 연말 잔치
1998년 12월, 대사관 성원들과 함께 한 생일축하 파티. 탈출 전 북한식으로 치룬 마지막 생일 잔치.

1999년 2월 16일 태국주재 북한대사관 회의실에서 흘러나온 북한 아나운서의 독특한 음성은 끝내 울먹이는 목소리로 끝이 났다.

매년 2월 16일이면 대사관의 모든 구성원들은 한자리에 모여 엄숙하고 경건한 태도로 강연을 청취한다. 북한에서 보내온 녹음강연 테이프를 통해서다. 대사와 당 비서, 각 외교관들의 가족들, 모두가 모여 숭엄한 표정을 지으면서 녹음테이프에 귀 기울인다. 상상해보라. 얼마나 우스꽝스러운 장면인지.

그 순간, 경건하고 숭엄하던 회의실의 한 구석에서는 일부 직원들이 속에서 터져 나오는 웃음을 가까스로 참아내는 중이었다.

수령절대주의 사회인 북한에서 최고지도자에 관한 뉴스나 이야기는 엄숙함과 경건함 그 자체이므로, 모두를 긴장 속에 몰아 넣는다. 한 치의 실수도, 웃음조차도 용납되지 않는다. 웃음은 무례한 태도로 받아들여지기 때문이다. 그럴 때는 주로 다른 생각을 떠올리거나 속으로 비아냥대는 것이 상책이다.

'저 말대로면 얼마나 좋을까. 장군님께서 실제로 그런 분이라면, 인민들이 굶어죽는 일은 없을 텐데…'

'나라 안팎에서 거둬들이는 충성자금이 얼만데, 죽을 먹었다고 저리 새빨간 거짓말을 하시나. 차라리 어젯밤 과식 때문에 배탈이 나서 그렇다면 몰라도…'

그 가운데 나도 있었다.

'위대한 장군님께서는 우리가 들여보내는 그 비싼 상어 지느러미와 제비집 그리고 남방 과일들, 메콩강 철갑상어, 다른 나라들에서 들여 보내는 장수품들, 그 것들을 다 누구에게 나누어주고 죽으로 끼니를 때우시는 건지 이해가 안된다.'

충심어린 기원도 했다.

'위대한 장군님께서 진심으로 인민들과 생사고락을 같이 하는 날이 언제 오려나?'

북한의 최대 명절 2·16은 피곤한 날

북한의 최대 명절은 대한민국처럼 추석이나 설날이 아니다. 매해 2월 16일, 바로 김정일의 생일을 최대의 국가적 명절로 기념한다. 북한의 4대 명절은 2·16 김정일생일, 4·15 김일성생일, 9·9 공화국창건일, 10·10 노동당창건일 등이다. 그 가운데, 김일성 생전에는 4월 15일이 최대 명절이었지만, 김정일 시대로 넘어오면서 2월 16일로 바뀐 것이다.

북한 4대 명절날의 풍경은 한 마디로 피곤, 그 자체다. 좋은 뜻으로 기리거나 휴식을 취하는 그런 명절이 아니라, 각종 정치행사를 치르면서 정신을 무장하고 학습하고 동원되는 날이기 때문이다.

해외 대사관에서 일하는 외교관들에게도 예외가 아니다. 해외 대사관에는 대사와는 별도로 당비서가 각종 대내 정치행사와 조직관리를 진행한다. 그들이 해외 현지에서의 4대 명절 행사도 지휘한다.

2·16일 명절 때마다 대사관의 초급 당위원회에서는 명절 전야에 여러가지 행사들을 진행한다. 당비서는 초급 당 총회를 열고 〈명절기간 혁명적 경각성을 높여 한 건의 사건 사고도 발생하지 않도록 하기 위한 대책〉을 토의한다. 전 구성원이 회의실에 모여 위대한 장군님의 생일과 관련한 녹음 강연을 듣고, 학습 강연을 하는 때도 있다.

1999년 2월 16일, 최고 명절을 맞이한 태국주재 북한대사관에서도 여러 행사들이 진행되었다. 당 총회도 이미 했고 특별 경비조직도 이미 만들었고 비상 연락망 체계도 조직했다. 아침 행사는 대사관 회의실에 대사관의 전 직원이 모여서 특별강연을 듣는 시간이었다. 대사관 당 비서는 모든 성원들의 참가 여부를 확인한 후 외교부에서 내보낸 녹음강연 테이프를 돌리기 시작했다. 장내는 엄숙한 분위기였다. 녹음을 듣는 순간 북한 아나운서의 독특한 음성이 흘러 나오더니, 나중에는 울먹이며 열변을 토해낸 것이다.

그렇게 아무 탈없이 최대명절 행사가 치러졌다. 회의와 강연회가 끝나자 모두 자기들의 거점으로 돌아갔다. 우리 가족은 우리의 거처로 갔다. 그날 아내는 몇몇 부인들을 집에 불러서 순대를 열심히 만들었고, 대사관과 대표부 사람들을 초청해서 먹고 마시며 놀았다. 집에 오지 않은 가족들에게는 다음 날 아침에 내가 직접 순대를 가져다 주기도 했다. 당시 대사관 보위지도원 김기문 집에도 순대가 배달되었다.

명절 다음 날, 지문기술자들과 무역참사부 가족들, 능라888대표단 가족들과 함께 방콕의 커다란 테마파크 수영장에 가서 맘껏 놀고 있었다. 모두가 일에 지쳐 있다가 모처럼 마음놓고 휴일을 즐긴 것이다. 그렇게 1999년도 최대명절을 보내는 중이었다. 그때 대사관 행정참사로부터 전화가 걸려왔던 것이다.

긴급한 암전! 바로 내 인생을 송두리째 바꿔놓은 운명의 협박 전보가 도착한 것이다. 평온했던 내 가정에 위기가 닥친 것이다.

1·3· 아들 하나라도 살리자

내겐 아들이 셋 있었다. 태국 대사관에 데리고 나온 아들은 막내다. 북에 남아 있던 첫째는 생이별한 셈이 되었고, 둘째는 7살 때 평양에서 어처구니없는 물놀이 사고로 떠나 보냈다. 당시 나는 무역성 일로 바빴고, 아내도 입당 학습활동 등으로 매우 바빴던 시기였다. 부모 보살핌이 느슨해진 때에 동네 아이들과 어울려 전쟁놀이를 한답시고 만수대예술극장 앞 분수대에서 놀다가 사고를 당한 것이다. 당시에는 비통한 심정 외에 다른 생각할 겨를이 없었지만, 지금 생각해보면, 인민의 어머니라는 당을 포함한 북한 사회의 그 어디서도 아들 사고에 대해 애도나 보상 등의 조치가 없었다. 인민의 기본적 생활 안전에 대한 관심이 없는 사회이기 때문이다.

그렇게 둘째를 떠나보내고 슬픔에 잠겨지내다가, 주변 권유에 따라 뒤늦게 얻은 아이가 막내아들이다. 그래서 그런지 더 애틋한 마음이 깊어진 듯하다. 어쩌면 북에 남아있는 첫째의 운명에 따라서는 유일한 직계 혈육으로 생존할 가능성도 있기에, 지금은 더욱 그렇다.

막내아들은 어려서부터 외국에서 살며 자랐다. 4살 때인 1983년에 파키스탄에 나가서 살다가 1988년에 북한에 들어가서 평양시 중구역에 있는 대동문 인민학교 2학년에 편입한 것이 9살 때다. 그러다가 1991년 여름에 어머니를 따라 다시 태국으로 나갔을 때가 12살이니, 겨우 3년 정도 북한에서 초등학교에 다닌 것이 전부다. 지구 상에서 가장 폐쇄국가인 북한에서는 극히 드물게 해외에서 보낸 시간이 더 많은, 행운아라면 행운아인 셈이다.

자연스레 막내는 해외 생활에 익숙했고 북한에 돌아가서 생활하는 것에 대해 막연한 회의를 느끼고 있었다. 그래서 자주 "미국이나 영국에 유학을 가서 공부하고 싶다."고 말하곤 했다. 북한사회에서는 꿈도 꾸면 안 될 소리를 저도 모르게 내뱉을 정도로 해외생활에 대한 동경과 열망을 내심 키우고 있었던 것이다.

북한의 연좌제 : 부모가 처벌받으면 자식들은 이혼당한다

소환장을 받고 고심한 부분은 사실 아들에 대한 걱정이었다. 북한사회는 진실이 통하는 사회가 아니다. 이유를 막론하고, 내가 북한사회의 숙청과 탄압 시스템에 걸려든 이상, 빠져나오는 것은 불가능했다. 아내도 내 뒤를 따라 고통스런 인생길로 들어설 수밖에 없다. 평양으로부터의 추방과 수용소 생활 등이 운명처럼 도사리고 있는 것이다. 그런 숙명을 다 감수한다 해도, 문제는 자식들이다. 북한사회는 연좌제가 철저하게 적용되는 사회다. 부모가 처벌받으면 잘 나가던 자식들의 앞날이 다 막히게 작동하는 사회다. 농업상 딸과 결혼한 맏아들은 사실상 강제로 이혼당할 것이며, 막내의 운명은 가늠하기 어려울 정도로 고난의 가시밭길로 들어설 것이다. 자식의 운명과 앞길을 망치게 되었다는 생각에 이르면 그 비통한 심정은 절규하지 않을 수 없는 것이다. 어느 부모가 안 그렇겠는가.

더우기 막내는 북한에 소환되면 크게 처벌받을 일을 이미 저질러 놓았었다. 북한은 외교관 자녀라 해도 현지 대학에서 공부하는 것을 금지하고 있다. 막내는 그 규정을 어기고, 태국에서 〈에백〉 상업대학을 다니고 있었다. 당시 14살이던 아들은 여권 나이를 17살로 늘여서 대학 입학시험을 쳤고, 합격해서 정식으로 대학에 입학하여 공부한 것이다. 덕분에 막내는 유창한 태국어와 영어 실력을 갖추게 되었다.

북한은 1989년경 동구권으로 나갔던 유학생들을 전부 소환하였으며 해외 유학은 중국에만 극소수 인원을 파견하는 정도로 그쳤다. 동구권과 소련의 몰락에 따라, 그 자유화 바람이 북한사회에 유입될 것을 두려워했기 때문이다.

큰아들도 연극영화대학에서 추천을 받아 1989년 9월에 독일로 유학을 갔다가 해외 유학생들을 전부 소환하는 북한정부 방침에 따라 3개월 만에 평양으로 돌아와야 했다. 이즈음 일부 국가에 유학갔던 북한 학생들이 남한으로 탈북한 사건이 발생했다. 이에 당황한 평양정부는 해외 유학생 모두를 소환하는 조치를 취했고, 일체 외국으로 유학 보내는 것을 금지시켰다.

긴급 소환장에는 나와 막내아들이 함께 평양으로 들어오도록 적시되어 있었다. 나와 아들을 먼저 소환해서 처리하고, 방콕에 남은 아내는 뒷처리를 하도록 한 뒤 귀국시켜 조치할 계획인 것이다. 이대로 강제 소환되면 막내의 현지 대학 진학 소식이 평양에 알려지는 것은 시간 문제였고, 그리 되면 막내 아들은 북한에 들어가는 순간 반동분자로 전락하고 영영 매장될 것이 분명했다.

만약 막내 아들을 평양으로 데리고 들어가서 처벌받도록 한다면, 그것은 내가 아들에게 죄를 저지르는 셈이다. 공부하고 싶다는 젊은 욕구가 무슨 죄란 말인가. 오히려 장려해야 할 일인데, 평양으로 돌아가면 대학에 진학했다는 이유만으로 아들마저 죄인으로 전락할테니, 나와 아내의 심정은 찢어질 듯 아프고 슬펐다.

"그래, 우리 자식마저 비참한 가시밭길로 데리고 들어갈 수는 없소."

사실 언제부터인가 아내는 이렇게 의향을 내비치곤 했다.

"큰아들만 데려올 수 있다면, 함께 조용한 제3국에 가서 살고 싶어요."

나는 요란하게 맞장구치거나 하진 않았다. 현실적으로 쉽지 않은 일이었기 때문이다. 북한에서 해외 외교관들에게는 한 자녀만 동반하도록 강제되었고, 평양에 남은 가족들은 사실상 인질이었다. 큰아들도 인질로서 평양에 붙잡혀 있기 때문에, 해외로 빼내오는 것은 불가능에 가까웠다. 당장 생활에 특별한 불만이 있는 것도 아니기에, 깊게 의논되지 않았다. 하지만 부부간에 오가는 이심전심을 어찌 부인하겠는가.

정확한 시점은 기억나지 않는다. 태국대사관 생활을 오래 지속하는 동안, 여러 번의 탈북 사건과 극악무도한 탄압 숙청 사례, 인민 생활에 쓰여지지 않는 외화벌이의 공허함 등등 직간접으로 많은 사건들을 접하게 되었다. 그런 경험들을 거치면서, 자연스럽게 우리 부부에게도 새로운 세계와 새 인생에 대한 열망들이 가슴 깊은 곳에 자리잡은 것 같다.

**북에 남은
큰아들은 인질**

긴급소환장이라는 협박 전보를 받고 나서야 우리 부부는 확고한 결심을 했다. 죽음의 문턱 앞에서, 죽음을 각오하고 결단하고 결행한 것이다. 아들 하나만이라도 바깥 세상에 남겨 놓으려는 간절한 소망이 가장 커다란 동인이었다.

결심하고 나서도, 밤새 아내는 하염없이 눈물을 쏟아냈다. 큰아들에 대한 걱정 때문이었다. 아비인 내 마음도 몹시 고통스러웠지만, 어미된 아내 마음은 그야말로 찢어지는 심경이었을 것이다. 가까스로 스스로를 진정시키고 아내를 달래 보았지만, 도저히 진정되지 않았고, 뜬눈으로 밤을 새다시피 했다.

사실 아들 하나만이라도 살리자는 심정은 부모 입장에서는 말도 안되는 가슴 아픈 발상이고 선택이었다. 열 손가락 깨물어서 아프지 않은 손가락이 없는데, 어떤 부모가 아들 하나 살리려고 사지에 남겨둔 아들을 외면하는 결정을 내린단 말인가. 이것은 북한사회의 잔인한 특성에서 초래되는 비극이다. 한 자식만이라도 무사한 인생을 살 수 있다면, 제 몸뚱아리를 다 바칠 수도 있는 것이 부모 아닌가. 그러나 북한정권은 그런 인륜마저 거꾸로 이용하고 내팽개치는 잔인한 권력이고, 그런 폭력에 의해 권력을 유지하는 사회인 것이다.

막내아들에게는 다음 날에 부모의 의향을 알렸다. 그 자리에서 또 아내가 눈물을 쏟아낸 것은 막내아들이 큰형 걱정을 앞세워 망설이는 모습을 보게된 때문이었다. 전날 전보 내용만을 알고 있던 막내아들은 공부를 중단하고 은행으로 나오라고 하자 깜짝 놀라서 달려왔다. 우리 부부는 조심스레 이야기를 꺼냈다. 막내아들의 정확한 생각을 알지 못했기 때문이다.

"아버지, 우리가 떠나면 평양에 있는 형님은 어떻게 합니까?"

묵묵히 듣고만 있던 막내아들의 첫마디가 큰아들을 걱정하는 말을 꺼내자, 아내는 눈물을 글썽일 수밖에 없었다.

"너는 잘 모르지만, 아버지가 감옥으로 가면 어차피 너희 형제가 모두 핍박 속에서 고생하고 가시밭길 인생을 가야 한다. 둘 다 비참한 인생을 살게 하는 것보다, 너 하나 만이라도 자유세계에서 네 희망대로 살아나갈 수 있는 길을 열어주기 위해 결심한 것이다."

"큰 애한테는 미안하지만... 너라도 살아남도록 해야 하지 않겠니?"

여러 이야기를 나누면서 우리 부부는 막내아들을 설득했다. 한편으로 그 마음씨가 고맙고 기특했으나, 생사가 걸린 일이었기에, 결연한 의지로 행동에 나서야 했던 것이다. 드디어 세 가족은 한마음이 되어 죽음을 건 탈출을 결행하기로 했다. 시간은 하루도 채 남아있지 않았다. 그 다음 날 오전 출발하는 평양행 비행기가 방콕공항에서 대기하고 있었기 때문이다.

1·4· 무계획으로 감행한 탈출

본격적으로 탈출 계획을 의논했다. 막상 엄청난 결단을 내리고 나니, 앞이 막막했다. 어디로 어떻게 탈출해야 하는지, 아는 게 아무것도 없었고, 준비해 둔 계획도 없었기 때문이다. 막연하지만, 방콕을 떠나 지방에 피신해 있기로 했다.

"일단 소나기는 피하고 보는 것이 낫다. 방콕을 떠나서 지방에 숨어, 보름이나 한 달 정도 피신해 있으면 유야무야될 것이다. 그다음에 미국이나 유럽, 다른 나라로 가자."

그 이전에 몇 차례 다른 사람의 탈북사건을 경험하면서 머릿속에 남아있던 생각이었다. 사건 초기에는 대사관이 난리가 났다가도 10여일 정도 지나면 유야무야되는 분위기를 알기 때문이었다. 그러나 이후 전개된 과정을 겪고 나서 돌이켜보니, 이 생각이 무척 위험하고 안이했던 오판이었음을 알게 되었다.

아들을 만나기 전에 우선 내가 먼저 몇 가지 준비를 했다. 여권을 찾고, 내부 기류를 파악하고, 돈을 마련하는 일이었다.

아침 일찍 대사관으로 나가서 대사관에 보관된 여권을 찾아야 했다. 북한은 기본적으로 여권을 본인이 소지하지 못하게 한다. 외교관들은 외국에 나와서까지 여권을 대사관 기요실에 맡겨야 한다. 외국으로 달아나는 것을 방지하기 위해 취해진 조치다. 그리고 북한에 들어가면 무조건 외교부 영사국에 보관해야 한다. 여권을 영사국에 반납하지 않으면 배급을 받을 수 없도록 되어 있다. 말 그대로 북한체제의 핵심 엘리트집단인 외교관까지도 믿지 못하고 통제해야 하는 비정상 국가의 진풍경이 아닐 수 없다.

여권을 찾기 위해서는 연기가 필요했다. 당연히 예정된 본국 지침대로 따를 것이라는 분위기를 풍기고, 평소와 다름없이 아무렇지 않은 척 행동해야 했다. 나는 대사관으로 가서 당비서와 대사 그리고 보위 지도원에게 차례대로 인사를 했다.

"내일 고려민항 특별기 편으로 조국에 들어 갑니다."

"경애하는 지도자 동지 덕분에 오래도록 태국에 있었으니, 이제 고국에 들어가서도 열심히 일해서 보답해야지요."

고려민항 대표에게는 다음 날 북한으로 가는 특별비행기 탑승권도 요청해 놓았다. 대사관 사람들의 의심을 피하기 위해, 최대한 태연한 것처럼 언행을 구사했다. 여권을 손에 넣을 수 있었다.

**아무도, 아무
부탁도 하지 않다**
내 사무실에 돌아와서 북한에 직접 전화를 걸었다. 평양의 동태와 분위기를 알아보기 위해서였다. 평소에 내가 잘 아는 대외경제위원회의 한 간부에게 전화를 걸었다. 그는 이미 내가 소환된다는 것을 알고 있었다. 내가 물었다.

"내일 평양으로 들어가는 데 필요한 것이 없는가요?"

"아무것도 부탁할 것이 없으니, 잘 들어오시오."

역시 이상한 답변이 돌아왔다. 북한에서 외교관이 소환되면 각종 물건을 가져다 달라는 수많은 청탁을 받게 마련이었다. 그 간부도 평소 같으면 여러 가지 부탁을 할 터인데, 그냥 덤덤한 말투로 전화를 끊었다. 마치 며칠 뒤에 벌어질 내 처지를 안다는 듯한 태도였다.

'역시 불길한 조짐이야. 무언가 좋지 않은 일이 나를 겨냥하고 있는 것이 분명해.'

다시 전화기를 들고서 보위부에 있는 지인과 통화를 했다. 그 역시도 똑같은 반응을 나타냈다. 막상 평양의 불길한 분위기를 확인하고 나니, 내 마음은 몹시 착잡했다.

잠시 숨을 고르고서, 나는 은행으로 갔다. 평소 이용하는 은행으로 아내를 데리고 가서 아들과도 만나 가족 합의를 본 것이다. 은행 계좌에는 우리 회사의 운영자금 약 2만 달러가 있었다. 그중 900달러를 남겨두고 모두 찾았다. 혹시라도 우리의 탈출이 당일이라도 의심을 받지 않을까 우려해서 일부 금액을 남긴 것이다.

여권과 자금을 마련하고, 막내아들과도 이야기를 끝내고 나서, 우리 세 가족은 탈출계획을 논의했다. 미리 준비된 계획도 없고, 특별할 것도 없었다. 다음 날 아침 9시 평양행 비행기를 타도록 되어 있다. 탈출할 시간은 겨우 10여 시간 남짓이었다. 그 안에 모든 준비를 마치고 결행해야 한다. 어떻게 들키지 않고 탈출할 것인가. 자연스럽게 평양에 들어가는 것처럼 준비를 끝내고 나서, 밤이 깊어지면 방콕을 떠나 파타야 방면 지방으로 피신하기로 했다.

"문제는 행동 개시까지 들키지 않아야 한다. 아침에 여권을 찾아올 때처럼 행동하면 될거야. 평양에 들어가는 준비를 하는 것처럼, 최대한 자연스럽게 사람들과 인사도 하면서 밤이 깊어지기를 기다리자."

우선 대표단으로 나와서 일하던 사회안전부 지문기술자 6명 가운데 당장 내일 출발할 기술자 4명의 귀국 준비를 시키는 일부터 시작했다. 아들이 대표단을 싣고서 백화점으로 데려가도록 했다. 대표단 단장인 사회안전부 지문연구소 이승국 부소장을 포함한 4명이 함께 소환되는 인원들이고, 나머지 2명은 후속 조치를 위해 남겨지는 사람들이다. 나는 귀국 준비에 필요한 경비에 보태라고 6명 모두에게 각 500달러씩을 지급했다.

500달러면 당시 대사 월급보다 많은 돈이다. 일반 기술자들에게는 엄청 큰돈이다. 헤어지는 마음도 작용하고, 다른 생각을 하지 않도록 하기 위해, 넉넉하게 나눠준 것이다. 각자에게 백화점에서 충분히 물건들을 구매하도록 했는데, 그들도 갑작스런 소환 탓인지, 다소 긴장하면서도 부산하게 마지막 하루를 보내는 모습이었다.

저녁 때가 되니 대사관의 당비서가 찾아왔다. 이러저런 이야기를 하면서도, 우리 가족의 동태를 감시하는 눈치였다. 곧이어 무역참사부 김서기관 부부와 능라 888대표 이석남 가족이 함께 왔다. 안전대표는 오지 않았다. 이틀 전에 중국을 거쳐서 도착한 보위부 요원 셋이 그의 집에 머물고 있었기 때문이다.

"홍 참사 동무, 들어가서 일을 잘 처리하시오. 그동안 일 많이 했으니, 아무 일도 없을거요."

당비서의 말에는 불길한 예감이 담겨 있었다. 그는 내용을 알고 있는 게 분명했다. 돌아와서 다시 만나자는 말도 없었고, 개인 심부름 부탁이나 청탁 같은 것도 하지 않았다. 여느 때와는 분명 다른 분위기였다. 은근히 나의 소환을 걱정하는 언행을 하면서도, 그 행간에는 나의 반응과 동태를 주시하는 눈치가 느껴졌다. 후일, 아내는 평소 친분있던 능라888대표 부인과 담소를 나누다가, 그녀가 강태윤 전 파키스탄 참사가 보위부에 잡혀갔다는 이야기를 발설하면서, 걱정해주는 눈빛을 보였다고 했다.

우리 가족은 태연한 자세로 언행을 유지하느라고 무진 애를 썼다. 죽느냐 사느냐, 극도의 긴장 속에서 난생 처음 치러보는 연기라서 그런지 무척 힘들었고 등골에서는 식은땀이 흘러내렸다. 그 외에도 여러 명이 찾아와서 인사와 격려를 해주었지만, 그 모든 것이 우리에게는 하나도 반갑지 않고 부담으로 느껴졌다.

밤 12시가 되어서야 당비서를 비롯한 손님들이 돌아갔다. 다행스럽게도 결행의 순간이 열린 것이다. 만약 헤어지기 섭섭하다며 그들 일부가 밤샘이라도 하려고 들었다면, 우리 가족은 함께 붙들려 있다가, 꼼짝없이 날이 밝자마자 평양행 비행기를 타야 했을 것이다.

탈출 : 남쪽으로
남쪽으로 내달리다

우리 가족은 대표단 단장에게 다른 사람에게 짐을 가져다주어야 한다는 핑계를 대고 나서, 승용차를 몰고 집을 나왔다. 그리고 곧바로 파타야 방향으로 차를 질주하기 시작했다. 그 질주는 북한과의 영원한 이별을 의미하는 내달음이었고, 북한으로부터 범죄자로 낙인찍히는 도망질이었다. 무엇보다 북한을 지배하는 김씨왕조 정권에 대한 반역이면서, 북한에 남아있는 큰아들 가족과의 생이별을 뜻하는 폭거이기도 했다. 내 60평생에 한 번도 생각하지 못한 엄청난 일을 저지른 것이다.

밤하늘 저멀리 북에 남아 있는 큰아들과 손녀딸의 얼굴이 떠올랐고, 우리 손길을 기다리고 있을 친척들과 수많은 친구들의 모습이 나타났다 사라져 갔다. 이제는 그들 모두를 영원히 볼 수 없고, 영원히 도울 수도 없을지 모른다는 생각이 차오르면서, 가슴이 터지고 찢겨나가는 아픔을 느꼈다.

어느 순간, 갑자기 아내가 차를 세우라고 소리를 질렀다. 착잡한 마음으로 어둠 속을 질주하던 나는 깜짝 놀랐다. 잠시 후 길옆에 차를 세웠다.

"차를 세워요! 우리 다시 생각해봐요!"

아내가 한숨을 내쉬면서 말했다.

"큰아들한테 큰 죄를 저지르는 것 같아요. 우리 큰아들은 어떻게 될까요? 진정 우리 결정이 옳은 걸까요? "

세 가족은 모두 울먹거리며 이야기를 주고 받았다. 북에 가족을 놔두고 도망가야 하는, 이런 상황이 너무 원망스러웠다. 이성적으로는 최선의 선택이라고 생각했지만, 찢어지도록 미어지는 아픔은 그냥 참자고 해서 참아지는 것이 아니었다.

그렇게 셋이서 울고불고 하면서, 1시간여의 시간이 흘러갔다.

그러나 너무 괴롭고 고통스럽지만, 여기서 되돌아갈 수는 없었다. 그것은 모두가 죽는 길 아닌가. 내가 단호히 말했다.

"이제 우리는 시간적 여유도 없고 결심한 대로 나가는 수밖에 없다. 우리가 여기에서 흔들리면 모든 것이 수포로 돌아간다."

다시 시동을 걸고서 나는 출발했다. 어머니로서의 아내 마음을 모르는 바 아니었다. 맏아들과 손녀딸을 비롯한 많은 사람들을 사지로 몰아넣는 그 심정이 어찌 흔들리지 않겠는가. 고통스런 일이지만, 남은 세 가족이라도 살리려면, 더 이상 흔들릴 수 없는 일이었다. 나는 무작정 방콕의 남쪽 휴양도시인 파타야로 달렸다.

새벽 4시, 파타야에 도착한 우리는 어느 여관에 들러서 쪽잠을 청했다. 우리는 외교관의 신분을 속였다. 11살 때부터 익힌 아들의 유창한 태국어 실력 덕분에 우리는 태국사람으로 가장하여 여관에 숙박했다. 두어 시간이나 눈을 붙였을까. 아침 일찍 일어나보니, 우리 가족은 태국에서 가장 유명한 휴양도시 파타야에 와 있었다. 휴양지 분위기에 어울리도록 여가복을 구입해서 관광객 차림으로 바꿨다. 그렇게 하루 이틀이 지나자, 불안감이 엄습했다. 아무래도 유명한 휴양 도시인 점이 마음에 걸렸다. 한국인들도 많이 오는 곳이라 노출 위험이 크다고 판단되어 오래 머물 수가 없었다.

방콕의 북한대사관을 탈출한지 3일째 되는 날, 파타야를 떠났다. 아침 일찍 여관을 출발해서 다시 몇 시간을 내달린 끝에 우리 가족은 지방도시 깐차나부리에 도착했고 여기에서 다시 숙소를 잡았다. 한적한 이곳은 우리 가족에게 은신처를 제공해 주기에 적당한 시골이었다.

1·5· 무조건 은신하다 : 신소편지, 실망스런 재미동포

낯선 깐차나부리에서의 은신 생활이 시작됐다. 전날 급조한 계획에 따라서, 지방에서 조용히 한 달 정도 피신해 있다가 잠잠해지면 그때 제3국으로 망명 신청을 할 생각이었다. 그래서 외부와의 연락을 일절 끊고, 방구석에 파묻혀 지냈다. 식사시간에만 바깥으로 나가서 조용히 식사를 하고는 곧바로 방으로 들어와 지내는 생활이 2주 정도 지속되었다.

물론 그사이, 우리의 모든 촉각은 어떻게 할까에 모아졌다.

'이제 어떻게 수습해 나가야 하나?'

'잠잠해지고 나면, 누구에게 도움을 요청할 것인가?'

제일 먼저 떠오른 사람은 재미교포 홍순식 선생이었다. 사실은 오래전에 나에게 탈출할 수 있는 용기를 준 사람이었다. 수첩을 뒤적여 그의 연락처를 파악하고 전화를 걸었다. 난생 처음으로 미국에 전화를 건 셈이다. 곧 어떤 한국인이 전화를 받았는데, 그런 사람이 없다고 했다.

순간 둔기로 얻어맞은 듯한 충격을 받았다. 난감했다. 사실 탈출을 결심한 직후부터 내 머릿속에는 잠잠해지고 나면 그에게 연락해서 도움을 요청한다는 생각밖에 없었다. 기대와 희망이 산산조각나는 불길한 느낌마저 들었다.

'이럴 수가! 큰 기대 속에 전화했는데, 그런 사람이 없다니... 전화번호를 잘못 적은 건가? 내게 거짓말한 건가?'

그대로 포기할 수는 없었다. 이런저런 생각 끝에 가방 꾸러미를 뒤지다가 그가 준 카탈로그를 발견했다. 이곳저곳을 두드린 끝에 그의 연락처를 손에 넣을 수 있었다. 다시 미국 번호로 전화기 버튼을 눌렀다. 마침내 그의 목소리가 들렸다. 구세주를 만난 것 같았다. 그러나 왠지 그의 목소리에는 힘이 빠져 있었다.

"아, 홍 선생! 반갑소."

미국으로의 망명 도움을 받을 수 있을 것으로 기대했던 홍순식은 나보다 10살 정도 위인 재미교포다. 그는 북한 주민들을 위한 식량지원 사업을 전개하려고 활동하다가 나와 만나게 되었고, 서로 좋은 인상을 가지게 되어 친해진 사람이다. 처음에 그는 직접 평양에 가서 통전부를 방문하여, 미국교포들의 식량지원 사업을 제안했다.

"미국 교포들을 조직하여 북한에 있는 자기 친척과 지인들에게 식량을 보내도록 할테니, 받은 사람들이 감사 편지를 하나씩만 써 주시오. 간단히, '식량을 보내주어 감사하다'는 내용이면 됩니다."

얼마나 고마운 일인가. 그러나, 통전부는 이 제안을 받아들이지 않았다. 아니, 받을 수가 없었다. 나중에 안 사실로는, 수령의 자존심을 비하시켰다는 문책을 받을까 두려워, 아예 통전부에서 제대로 상부기관에 보고조차 하지 않은 것이다. 인간의 생명보다 수령의 자존심을 더 중시하다니. 인간에 대한 폭력 가운데, 이보다 더 비인간적인 폭력이 있을까. 인민들이 굶어죽어가는 데, 수령의 자존심 때문에 감사 편지를 쓸 수 없다며 귀중한 식량을 거절하다니. 북한정권은 이렇게 인민들의 생존과 안위는 안중에도 없는, 비인간적인 폭압정권인 것이다.

기대를 저버린
재미동포

통전부는 홍순식에게 태국대사관을 찾아가도록 떠넘겼다. 순수하고 열정적인 홍순식의 제안을 거부할 명분이 없으므로, 그 당시 식량수입을 많이 하던 태국대사관 측에다 떠넘긴 것이다. 1995년 7월, 홍순식은 방콕으로 우리를 찾아왔고, 당시 무역참사이던 나는 이삼로 대사와 함께 홍순식을 만나, 저간의 사정을 들었다. 홍순식은 혹시나 해결방도가 있을까 하여 찾아왔지만, 통전부에서 못하는 일을 일개 대사관에서 추진할 방도는 없었다.

면담 과정에서 나와 홍순식은 호감을 느끼게 되었다. 그는 나와 이름도 비슷하다면서, 나를 동생이라 부르고, 미국에 대해 좋은 이야기들을 많이 했다. 13년간 군복무를 하고 나오는 북한 청년들을 미국으로 보내면 대학까지 무료로 공부시켜 보내겠다는 장담까지 했다. 식량지원 의사를 포함한 이런 이야기들이 나에게는 진심어린 감동으로 다가왔다.

'이런 사람을 왜 통전부는 괄시를 하는가. 나는 이 사람을 잊으면 안 된다. 나중에 좋은 일로 만날 기회가 있겠지.'

이런 인연 때문에, 위험에 처하게 되자, 우선적으로 그에 대한 의존심이 생긴 것이다. 탈출하면서 미국으로 갈 생각을 한 것도, 그를 통하면 가능하리라는 기대 때문이었다.

"반가워요. 나는 이제 나이가 많이 들어서 별다른 활동을 못하는데, 미국으로 올 수 있도록 최대한 노력하겠소."

소극적인 그의 대답이 흘러 나왔다. 겨우겨우 그와 연락이 되었지만, 결과는 실망스러웠다. 그는 소식을 듣고 반가움을 표했지만, 그가 말하는 행간에는 무기력이 짙게 배어 있었기 때문이다. 내가 기대했던 인물이 아니었고, 미국에서 연금으로 살아가는 노인이었다. 나는 우리를 도와줄 수 있는 다른 사람을 찾아야 했다.

은신지에서 며칠이 흘러갔다. 우연히 남한방송을 듣게 되었다. 방구석에 틀어박혀 있던 내가 지니고 있던 일본제 라디오 채널을 돌리는데, 갑자기 한국말 소리가 흘러나오는 것이었다. "태국주재 북한대사관의 과학기술참사관 홍순경과 그 가족이 행방을 감추었다. 북한대사관에서 그 행방을 쫓고 있으나 아직 오리무중인 것으로 알려졌다. 남한정부는 이 사건과 아무런 관계도 없으며 전혀 내용을 모르는 것으로 알려졌다."

드디어 우리 가족의 탈출 소식이 언론에 공개되었다. 북한대사관은 물론이고 태국정부와 남한정부까지 알게된 것이 우리 가족에게 어떤 영향을 미칠지 예측하기 어려웠다. 언론에서 공개 거론되기 시작한 이상, 돌아갈 수 없는 강을 건넌 것은 분명했다. 나중에 안 일이지만, 우리가 숨어있고 언론에서 떠들어대는 상황은 우리의 망명 계획에는 좋지 않은 흐름이었다.

**김정일에게 분노의
신소편지를 쓰다**

은신 기간에 나는 김정일에게 신소편지를 썼다. 신소편지란, 일종의 탄원서다. 억울하고 잘못된 일을 최고지도자에게 직접 호소할 수 있도록 만든 제도다. 그러나 그 탄원서가 직접 최고지도자 앞으로 배달된다는 보장은 없다. 보위부 행태를 보면, 중간 어디에서 증발할 수도 있기 때문이다.

그럼에도 불구하고, 탄원서를 쓴 이유는 치밀어오르는 분노 때문이었다. 아무리 생각해도 억울한 심정이었고, 진짜 애국자들을 탄압하는 국가보위부에 대한 분노가 새삼 느껴진 것이다.

대사관을 탈출하여 방랑아닌 방랑을 하는 내 신세도 처량했고, 내가 왜 피신해야 하는지도 이해되지 않았다. 이 모든 것이 나라를 말아먹고 있는 국가보위부 탓이라는 생각이 들었다. 보위부가 사소한 감정이나 조작된 모략으로 무고한 백성과 애국자들을 잡아들이는 행위는 대단히 잘못된 일이지만, 누구도 이에 저항하거나 바로잡을 생각을 못하고 있다는 생각이 든 것이다.

내 문제로 비화된 사회안전부 이종환 국장의 경우만 해도 분명했다. 내가 아는한, 이종환 국장은 진정 북한사회를 위해 애쓰는 애국자였다. 객관적으로 대단히 어려운 상황에서도, 어떻게 하면 지문기술개발에 힘써 인민의 복지향상에 기여할 것인가를 고민하던 사람이었다. 그런 애국자를 아무것도 아닌 일로 미워하더니, 급기야는 매국노로 몰아서 탄압하고 숙청한 것이 아닌가. 그 손실이 얼마나 크며, 당사자들은 얼마나 억울한 일인가.

이런 생각 끝에, 은신처에서 김정일에게 보내는 신소편지를 쓰기로 작정한 것이다. 문제의식이 크다고 해서 거창한 내용은 아니었다. 숙청된 이종환 국장과 지문연구소 기술진들의 애국 활동에 대해 상세히 기술했고, 국가보위부의 잔악성에 대해 폭로했으며, 이런 행태들이 바뀌지 않으면 북한사회의 손실이 더욱 커지고 인민의 행복은 더욱 멀어진다는 점 등을 담았다.

이 편지를 지니고 있다가 적당한 때 북한으로 보내거나, 기회가 있으면 북한대사관 마당에라도 던져 넣으려고 했다. 그러나 그 편지는 북한에 발송되지 않았다.

내가 체포되었을 때 보위부 요원들에게 빼앗겼으니, 그들이 자신들의 잘못을 폭로하는 내용이 담긴 편지를 김정일에게 보고하고 올려보낼 이유는 없었을 것이다.

어느 날 저녁식사를 하기 위해 시내로 나갔더니, 한국식당이 눈에 띄었다. 무척 반가왔다. 밥이 먹고 싶어서 그 식당으로 들어갔다. 외교관 생활을 오래 했고, 태국에서의 외교관 생활도 8년이나 되었지만, 한국식당에 출입한 것은 그때가 처음이었다. 그 정도로 북한의 감시와 협박이 심했던 것이다. 우리는 신분 노출이 걱정되어, 아들이 태국말로 주문하도록 했다. 우리는 처음부터 한국에 올 생각을 하지는 않았고 호주 캐나다 미국으로 갈 것을 계획했기 때문에, 한국 사람들에게 노출되는 것도 피했던 것이다. 우리는 조용히, 맛있게 식사를 하고 숙소로 돌아왔다.

1·6· 북한의 억지 모략 : 정치적 망명을 신청하다

은신한지 10여 일이 지났을 때, 어느 식당에서 나오다가 태국신문에 우리 가족사진이 전면에 실려있는 것을 발견했다. 방콕포스트에 보도된 내용을 읽어보니 내가 범죄자라고 북한에서 발표했다는 것을 알았다.

"행방을 감춘 북한대사관 참사 홍순경은 태국으로부터 쌀 31만 톤을 북한으로 수입하면서 쌀 거래대금 8천만 달러를 횡령했고, 또한 태국에서 마약을 사서 러시아에 가서 팔아 넘긴 범죄자다."라고, 북한대사관에서 발표했다는 기사였다.

순간 화가 치밀어 올랐다.

"이런 거짓말! 나를 파렴치한 범죄자로 누명을 씌워서 발표하다니..."

그러나 대수롭지는 않았다. 나는 가족에게 말했다.

"이런 엉터리 거짓말을 발표하는 걸 보면, 당황한 북한 당국이 내게 범죄자라는 올가미를 씌워서 우리를 어떻게든 북한으로 데려가려는 속셈이야. 걱정할 거 없어. 이런 거짓말은 내가 10분이면 쉽게 반박할 수 있으니까. 문제는 안 잡히는 거야. 북한측에 체포되고 나면, 이런 누명에 대해 해명할 기회도 사라지고, 그냥 범죄자로 인생을 마감하게 되니까."

실제 그랬다. 억울하다고 장황하게 변명할 필요도 없는 일이었다. 나중에 기자회견에서도 논리적으로 반박하니까 기자들도 북한당국의 거짓말이라며 고개를 끄덕여 주었다.

나의 반박논리는 간단했다.

태국에서의 쌀 수입은 북한 무역은행이 개설한 2년 후불 신용장에 의해 진행되었다. 쌀 대금 지불은 은행과 은행 사이에서 직접 진행되므로 그 누구도 대금을 중도에서 가로챌 수 있는 거래가 아니다. 또한 8천만 달러가 주머니에 건사할 수 있는 돈이 아닌데 나에게 그 돈을 넘겨준 사람이나 은행이 있으면 증거를 대야 한다는 것이 내 논박이었다. 더우기 태국과의 쌀수입 거래는 내가 무역참사로 일하던 시절의 일이므로 3년이나 지난 일인데, 과학기술 참사로 일하던 내가 탈출을 하니까 이제 와서 범죄 운운하는 것은 전혀 이치에 맞지 않았다.

마약 문제 역시 말도 안되는 억지였다. 나에게 마약을 넘겼다는 사람이 누구인가 밝혀야 하며, 내가 러시아에 드나들었다는 증거를 내놓아야 하는 일이다. 확실한 건, 내가 태국에서 외교관으로 체류한 8년 동안 러시아에 가본 적이 한 번도 없다는 사실이다. 북한대사관에서 관리해온 내 여권기록이 입증한다.

북한 당국은 탈출한 사람을 잡아들일 때 통상 이런 거짓말로 생사람을 잡는 수법을 사용하곤 한다. 탈북자들이 북한에서 죄를 저지른 범죄자라고 누명을 씌워서 중국이나 동남아 각국 정부가 한국이나 제3국에 송환하지 못하도록 압력을 행사하는 것이다. 대다수 탈북자들이 중국이나 태국 캄보디아 등을 경유지로 활용하는데, 북한이 범죄자를 내놓으라고 각국 정부에게 압박하면 딱히 거부하기 어려운 점을 악용하는 것이다. 내게도 그런 엉터리 누명을 뒤집어 씌운 것인데, 거짓말을 해도 앞뒤가 맞지 않았다.

그런데, 북한대사관의 거짓말은 나중에 북한 스스로를 옭아매는 부메랑이 되고 말았다. 나중에 태국 경찰 보호 아래 있을 때, 북한은 우리 가족을 북한으로 끌고가기 위해 갖은 책략을 꾸몄으나 태국 법원은 내가 범죄자라는 증거를 제출할 것을 북한측에 지속적으로 요구했다. 결국 북한이 아무런 증거를 제출할 수 없게 되자 태국 정부도 우리 가족을 제3국으로 망명시킬 수 있는 명분을 얻게 되었다. 따라서 태국이 나를 도울 수 있었던 근거를 아이러니하게도 북한대사관의 거짓말이 제공해 준 셈이다.

**망명신청 도와준
미국인 기술자**

피신생활은 한 순간도 편안하지 않았다. 매 순간이 불안하고 우울했다. 이런 의문마저 들었다.

'왜 내가 숨어 있어야 하지? 북의 주체사상도 자기 운명의 주인은 자기 자신이며 자기 운명을 개척하는 힘도 자기 자신에게 있다고 가르치면서, 왜 내가 살고 싶은 곳에 가서 살지 못하게 하는가? 왜 나를 범죄자로 취급하는가?'

오히려 주체사상이 제시한 논리가 내게 힘을 주고 위안을 주기도 했다. 심경은 복잡했지만, 말과 행동이 다른 나라 조선민주주의 인민공화국에서 태어난 죄라고 스스로를 달래기도 했다.

중요한 것은 탈출을 성공시켜야 했다. 가족의 생사를 걸고 결행한 모험이다. 막내아들이 자유로운 인생을 살수 있게 하려면, 북한에 잡히지 않고 제3국으로의 망명을 성사시켜야 했다. 북한당국의 흉악한 거짓말과 협박을 실감하고 나니, 더 커다란 책임감이 느껴졌다.

'재미교포 홍순식은 잡을 수 있는 줄이 아닌 듯한데, 누구에게 도움을 받아야 하는가?' 앞이 캄캄했지만, 가족에게는 내색하지 않고 궁리에 궁리를 거듭했다. 새로운 출로를 찾기 위해 고심하다가 새 인물이 떠올랐다. 미국 사람, 딕 러리 (DICK LEARY). 압록강기술개발회사와 기술개발을 위해 오랜 기간 협력해 온 사람이었다. 그와 싱가포르 업자에게 연락을 취해 도움을 요청하기로 결심했다. 그들이 어떤 반응을 보일지는 알 수 없었지만, 평소 나와 협력 관계가 좋았기 때문에 시도해 보기로 한 것이다. 조심스레 그들에게 전화를 걸었다.

두 사람은 처음에 당황하는 듯했다. 그들은 북한측과 거래 협력관계가 있는 사람들이었다. 이미 북한대사관의 발표가 있고 난 뒤 화제 인물의 전화를 받았으니, 속으로 놀랐을 것이다. 대략의 설명을 듣고 나서, 그들은 나와 내 가족을 돕겠다고 약속했다. 두 사람이 다른 일정을 미루고 방콕으로 올 테니, 만나자고 했다. 약속 날짜와 시간과 장소를 정하고 나서, 나와 가족은 두 사람을 만나기 위해 방콕으로 이동했다.

탈출 15일째 되는 날, 우리 가족은 방콕으로 돌아가서 그들을 만났다. 자유세계로의 여정을 도와줄 첫 조력자를 만난 셈이다.

미국사람 딕 러리는 방콕 중심가 글롱산(Klongsarn)에 위치한 자기 소유의 콘도미니엄 아파트(A.M.Mansion)가 안전하다고 하면서 거기에서 당분간 지내라고 권유했다. 여러모로 우리를 보살펴 주면서, 자기 일처럼 나서 주었다.

"어떤 계획이 있나요? 어느 나라로 망명하길 원하는 겁니까?"

"당신네 나라 미국이나 아니면 호주 캐나다 등으로 가고 싶소."

해당 대사관들과 접촉하고 난 뒤, 그가 받아온 답변은 '선난민 후망명'이라는 일종의 조건부 허락이었다.

"세 곳 모두 답변이 왔는데, 당신의 망명을 받아들일 수 있다고 해요. 그런데 이미 언론에 크게 보도되었기 때문에, 이처럼 공개된 상황에서는 비밀리에 망명 신청을 받기 어렵다네요."

"그럼 어떻게 해야 하오?"

"일단 유엔난민구치소에 공식적으로 난민수속을 한 뒤, 망명 신청을 하는 방법이 있답니다."

무계획의 대가가 드러난 순간이었다. 사실 어느 나라 누구든 간에, 망명 신청과 허용은 비밀리에 진행되는 것이 외교 상례이기 때문에, 나처럼 대대적으로 언론에 보도된 경우는 조용히 처리할 수 없다는 이야기를 들으니, 이해가 갔다. 사전에 치밀한 망명계획을 세우지 못한 나로서는 어쩔 수 없는 일이기도 했다.

**유엔고등판무관실로
가서 인터뷰하다**

하는 수 없었다. 우리는 그 조언을 따르기로 했다. 딕 러리가 유엔난민판무관실에 전화를 해서 인터뷰 날짜와 시간을 약속했고, 3월 8일 오전 우리 가족은 유엔난민구치소에 가서 인터뷰를 했다. 사진도 찍고, 인터뷰가 끝나고 나자, 유엔 담당자가 말했다.

"내일 아침 10시에 재방문해서 난민증을 받아 가세요."

탈출 이후 그렇게 따뜻하게 들리는 말소리는 처음이었다. 언제 붙잡힐지 모른다는 불안감에 떨면서 숨어 지낸 18일 만에, 마치 구세주의 음성을 듣는 듯 했다. 그러나 나중에야 그것이 방심이었다는 것을 깨달았다. 그때 난민판무관실에서 우리를 인터뷰하고 난 뒤, 우리를 보호해주었으면 좋았을 것이다. 아무런 보호장치 없이 난민구치소를 나온 우리는 무방비상태나 다름없었던 것이다.

잔뜩 희망에 부풀어 난민고등판무관실을 나온 우리 가족은 근처 호텔 식당에 들어가서 저녁을 먹었다. 저녁식사를 하면서 아내가 혼잣말처럼, 말했다.

"우리, 그냥 여기서 자고 가면 안 될까? 왠지 오늘은 이 호텔에서 자고 싶네."

"내일이면 끝나니까, 그다음에 한 번 오자구."

무언가 모를 감정이 차오르면서, 마음이 설레고 풀어지는 느낌이 들기는 했다. 그래서 은신처보다는 호텔에 묵고싶은 생각이 드는가보다 생각했다. 우리는 마음을 누르고 은신처로 돌아왔다. 하룻밤만 보내면 피신 생활은 정리되고, 우리 신분은 공식 난민자로서 망명 신청이 가능해진 것이다.

1·7· 보위부 요원들에게 납치되다.

그날 밤, 우리 세 가족은 모처럼 오손도손 이야기를 나누면서 앞날에 대한 희망으로 한껏 부풀었다. 유엔난민증만 받으면 미국이나 호주에 가서 살 수 있게 된다. 눈앞에 닥친 미래가 믿겨지지 않을 정도로 가슴이 두근댔다. 사실 평소에도 미국이나 캐나다 호주에 거주하는 해외 교포들이 많이 부러웠던 터다.

'해외교포가 되면, 그 나라 시민권자로서, 저 불모의 땅 평양에도 갈 수 있을 거야.'

밤 한 시가 넘어서야 잠든 꿈속에서는 여전히 적들이 나를 추격하는 무서운 악몽으로 허우적대야 했다. 그렇게 비몽사몽이었을 때였다.

"꽝!"

갑자기 폭탄이 터지는 듯한 소리가 났고, 깜짝 놀라 눈을 떴다. 새벽 5시경, 믿을 수없는 광경이 눈앞에 펼쳐졌다. 웬 무리들이 방안으로 들어닥친 것이다.

"조용히 해!"

"움직이면 죽여버릴 거야!"

12명의 건장한 남성들이 우리 가족이 자고 있던 침대를 에워싸고 있었다. 이들 손에는 쇠파이프와 방망이가 들려 있었고, 마치 금세라도 우리를 내려칠 것처럼 위협적이었다. 태국사람으로 보이는 2인은 권총을 들고 있었다.

정신을 차리고 보니, 낯익은 얼굴들이 보였다. 김기문 안전대표, 당비서, 서기관 등 6인은 오랜 기간 대사관에서 나와 같이 근무했던 사람들이었다. 낯모를 사람들도 4명 있었는데, 나중에 알고보니 우리에게 긴급 소환장을 보내기 전인 2월 초부터 우리 가족의 송환을 현지에서 감시하기 위해 태국으로 비밀리에 파견 나왔던 국가보위부 요원들이었다.

그들은 잠자고 있던 우리 가족의 이불을 확 들쳐 내고는 제대로 옷을 입기도 전에 내 손에 수갑을 채웠다. 아들에게도 수갑을 채우고 허리띠를 끌러 뺏었다. 콘도미니엄 곳곳을 샅샅이 뒤지면서 우리의 모든 소지품을 압수했다. 배낭과 내 주머니를 모조리 뒤졌고, 아내와 아들의 소지품도 모두 빼앗았다. 지참하고 있던 모든 것을 빼앗겼다. 그 때 우리는, 다른 나라에 가서 살고싶다는, 단순하고 간절한 소망까지 압수당하고 빼앗긴 것이다.

한순간에 희망은 산산조각나고 말았다. 한순간에 운명은 벼랑 밑으로 떨어져 버렸다. 나는 한마디 말도 할 수 없었고 그 어떤 행동도 할 수 없었다. 깜짝 놀라고 당황스러웠지만, 이미 방망이와 총으로 무장한 그들 앞에서 저항할 방법이 없었다. 상황은 3~4분 만에 종료되었다. 탈출 18일 만에, 나와 가족은 북한 보위부요원들에게 체포된 것이다.

그들은 우리 가족을 콘도미니엄 밖으로 끌고 내려가면서 소동을 피우지 못하도록 방망이와 총기로 위협했다.

"난동부릴 생각 말라."

"헛기침 소리도 내지 말라."

아래층 경비실에는 항상 경비원들이 있었는데, 어찌된 영문인지 경비원이 한 명도 보이지 않았다. 나중에 안 일이지만 북한 보위부 요원들은 매수한 태국경찰들을 이용하여 경비원들에게 1인당 500달러씩 뇌물을 주고 경비실을 비우도록 사전에 조치했다고 한다. 그런 일에는 돈을 아낌없이 쓰는 것이 또한 북한체제의 특징 가운데 하나다. 북한 요원들은 우리 가족을 두 대의 차에 분승시켜서 어디론가 끌고 갔다.

**대사관에
감금된 가족**

6시 30분경 우리 가족을 태운 자동차가 북한 대사관으로 들어갔다. 대사관에 도착하자마자 우리 가족은 대사관 직원들의 숙소인 2층의 한 방에 감금되었다. 복도에 있던 누군가가 혼잣말처럼 내뱉었다.

"요즘은 왜 이렇게 잡아가는 사람이 많은지 원."

잠시 후 방으로 들어온 보위부 요원이 말했다.

"당신 맏아들이 보낸 녹음테이프가 있는데, 틀어줄까? 당신들보고 제발 평양으로 돌아오라고 호소하는 내용인데…"

"…"

"하긴, 이제 잡혀서 평양으로 가게 되었으니, 테이프를 안 봐도 되겠구만."

우리 가족이 피신해 있는 동안, 평양에 남아있는 맏아들이 불려가서 협박을 당했다는 뜻이다. 인질로 남겨진 가족을 협박해서, 부모 자식의 정에 호소하도록, 치사하고 극악한 방법을 쓰는 것이다. 녹음테이프 내용을 듣지는 못했지만, 벌써부터 고생하고 있을 맏아들 생각에 가슴이 에이는 것처럼 아팠다.

하루아침에 극악한 반동으로 낙인찍힌 우리 가족은 감금된 대사관 안에서 개나 돼지 취급을 받았다. 대사관의 어느 누구도 우리에게 물 한 모금 권하지 않았고, 빵 한 조각도 건네지 않았다. 우리가 감금된 방에 걸려 있던 김일성 김정일 부자 사진도 치워졌다. 구금 상태를 확인하러 잠시 들른 대사관 당비서의 지시 때문이다.

"반동분자가 있는 방에 위대한 수령과 지도자 동지의 초상화가 있어서는 안 되오!"

우스꽝스러운 장면이었지만, 속으로 씁쓸히 웃을 수밖에 없었다.

대사관에 도착하면서 여러 낯익은 얼굴들과 마주쳤다. 그동안 정들었던 대사관 식구들, 그들은 하나같이 내 얼굴을 똑바로 바라보지 못했다. 그도 그럴 것이, 그들 가운데 내 도움을 받지 않은 사람이 없기 때문이었다. 지난 8년간 대사관의 무역일꾼으로 활동하면서 대사관 생활에 부족한 물자와 자금을 대는 일에 나만

:: **방콕 북한대사관 입구**
　북한대사관은 다른 나라 공관들과 달리, 빈민지역 인근의 외진 곳에 있다. 나중에 새로 건물을 올린 대한민국 대사관과 비교하면 무척 초라하다.

큼 기여한 사람이 없기 때문이다. 대사관 직원과 가족은 물론이고, 대사관에 파견 혹은 방문차 들른 모든 북한 인사들에게 내가 앞장서서 도움을 주었다. 그런 내가 갑자기 반동분자 신세가 되어 대사관에 구금되니, 나와 똑바로 마주치기 어려웠을 것이다. 그들을 바라보면서, 지난 8년간의 생활이 주마등처럼 스쳐갔다.

　다시 정신을 차렸다. 당황과 절망도 잠시였다. 세 가족의 생사가 걸린 일이고, 무엇보다 막내아들의 새로운 인생이 걸려 있기 때문이다. 호랑이에게 물려가도 정신만 바짝 차리면 살 수 있다고 했던가.

'이대로 끝낼 수는 없다. 이대로 사지로 끌려가서는 안 된다.'

나는 머리를 굴려서 온갖 지혜를 짜내려고 노력했다. 오랜 대사관 생활의 경험을 토대로 묘수를 찾아내야 했다. 고민 끝에 내린 결론은 태국 경찰의 도움을 받도록 유도하는 것이었다. 태국과 같은 법치국가에서 사람을 납치한다는 것은 절대 용납되지 않는 범죄이고, 내가 외교관 신분이었기 때문에 커다란 외교적 물의를 일으킬 것이라는 점에 착안했다. 이런 상황을 태국경찰에 알릴 수만 있다면 도움을 받을 수 있을 것이라고 판단했다.

'그래, 공항에 도착하면, 탑승 전에 소동을 일으키자. 그렇게 주목을 끌면 태국 경찰들의 도움을 받을 수 있겠지.'

**멀쩡한 아들 다리를
깁스시킨 북한 당국**
아침 7시경 대사관 안전대표 김기문이 와서 아들을 데리고 나갔다. 아내가 걱정스러운지, 내게 물었다.

"왜 우리 아들을 따로 데려가는 걸까요?"

"아마도 어린애니까 별도로 밥이라도 먹이려고 그러겠지!"

나는 태연하게 말하면서, 아내를 안심시켰다. 그럴 사람들이 아니라는 의심이 들었지만, 다른 방도가 없었다. 그런데 약 30분 후, 아들이 다리에 깁스를 하고 나타났다. 멀쩡한 다리에 막대기를 하고 석고가루가 묻은 천으로 감싸맸다. 곧은 다리가 되니, 제대로 걷지도 못했다. 그제서야 의도를 알게 되었다. 아들이 젊고 태국 말도 잘하니까, 도망치지 못하도록 그렇게 불구처럼 만들어놓은 것이다.

황당한 모습을 보고 아내는 오히려 나를 핀잔했다. 아들은 괜찮다며 나와 아내를 안심시키려 애썼다. 오히려 그 모습이 더욱 우리 부부 가슴을 아프게 만들었다.

사실 북한의 엉뚱하고도 비인간적인 행태는 자주 목격되는 일이다. 10년 넘게 대사관에서 생활하면서 내가 직접 목격한 것도 부지기수다.

한번은 인도주재 북한대사관 문화담당 참사가 보위부에 의해 북한으로 끌려가는 것을 목격했다. 그는 다리에 깁스를 하여 제대로 걷지 못하고 우리 무역 참사부 합숙소에서 하루를 묶고 다음날 북한으로 떠났다. 그는 너무 괴로워하면서 밤잠을 자지 못했고 밥도 먹지 않았다. 이것도 보위부의 모략이었고 그는 훗날 무죄로 판명 났으나 다시는 본 위치로, 즉 인도대사관으로 돌아가지 못했다. 그때 그를 보면서 같은 꼴은 피한 내 처지에 안도하기가 민망할 만큼 사람 취급이 너무 난폭하다는 생각을 했었다. 그때 그 사람의 모습이 지금 내 모습이라고 생각하니 무척 억울하고 슬펐다.

1996년 어느 날에는 30대 젊은 탈북청년이 체포된 적이 있다. 국가보위부가 그를 체포하라는 지시를 대사관에 전보로 하달했었다. 지령을 받은 대사관 안전대표와 몇몇의 서기관들이 칼과 몽둥이로 무장하고 그가 있는 장소를 습격하여 체포했다. 체포조는 즉석에서 그에게 수갑을 채우고 대사관 경비실에 가두었다. 그에 대해서 여러 대사관 부인들이 나누는 이야기를 들었다. 그 청년은 단지 세상을 한번 구경하고 싶다는 생각으로 북한을 탈출했으며, 결국 태국에 와서 체포되었다고 한다. 넓은 세상을 구경하고 싶다는 젊은 청춘의 열정을 범죄자로 만든 것은 그에게서 여행의 자유를 박탈한 북한정권의 책임이 아닌가 하는 생각을 하기도 했다.

여행과 거주 이전의 자유는 민주사회의 기본 인권 아닌가. 배고픔도 문제지만, 기본 인권의 부재가 많은 북한 주민들을 탈북으로 내몰았고, 북한은 그들을 범죄자 취급한다. 그야말로 제 얼굴에 침 뱉기 아닌가. 국가의 기본 책무를 소홀히 한 채, 주민들만 억누르는 것은 무모한 독재정권의 행태라는 말 외에 무엇으로 설명할 수 있겠는가.

북한대사관에서 생활하다 보면 여러 가지 비정상적인 사건들이 벌어지곤 한다. 1991년 내가 태국에 부임한 다음 해, 평양의 노동당 중앙위원회 3호청사에서 나온 부부가 있었다. 3호청사는 대남적화 공작전문기관, 즉 간첩지휘부서다. 오랜 공작원이었던 그들에게도 시련이 왔다. 그들은 숨겨오던 사실, 즉 부인의 가족이 남한에 있다는 것이 판명되어 긴급 체포되게 되었다. 이를 먼저 알아차린 남편이 북한으로 소환되는 도중에 경유지인 베이징에서 부인에게 도망가라고 연락했다. 그 덕분에 부인은 비록 혼자였지만 탈출에 성공했다. 그때 태국대사관에서는 비상회의가 열렸고 모든 직원들이 칼과 몽둥이를 지참한 후, 그녀가 갈 수 있다고 생각되는 한국대사관과 공항 주변을 잠복 감시하도록 했다.

그때 나도 지시에 따라 식칼과 비슷한 무기를 지참하고 한국대사관 주변을 감돌면서 잠복 근무를 했던 기억이 난다. 아마도 내가 탈출한 그 시점에도 북한대사관측은 다른 경우와 마찬가지로 대사관의 모든 직원들을 총동원하여 나와 나의 가족을 체포하기 위해 애썼을 것이다.

1·8· 라오스 방면으로 끌려가다.

대사관으로 끌려와 구금된 지 2시간여 지났을까, 보위부 요원들이 우리를 끌고 나와 차에 태웠다. 나와 아내는 무역대표부 소속인 미니버스에 타고 꼼짝 못하도록 요원들이 바싹 옆으로 동승했다. 아들은 대사관의 벤츠 승용차에 태우고 역시 보위 요원들이 함께 호위했다.

내가 탄 미니버스는 무역참사 시절 내가 구입한 차량이었고, 내 밑에서 오랜 기간 같이 일했던 무역참사부 김 서기관이 운전대를 잡았다. 평소 성품이 바르고 일을 잘했던 김 서기관과 인간적으로도 매우 각별한 사이였는데, 지금은 그가 나를 지옥으로 끌고가고 있었다. 이 무슨 운명의 장난인가.

그래도 정신을 바짝 차리자고 마음을 다잡아야 했다. 공항에 도착하면 소란을 피워서라도 탈출 기회를 잡아야 했기 때문이다.

아침 8시경, 우리를 태운 호송 차량이 대사관 정문을 출발했다. 그 순간, 화가 치밀었다. 10년 가까이 드나들던 북한 대사관을 뒤에 두고 죄인이 되어 떠나는 나 자신의 비참한 모습에 화가 났고, 온갖 상념이 떠올랐다.

'어쩌다 내가 죄인이 되었는가? 과연 정말 내가 죄인인가?'

'내가 무엇을 잘못했다고 나를 긴급 소환시키려 하는가? 나는 오직 북한 인민들의 배고픔을 덜어주기 위해 노력했다. 수십만 톤의 쌀을 돈 한 푼 들이지 않고 수입되도록 일한 공로로, 그때 북한에서는 나에게 노력영웅 칭호를 추천하지 않았던가?'

'과학참사를 맡고 나서는 상급기관인 사회안전부에서 한 푼의 자금도 지원받지 않고 태국지사의 지문연구사업을 진행시켰고 성과를 내고 있었는데 왜 나를 죄인으로 만들고 있는가?'

주체할 수 없는 의문과 분노가 꼬리에 꼬리를 물고 이어졌다.

차창 밖으로 지난 10년간 오갔던 방콕 공항으로 가는 길이 눈앞을 스쳐 지나갔다. 수많은 사람들을 마중하고 배웅하려고 오갔던 이 길을 이제는 죽음을 향해 마지막으로 지나고 있다고 생각하니, 억울함과 허무함이 동시에 밀려왔다.

**'방콕 공항에 도착하면
소란을 피우자'**

그런데 공항으로 향하던 차량이 갑자기 방향을 바꾸는 듯했다. 공항 방면을 지나쳐서 어디론가 계속 달리는 것이었다. 순간 나는 당황했지만, 내색하지 않고 넌지시 물었다.

"공항으로 가는거 아니오? 어디로 가는 거요?"

"……."

차 안의 어느 누구도 아무 대답도 하지 않았다. 침묵 속에서, 나는 공항에서 소동을 피워 태국경찰의 도움을 받으려던 내 계획이 물거품이 되었다는 것을 직감했다.

'아, 공항으로 가는 게 아니구나. 탈출 기회가 사라지는구나.'

'지금 당장 비행기에 태우는 게 아니라, 어느 지방 아지트에 가두었다가, 나중에 중국행 항공편으로 북송하려나 보다.'

다시 머릿속이 어지럽기 시작했다. 낙담과 괴로움과 두려움이 겹쳐져 혼란스러웠다.

한동안 침묵 속에 차량은 질주했다. 문득 차창 밖을 내다보니 눈에 익은 풍경이 보였다. 라오스 국경 방향이었다. 내가 라오스로 가 본 경험이 있기 때문에 알 수 있었다.

'아, 라오스. 북한과 가까운 라오스로 가는구나.'

라오스는 북한과 친분이 두터운 국가다. 자유주의 시장경제로 운영되는 태국과는 달리 사회주의 국가이기 때문이다. 북한과 한통속이어서, 라오스를 경유하려는 탈북자들 가운데 상당수가 자주 북한으로 강제 송환되는 곳이기도 하다. 그만치 북한의 입김이 잘 먹히는 곳이므로, 나에게는 최악의 장소인 셈이다.

흡사 도살장으로 끌려가는 심정이었다. 도저히 살아 돌아오지 못할 곳으로 끌려가는 괴로운 심경을 그 이상 무엇으로 표현하겠는가. 그러다가 문득 비극적인 충동이 내 안에서 차올랐다.

**'라오스
국경 넘을 때
소동을 일으키자'**

'그래, 라오스로, 북한으로 끌려가지 말고, 여기서 죽자.'
'내가 여기서 죽으면, 아들에 대한 처벌도 약화될 수 있으니까.'

새벽에 대사관에 끌려가서 감금되었을때, 아내와 나누던 이야기가 떠오른 것이다.

"우리가 죽어야, 아들이 살아요. 자식들이라도 살리려면, 우리가 죽어야 해요!"

맞는 말이었다. 그간의 간접 경험 사례를 볼 때, 가족이 한꺼번에 반동분자로 몰려 처벌받느니, 내가 죽는다면, 자식들에 대한 처벌이 경감되기를 기대할 수 있었다.

내 자리는 운전석 뒤였다. 갑자기 나는 운전 중인 김경철 서기관을 확 비틀어서 차를 전복시키고 싶은 충동을 느꼈다. 그래서 운전자를 주시하기 시작했다. 아내에게 무언의 눈빛을 건넸다. 아내의 얼굴에는 좌절과 낙담이 가득했고, 모든 것을 체념한 표정으로 침묵하고 있었다. 잠시 뒤에 아내가 차를 잠깐 세워달라고 말했다.

"차 좀 세워서, 소변 좀 보고 갑시다."

"… …"

귀머거리도 아닌데, 마치 말못하는 로봇처럼, 보위부 요원들은 묵묵부답이었다. 들은 척도 하지 않았다. 두어 번 애원하던 아내는 아무런 반응이 없자 포기하는 눈치였다. 그렇게 30여 분을 더 갔을까. 차가 섰다. 보위부 요원들 자신도 볼일이 급했던 것이다. 아내에게도 소변을 볼 수 있도록 허용했다.

다시 차가 출발하기 전, 보위부 요원이 내 자리를 바꾸도록 지시했다. 가운데 열 좌석에 아내와 함께 앉아있던 나보고 맨 뒷열 좌석으로 가라는 것이었다. 마치 나의 자살 충동을 알아채기라도 한 듯한 조치였다. 결국 가운데열 좌석에는 아내와 양 옆에 보위부 요원 둘이, 맨 뒷열 좌석에는 나와 양 옆에 보위부 요원 둘이, 그리고 나니, 진짜 죄수를 호송하는 모양새가 되었다.

이제는 내면의 자살 충동을 실행에 옮기는 것도 어려워졌다. 유리창을 깨고 뛰어내릴 수도 없었고, 운전하는 사람을 비틀어서 차를 전복시키는 것도 불가능하게 느껴졌다. 그러는 사이, 차는 계속 내달렸고, 점점 라오스 국경이 가까워지고 있었다. 한통속 라오스로 끌려가면, 우리 가족은 끝장이었다. 나는 다시 심호흡을 가다듬었다.

'그래, 국경에서 통관 수속할 때를 노리자. 소동을 일으키면, 라오스 국경으로 넘어가기 전에 태국 경찰의 도움을 받을 수 있을 지도 모르지.'

확실하진 않았지만, 다른 방법이 없었다. 공항에서 일으키려던 소동을 국경에서 일으키자는 것으로 계획이 바뀐 셈이었다.

**'탈출하기 어려우면,
차라리 죽게 해주십시오,
하나님!'**

그때 나도 모르게 마음속으로 기도를 했다.

'하나님, 도와 주십시오. 우리 가족이 탈출하기 어렵다면, 차라리 제게 죽음을 주십시오. 이 차가 뒤집혀서라도 제가 죽게 해주십시오. 그래야 제 아들이라도 살립니다.'

인생에서 한 번도 믿어본 적이 없는 하나님을 찾은 것이다. 그것도 죽게 해 달라고 기도한 것이다. 사실 절규에 가까웠을 심경이 기도로 나타난 것이다. 태어나서 진심으로 죽음을 갈구해보기는 그 때가 처음이었다. 어떤 상황에서는 사람이 죽음을 갈망할 수도 있다는 것을 체험한 것이다. 전대미문의 독재국가 북한의 주민으로 살아온 업보이기도 했다.

1·9· 하나님이 미니버스를 전복시키다

"어? 어?"

"쾅!"

"아악!"

그것은 기적이었다. 나도 모르게 하나님을 찾으며 마음 속으로 기도하고 난 직후였다. 나와 아내를 태우고 라오스 국경으로 향하던 미니버스가 어느 순간 기우뚱하는가 싶더니, 도로 가장자리 옆 비탈로 굴어 떨어진 것이다. 차 안에 있던 사람들의 비명이 동시에 울려퍼진 곳은 방콕에서 약 260킬로미터 떨어진, 라오스 국경과의 중간 지점인 나콘 라차시마 주(Nakhon Ratchasima)를 지날 때였다.

사고가 난 길은 험로가 아니라, 평평하게 잘 닦인 지방 고속도로였다. 길 위나 주변 어디에도 특별한 장애물은 없었다. 구입한 지 2년밖에 안되는 토요타 미니버스는 북한 차 기준으로 보면 새 차나 다름없었다. 멀쩡한 호송차량이 태국의 한적한 지방도로를 달리다가 느닷없이 뒤집어진 것이다. 미니버스는 2회전을 굴러서 비탈길 아래 논두렁에 처박혔다.

차 안에 있던 사람들은 피투성이가 되어 땅바닥에 내동댕이쳐졌다. 가운데 앉았던 아내는 차가 구르면서 선루프로 튕겨져 나왔기 때문에 손과 발 얼굴 등이 피범벅이었다. 맨 뒤에서 족쇄가 채워졌던 나는 차 안에 그대로 묶여 있었다. 나와 아내를 사지로 끌고가던 보위부 요원들은 여기저기 널부러져 신음했다.

백번을 돌이켜 생각해도, 놀라운 일이었다. 내가 절박하게 갈구하던 그 순간, 갈구하던 그 내용대로 사고가 난 것이다. 아니, 탈출 기회가 열린 것이다. 난생 처음 하나님을 찾고 기도했는데, 하나님이 응답하셨다. 하나님의 구원의 손길이 나와 가족에게 임하신 것이다. 죽음의 문턱에 다다랐던 나와 가족에게 기적이 일어난 것이다. 이를 어찌 우연의 일치로 치부할 수 있겠는가. 오직 하나님의 은혜라고밖에는 달리 표현할 길이 없다.

자동차가 굴러 떨어지는 그 찰나의 순간, 나는 마음의 평온을 찾았고 무한한 행복을 느꼈다. 아마도 악몽같은 체포와 핍박에서 벗어나고 온갖 고초에서 해방되는 길로 갈 수 있다는 희망 때문이었다.

'하나님이 나의 소망을 들어주시는구나. 이제 편한 세상으로 가겠구나.'

"죽으려 애쓰지 말고 살아서 나를 섬기거라" 역설적으로 말하면, 하나님의 응답은 내 기도에 정반대의 모습으로 나타났다. 나는 하나님께 죽음을 달라고 기도하고 있었다. 아들이라도 살리기 위해서는 내가 죽어야 한다는 생각, 그 일념으로 하나님께 죽게 해달라고, 호송차량이라도 전복되게 해달라고 기도했던 것이다. 하나님의 응답은 내 기도에 대한 반전으로 나타났다. 나를 죽게 하시려고 차를 전복시킨 것이 아니라, 나를 살게 하시려고 차를 전복시킨 것이다.

"진정 네가 나를 찾아 기도하므로 내가 네게 이르나니, 죽으려 애쓰지 말고 살아서 나를 섬기거라."

"네 진정 나를 위해 죽고자 하면 살리라."

나와 가족을 구하신 하나님의 참뜻이 이렇지 않았을까 싶다.

정신을 차려보니, 나는 차 안에서 살아있었다. 차량은 여기저기 부서지고, 유리창이 깨져 나간 상태였다. 전복의 충격으로 정신이 나간 보위부 요원들이 깨진 창문 밖으로 기어나가고 있었다. 죽은 사람은 없는 듯 했지만, 모두가 피투성이 몸을 제대로 가누기 어려워했다. 곧 죽지 못했다는 자각이 괴로움으로 바뀌기 시작했다. 내가 탄 차량이 몇 바퀴를 굴렀는데도, 죽지 않고 살아 있다니. 기쁘기는커녕 다시 좌

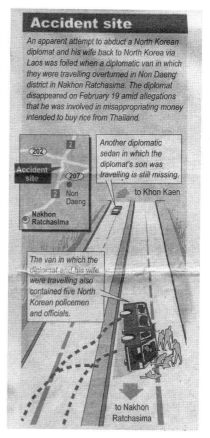

Accident site

An apparent attempt to abduct a North Korean diplomat and his wife back to North Korea via Laos was foiled when a diplomatic van in which they were travelling overturned in Non Daeng district in Nakhon Ratchasima. The diplomat disappeared on February 19 amid allegations that he was involved in misappropriating money intended to buy rice from Thailand.

Another diplomatic sedan in which the diplomat's son was travelling is still missing.

The van in which the diplomat and his wife were travelling also contained five North Korean policemen and officials.

:: **차량전복 사고현장 일러스트**
1999년 3월 11일, 차량전복사고 현장에 대한 일러스트 기사. 타이어가 터지면서 북한외교관 납치 차량이 전복되었다는 내용의 기사에 포함된 도해.

절감이 밀려든 것이다.

'이제 다시 차량에 불이 붙으면 죽게 되겠지.'

부숴진 차안에서 나는 죽은 듯 숨을 죽이고 가만히 있었다. 어차피 팔에 족쇄가 채워진 상태라서, 움직이거나 차 밖으로 빠져나갈 수도 없었기 때문이다.

그런데 상황은 반대로 흘러갔다. 죽기를 원하는 내 심경과는 아랑곳없이, 내 옆에 있던 보위부 요원들이 차창 밖으로 빠져나가면서, 내 팔에 채워진 족쇄를 풀어 주었다. 차량 사고로 몰려드는 태국 주민들이 볼까 두려웠던 것이다. 태국 현지에서 북한대사관 사람들이 내게 족쇄를 채운 것이 드러나고, 이런 사실이 태국 경찰에 보고된다면, 현지법을 무시한 북한측의 불법체포 행위가 발각되게 된다. 중대한 외교 마찰이 일어날 수도 있는 일이기 때문에, 일단 내 족쇄를 풀 수밖에 없었던 것이다.

눈을 감고 있던 나는 한참을 차 안에서, 혹시라도 차에 불이 붙지 않을까 하고 기다렸다. 그사이 다른 사람들은 모두 차창 밖으로 빠져 나가서 여기저기 누워 있거나 기대어 있었다. 그렇다고 보위부 요원들이 나를 구하려고 움직이는 사람도 없었다. 다들 멍하니, 제 살기에 바빴을 뿐이다. 애타게 기다리던 불은 끝내 붙지 않았다.

1·10· 인심좋은 태국사람들이 나를 구조했다

사고 현장에는 현지 주민들이 대거 몰려 들었다. 주변에는 지나가던 차들까지 세워서, 도와주려고 비탈길 아래 현장에 내려온 사람들도 많았다. 구급차도와 있었다.

차 안을 들여다 보던 현지 주민들이 한참을 가만히 있던 나를 발견했다. 그들은 차 안에 방치된 나를 구조하려고 손을 내밀었다. 나는 여전히 이대로 죽었으면 하는 생각에 잠겨 있었다. 그때 보위부 요원이 가만 놔두라며 그들에게 손짓하며 말리는 모습을 보았다.

보위부 요원들은 나를 방치할 뿐 아니라, 주민들의 구조의 손길마저 막아서는 것이었다. 은근히 부아가 치밀었다. 순간 내가 손을 내밀었다. 현지 주민들에게 도와달라는 제스처를 한 것이다. 그들은 깨진 버스 창문을 통해 나를 꺼내 주었다. 동족인 보위부 요원들이 외면하고 방치한 나를 인심좋은 태국 주민들이 구조해준 것이다.

힘들게 밖으로 나와서야 사고의 충격을 실감할 수 있었다. 내 머리에서는 피가 흐르고 있었다. 왼쪽 가슴이 심하게 다쳤다는 것도 그제서야 알았다. 차 안에서 죽었으면 하고 차량 폭발을 기다릴 때는 몰랐던 고통이 새삼 느껴졌다. 아내는 차가 뒤집히는 순간 썬루프로 튕겨 나와 땅에 떨어지면서 여러 군데 부상을 입었다. 자칫 머리를 심하게 다칠 뻔했으나 다행히 머리를 손으로 감쌌던 모양이다. 그 대신 왼손은 가죽이 벗겨져서 뼈가 모두 드러난 상태로 피가 땅에 뚝뚝 떨어지고 있었다. 다른 보위부 요원들도 크고 작은 부상을 당해 여기저기 누워 있거나 앉아 있었다.

차 밖으로 구조된 뒤, 나는 땅바닥에 박힌 큰 돌을 발견했다. 그 순간 돌에 이마를 들이 받으려고 움직였다. 다시 죽어버리자는 결심이 살아난 것이다. 그러나 옆에 있던 현지 주민들이 말리는 바람에 뜻을 이루지 못했다. 다시 조용히 앉아 있다가, 옆에 있는 주먹만한 뾰족한 돌을 들어 머리를 힘껏 때렸다. 머리에서 피가 흘러 내렸지만, 목적을 달성하지는 못했다.

병원으로 실려가서 기회를 엿보다

지역 병원에서 나온 구급차는 우리를 병원으로 실어 가려고 했다. 그러나 보위부 요원들이 승인을 하지 않아 지체되고 있었다. 붕대도 감지 못한 아내의 손에서는 피가 줄줄 흘러 내렸다. 이 모습을 보던 한 청년이 자신이 입고 있던 셔츠를 벗어 아내의 손을 감아 주었다. 그 태국 청년이 내 눈에는 천사처럼 보였다. 아내의 손에 감긴 그 청년의 셔츠는 금세 피로 물들었다. 인정사정없는 북한의 보위부 요원들은 이런 모습을 보고도 눈썹 하나 까딱하지 않았다. 어떻게든 사고 현장을 벗어나서 라오스 국경으로 가려는 생각밖에는 없어 보였다.

어수선한 현장에서 시간이 흘러갔다. 부상자가 생긴 차량 사고는 수습하기 쉽지 않은 법이다. 보위부 요원들도 차량에 탔던 그 누구도 어떻게 해야할 지 당황하는 듯했다. 두어 시간쯤 지나면서, 보위부 요원들의 감시도 느슨해지는 분위기였다. 나는 적극적으로 생각을 바꾸기 시작했다. 일단 사고 현장부터 벗어나서 병원으로 가야겠다고 마음 먹었다. 그런 다음 다시 기회를 엿보자는 심산이었다.

내가 먼저 나서서, 현지 주민들에게 병원으로 가자는 제스처를 취했다. 서성이던 태국 주민들이 달려들어 나를 구급차에 태웠다. 아내도 나를 따라 구급차에 올려졌다. 부상이 심한 보위부 요원 한 명도 구급차에 올랐다. 그렇게, 우리는 지역 병원으로 옮겨졌다.

1·11· 태국병원에서의 자살 소동

병원은 멀지 않은 곳에 있었고, 아무래도 농촌이라서 그런지 시설은 별로 좋지 않았다. 병원에 도착하니 의사가 심장진정제 알약을 입에 넣어주고 링거주사를 꽂으며 치료를 시작했다. 잠시 후 나는 치료를 거부했다. 의사가 입에 넣어준 알약을 뱉어 버리고 링거주사도 빼 버리고 나서, 의사에게 말했다.

"전화를 한 통만 걸게 해 주시오."

잠시 망설이던 의사가 고개를 끄덕이더니, 치료실 한구석에 놓인 전화를 사용하도록 허락했다.

다행인 것은 전화를 걸 때, 치료실에 함께 있던 보위부 요원이 나를 제지하지 않았다는 사실이다. 그가 방해했다면 한바탕 소란이 벌어지든가 아니면 전화걸기가 불가능했을 것이다. 그 요원은 평양에서 같은 아파트에 살기 때문에 나와 안면이 있고, 이전에 내가 그에게 도움을 준 적도 있었다. 내가 어디론가 전화를 걸려고 한다는 것을, 그는 모르는 척 했다.

정작 전화기 앞에 서니, 어디로 전화를 걸어야 할지 난망했다. 전화번호 수첩 등 모든 소지품을 빼앗긴 상태였으니, 기억나는 전화번호가 없었다. 잠시 멍하니 기억을 되살리려 애썼다.

또 하나의 기적 : 집주인이 전화를 받다

그때 또 하나의 기적이 일어났다. 전화번호 하나가 머릿속에서 되살아난 것이다. 내가 살던 아파트 집주인의 전화번호였다. 다급히 전화번호를 돌렸는데, 상대방 목소리가 들려왔다. 신기한 것은 낮에는 늘 집을 비우고 외출하던 집주인이 그 날따라 대낮에 집에 있다가 내 전화를 받았다는 사실이다. 아침 일찍 아니면 저녁 때나 되어야 볼 수 있던 집주인이 마치 내 전화를 기다리기라도 한 사람처럼, 통화가 된 것이다. 이 모든 것이 하나님의 보살핌이 아니라면 그 무엇이겠는가.

집주인과는 평소에도 잘 어울려서 친분이 있던 사이였고, 영어 소통도 가능했다.

"찰리따, 나와 가족이 북한측에 불법 체포되어 끌려가다가 차량 사고로 병원에 와 있소. 오늘 유엔난민판무관실에서 난민증을 받기로 한 날인데, 그쪽에다 연락해주고, 태국 경찰에도 연락해줄 수 있겠오?"

"홍 참사님, 내가 태국 경찰에 즉시 신고하고 도움을 요청할 테니, 걱정 말아요."

이미 사건의 전말을 대충 파악하고 있던 그는, 나를 위로하며 적극 도와주겠다고 약속했다. 집주인과 통화를 하고난 뒤에도 나는 차분하게 기다리지 못하고 난동을 피우기 시작했다. 다시 죽을 궁리를 하고 소동을 피운 것이다. 아내도 나를 부추겼다.

"여보, 우리가 빨리 죽어야 해요. 그래야 아들에 대한 처벌이 약해져서 그나마 살아갈 수가 있지. 당신이 먼저 죽고나면 나도 따라 죽으려오."

그러다가 아내는 치료실에 있던 수술가위를 나에게 건네 주었다. 그 순간 간호사들이 달려들어 가위를 빼앗으려 했다. 나는 급한 나머지 가위로 배를 힘껏 찔렀다. 그러나 셔츠 위로 찌른 가위가 깊게 들어가지 않아 미수에 그치고 말았다. 그 상처는 1년 이상 내 배 위에 남아 있었다.

:: **집주인 찰리따와 함께**
태국에서 살던 시절, 집주인 찰리따 내외와 함께 찍은 사진. 사고 직후 병원에서 그녀와 전화 통화를 한 것이 기적의 생명줄이 되었다.

두 번째 자살시도로 나는 화장실을 선택했다. 화장실에 가서 생리를 해결하는 척 하다가 머리로 힘껏 벽을 들이받았다. 벽이 무너질 것처럼 요란한 소리가 나자 간호사들이 화급히 문을 열고 들어와서 나를 끌어냈다. 이상하게도 내 머리는 멀쩡했다. 그 다음에는 침대 위에 서서 거꾸로 떨어지려고 몸을 일으키기도 했다. 역시 주변에 있던 간호사들이 달려들어 제지하는 바람에 실패하고 말았다.

병원 입장에서 보면, 나는 엉뚱하게 자살 소동을 일으키는 이상한 사람처럼 비쳤을 것이다. 아들을 위해 자살하려는 북한 탈북자 부모의 심경을 그들이 어떻게 이해하겠는가.

태국 난민보호소에서
1년 8개월

2·1· 태국 지방경찰청으로 호송되다

**'유치장 안이
안전하다'**

그렇게 한 시간여 시간이 흐르고 나의 자살 소동이 진정될 때쯤, 태국 경찰이 병원에 도착했다. 그들은 나와 아내를 확인하고는 경찰차에 타라고 지시했다. 우리 부부는 태국 경찰의 지시에 따랐다. 차는 한참을 달리더니, 조그만 파출소에 도착했다. 그런데 언어 장애 때문에 태국 경찰과 소통하는데 애를 먹었다. 나는 태국말을 할 줄 모르고, 지방의 태국 경찰은 영어를 알아듣지 못했기 때문이었다. 태국에서 8년간을 생활하면서 태국말을 배우지 않은 나 자신이 후회스러웠다. 나중에 영어를 조금 알아듣는 태국 경찰이 어딘가에서 불려왔다. 나는 그에게 부탁했다.

"북한대사관 사람들이 나와 아내를 체포하러 들이닥칠테니, 여기서 멀리 떨어진 개인집이나 안전한 곳으로 피신시켜 주시오."

"그렇게는 할 수 없습니다. 여기 파출소장 방에서 머물고 계시오."

그들은 나의 요청을 이해하지 못했다.

'보위부 요원들의 마수에서 벗어나려면, 보다 안전한 장소가 필요한데...'

주변을 두리번거리던 내 눈에 파출소 뒤편에 있는 유치장이 보였다. 철창으로 격리된 장소였다. 차라리 그 안이 안전할 듯 싶었다.

"그러면, 나와 아내를 저기 유치장 안으로 넣어 주시오."

"하필 저 곳에 말이오? ... 알았소. 그렇게 하시오."

태국 경찰이 유치장 문을 열었고, 우리는 자진해서 유치장의 철창 안으로 들어갔다. 유치장 내부는 언제 사람이 있었는지 모를 정도로 거미줄과 먼지가 수북했고 냄새도 지독했다. 한쪽 구석에 놓여있던 거적데기가 눈에 띄었고, 나와 아내는 그 위에 웅크리고 앉았다. 밖에서 잘 들여다보이지 않는 구석에서 우리는 서로를 의지하고 위로하며 숨죽이고 있었다.

저녁 6시가 조금 지나서 밖에서 시끄러운 말소리가 들렸다. 북한 요원들이 한 무리 들이닥쳐서 떠드는 소리였다. 나와 아내는 긴장하면서도, 결코 끌려가지 않으리라 결심했다.

"혹시 북한 요원들이 끌고가려 하면 필사적으로 저항합시다. 죽으면 죽었지, 끌려가서는 안되오."

파출소 내부가 조용해졌다. 약 30여 분 동안 소란스럽게 떠들던 북한 요원들이 물러간 것이다. 태국 경찰이 다가와서 유치장 철창문을 열며 말했다.

"이제 나와도 됩니다. 밖으로 나오세요."

"북한 요원들이 어떻게 조용히 물러갔나요? 순순히 물러갈 사람들이 아닌데..."

"북한 사람들에게 당신들이 죄인이기 때문에 감방에 가둔 것이니, 걱정하지 말고 내일 라오스로 갈 때 여기 와서 데려가라고 말했지요."

태국 경찰이 북한 요원들을 교묘하게 따돌린 것이다. 우리는 안전하게 보호받기 시작했다.

반전에 반전을 거듭한 하루가 우여곡절 끝에 저물고 있었다. 일생에서 가장 긴 하루였고, 가장 피말리는 날이었다. 난생 처음으로 하나님을 찾고 기도한 날이었으며, 하나님이 내 기도에 응답해주신 날이었다. 내 생애 처음으로 죽으려고 결심한 날이었고, 그 의지가 내게 새로운 삶을 선물한 날이기도 했다. 북한 보위부 요원들에 의해 기습 체포되었다가 구사일생으로 재탈출하면서 맞이한 자유의 태양이 하루의 일과를 마감하는 시각이었다.

새벽부터 저녁까지 나는 물 한 방울도 마시지 못했다. 그래도 배 고프거나 목이 마른 것도 잊어버리고 하루 동안 피를 말리는 전투를 이겨낸 느낌이었다. 온종일 나를 옥죄던 두려움이 잠시 사라진 뒤, 처음으로, 담배 생각이 났다. 나는 태국 경찰에게 부탁했다.

"담배 한 대 피우고 싶소."

그에게서 건네받은 담배 한 대의 맛이 그렇게 좋을 수가 없었다. 아직 안전하다거나 자유롭다거나 하는 확신이 든 것은 아니었다. 분명한 것은 태국 경찰의 보호 안에 들어왔다는 사실이었다.

잠시 후 태국 경찰이 도시락 두 개와 담배 한 갑을 사다가 우리에게 주었다. 허기진 것은 사실이지만, 밥 생각은 별로 나지 않았다. 겨우 도시락을 풀고 몇 숟갈 입에 넣었으나 입에서 목구멍으로 넘어가지 않았다.

시야에서 보위부 요원들이 사라지고 나니 우린 아들을 걱정하지 않을 수 없었다. 대사관에서 따로 차에 타도록 나뉜 뒤로 하루종일 헤어져있던 아들이다. 나와 아내는 우여곡절 끝에 태국 경찰의 보호아래 들어왔지만, 아들의 행방은 알 수가 없었기 때문이다. 아내가 다시 울먹이기 시작했다.

"우리 아들은 어떻게 되었을까요? 라오스로 넘어갔을까요?"

알 수 없는 일이었다. 그만큼 괴로웠고, 우리 마음은 새까맣게 타들어갔다. 북한 탈출을 감행한 기본 목적이 아들의 미래를 위한 결단이었는데, 아들이 잘못된다면 부모인 우리가 어떻게 살아갈 수 있겠는가.

저녁 9시쯤, 태국 경찰의 간부가 나타났다. 그 지역의 주 경찰청장이었다. 그의 안내에 따라 그의 차에 탑승한 뒤, 경찰차의 호위 속에 주 경찰청으로 호송되었다. 아침에 라오스로 끌려가던 방향과는 거꾸로, 방콕 방향으로 차가 달리기 시작했다. 아내는 뒤를 계속 돌아보며 안절부절했다.

"아들을 뒤에 남겨두고 우리만 떠나는 것 같아서 불안해요. 어디로 데려가는 걸까요?"

2·2· 생애 최초의 기자회견 : 북한의 거짓 모략극을 폭로 반박하다

두 시간 이상을 달려서, 주 경찰청사 건물에 도착했다. 그곳에는 수많은 기자들이 대기하고 있었다. 경찰은 기자들을 물리치고 우리를 곧바로 주 경찰청장 사무실로 안내하였다. 나는 또 담배를 피우기 시작했다.

곧 특별한 사람 몇 명이 들어왔다. 태국 특수경찰 부국장 뜨리또뜨와 몇 명의 기자들이었는데 그중에는 한국 기자도 한 명 있었다. 태국의 특수경찰은 북한의 보위부나 한국의 국정원과 유사한 조직이다. 이때 만난 뜨리또뜨 부국장은 나중에 한국으로 무사히 넘어올 때까지, 여러가지로 우리 가족을 도와준 은인이 되었다.

잠시 후 기자들의 질문이 시작되었고, 생애 처음으로 나는 기자회견을 하게 되었다. 준비해 둔 반박 논리를 구사하면서, 나는 차분한 어조로, 자신있게 대답했다.

"태국에서 쌀 거래를 하면서 쌀 대금 8천만 달러를 착복했다는 북한대사관의 발표가 사실인가?"
; "북한대사관의 발표는 하나부터 열까지 새빨간 거짓말이다."

"북한은 당신이 태국으로부터의 쌀수입과 관련한 공금을 횡령한 범죄자라고 발표했다."
; "나는 북한의 범죄자가 아니라, 독재국가 북한으로부터 자유국가로의 망명을 희망하는 외교관이다."

"그러면 북한측의 발표를 반박할 증거가 있는가?"
; "많다. 첫째, 여러분들도 알다시피 북한과 태국과의 쌀 거래는 국제무역 관행에 맞게 신용장에 기초한 무역거래다. 북한 무역은행이 발급한 2년 후불 신용

:: **차량전복 사고로 좌절된 외교관 납치**
1999년 3월 11일자 방콕포스트 1면 톱기사에 실린 사진. 우리 가족 납치 문제가 드러나면서, 태국-북한간 외교문제로
비화되었다. 아들을 태운 차량은 라오스로 빠져 나갔을 것이라는 추정기사도 있었다.

장을 태국에 제공하고, 태국의 해당 은행을 통해 처리하도록 진행된다. 북한대
사관측 발표대로라면, 쌀 대금 8천만 달러를 나에게 현금으로 보냈다는 말인데,
쌀 무역을 하면서 현금 거래로 진행했다는 주장 자체가 말도 안되는 이야기다."

"둘째, 정말 현금 거래로 진행했다면, 그래서 나에게 현금 8천만 달러를 보냈
다면, 나에게 보냈다는 은행계좌를 공개해야 하지 않겠는가? 북한측은 왜 구체
적 증거를 공개하지 못하는가? 은행계좌를 통한 것이 아니라면 인편으로 직접 건
넸다는 이야기인데, 그 사람이 누구인지 공개해야 한다. 또한 내가 받았다면 내

게서 받은 영수증을 제시하기 바란다."

"셋째, 북한과 태국과의 쌀 거래는 1992년부터 1994년 사이에 진행되었다. 내게 비리가 있었으면 그때 조치를 취했어야 하는 것 아닌가. 5년이 지난 시점에 와서 내가 북한으로부터 탈출하니까 범죄자 운운하며 제기한 것은 그 주장 자체가 뒤늦게 조작되었다는 반증 아닌가. 그리고 나는 이미 1996년 10월에 무역참사로서의 임무를 끝냈다. 북한으로 소환 지시를 받고, 탈출할 당시에는 과학기술 참사였다. 쌀 대금을 과학기술 참사에게 넘겼다고 주장하는 것은 이치에도 맞지 않는 억지이고 거짓 주장 아닌가."

조용히 듣고 있던 기자들이 이구동성으로 호응하며, 고개를 끄덕이기 시작했다. 내 반박 논리가 대단해서라기보다는, 경제 무역에 대한 기본 상식만 있어도 북한측 주장이 궤변이고 거짓이라는 사실을 알 수 있기 때문이다.

북한 수법 : 탈북자들을 범죄자로 몰아간다

이윽고 다른 기자가 질문했다.

"당신이 태국에서 마약을 사서 러시아로 들고 가서 판매했다는 북한측 주장도 있는데, 이것은 사실인가?"

가볍게 웃으면서 내가 답했다.

; "나는 일생을 살면서 마약이라는 말을 들어본 적은 있지만, 마약이 어떻게 생긴 것인지 직접 본 적은 없는 사람이다. 만약에 내가 마약거래를 했다면 나에게 마약을 팔아넘긴 사람이 있지 않겠는가. 누구에게 언제 어디에서 어떻게 넘겼는지, 대금은 어떻게 지불받았는지 등의 증거자료가 있어야 한다. 막연하게 거짓말로 죄를 조작해서는 안 된다. 그리고 내 여권을 조사해 보라. 러시아에 갔다 온 사실이 있는지 검증하면 쉽사리 밝혀질 일이다. 나는 1991년 1월 태국대사관에

부임한 후, 단 한 번도 러시아에 출장을 간 적이 없다. 러시아에 간 적이 없는데, 어떻게 러시아에서 마약 거래를 할 수 있는가? 이쯤되면 거짓말도 너무 터무니없지 않은가. 북한측 주장은 전부 조작이고 거짓말이다."

"왜 북한대사관측이 그런 거짓말을 발표했다고 생각하는가?"

; "나를 범죄자라고 누명을 씌워서 북한으로 강제 송환시키려는 의도다. 그러면 태국 정부도 쉽게 따를 것이라고 판단했을 것이다. 원래 북한정권이 탈북자들에게 많이 사용하는 수법이다."

모여있던 기자들의 수군거림은 북한측의 엉터리 거짓말에 대한 야유로 변해갔다.

"북한측에 언제 어떻게 체포되었는가?"

; "오늘 새벽 5시경 방콕시내 은신처에 있다가 북한 보위부 요원들에 의해 체포되었다."

"북한 요원들이 방콕에서 당신을 체포한 것은 태국의 주권을 훼손한 행위 아닌가?"

; "명백히 태국의 법과 주권을 훼손한 행위라고 생각한다. 나는 정치적 망명을 시도한 것이다. 설사 내가 죄를 지었다고 해도, 태국 영토에서 북한 보위부 요원들이 나를 체포하는 건 불법 행위다."

"어느 나라로 망명신청을 했는가?"

: "우선 유엔난민판무관실에 난민지위 신청을 한 상태다. 유엔난민증이 나오고 나서, 몇몇 국가에 망명신청을 할 계획이다."

기자회견은 새벽 2시가 다 되어서야 끝났다. 기자들이 밖으로 나가고 경찰들도 옆방으로 이동하고 나니, 우리 부부만 남게 되었다. 다시 아들 걱정이 차오르기 시작했다.

"아들은 라오스로 넘어갔을까? 아니면 대사관으로 끌려갔을까?"

"아직 알 수 없지만, 하나님이 우리를 보호하셨듯이, 아들도 보호해 주실 거요."

근심 속에서도 마음을 달래기 위해 나는 또 다시 담배를 피우기 시작했다. 사무실 밖에는 여전히 많은 기자들이 진을 치고 있어서 화장실에 가는 것도 힘들었다. 별로 먹은 것도 없으니 다행스럽게 화장실에 갈 일도 적었지만 화장실로 가는 복도에는 기자들이 태국 경찰 당국과의 인터뷰 경쟁을 시도하고 있었다. 태국의 3월은 보통 30도를 웃도는 더운 날씨인데 새벽 기온은 덥지도 않고 춥지도 않았다. 새벽이 되니 멀리서 동이 트기 시작했으며 어디선가 닭이 우는 소리도 들렸다.

2·3· 헬리콥터로 태국 이민국에 이송되다

아침 일찍 특수경찰이 우리를 밖으로 데리고 나갔다. 경찰청사 마당에 있던 헬리콥터를 타라고 그가 손짓했다. 나중에 안 일이지만, 태국 경찰은 우리를 육로로 이동시키는 것이 북한측에 노출되어 기습당할 우려가 있다고 판단했다는 것이다. 그들은 우리의 체포 경위를 듣고 북한 측의 체포 시도를 막으려는 의도에서 헬리콥터까지 동원한 것이었다. 나와 아내가 헬리콥터에 탑승하자, 시커먼 먼지를 일으키며 헬리콥터가 하늘로 오르기 시작했다. 헬리콥터는 방콕 방향으로 기수를 잡았다. 아내는 마치 아들을 떼놓고 가기라도 하듯, 뒤를 돌아보면서 울음을 멈추지 않았다.

해외 출장이 잦았던 나는 비행기는 많이 타 보았어도 헬리콥터는 처음 타보는 것이었다. 약 2시간 정도 지나서 헬리콥터는 방콕에 도착했고, 거기에서 승용차로 바꿔 타고 약 30분 정도 더 달려서, 태국 이민국 난민보호소에 도착했다. 그 안에는 감방들이 있었다.

이민국 난민보호소에 도착하니, 나와 아내에게 큰 방이 주어졌다. 1층 오른쪽에 약 50평 정도 되는 넓은 방에 우리 부부만 거주하도록 조치되었다. 침구나 별다른 시설은 없이, 감방 바닥에는 널빤지가 깔려 있고 구석에 화장실이 있었다. 이리저리 감방 안을 둘러보다가 반가운 흔적을 발견했다.

"잘 있어라. 나는 서울로 간다."

"사랑하는 부모들과 헤어져 떠나는 애달픈 이 마음을 과연 누가 알아주랴."

탈북자들이 머물다 떠나면서 감방 벽에 남겨놓은 낙서들이었다. 많은 탈북자들이 정든 고향을 떠나서 중국대륙을 가로질러 여기 태국까지 왔다가, 남한으로 가면서 자신들의 소회를 남긴 것이다. 뭉클하면서도 마음이 몹시 아팠다.

어느덧 점심시간이 되자, 감방 밖에서 위생복 입은 여성과 남자가 밥과 국을 가지고 들어와서 배식을 해주었다. 안남미 밥에 고기국과 반찬, 삶은 계란이 제공되었다. 그러나 밥을 먹을 생각을 하니 다시 아들 생각이 났다. 부모는 이렇게 멀쩡하게 살아있고 식사까지 눈앞에 있는데, 아들의 처지와 행방을 모르는 상태이니, 목구멍으로 밥이 넘어갈 리 없었다. 우리 부부는 한술도 뜨지 않은 채로, 식사를 그냥 내보냈다. 영문을 알 리없는 배식원은 의아한 표정으로, 자꾸 먹으라고 권유했다.

곧바로 이민국 보호소에서 우리 사건에 대한 본격 조사가 시작되었다. 그때는 이미 우리는 태국 언론에 연일 보도된 뉴스메이커였다. 그것도 망명을 희망하는 북한 외교관이었고, 북한은 우리가 범죄자라고 주장하는 형국이었다. 더군다나 우리에게 뒤집어씌운 죄명이 태국과의 쌀거래와 관련이 있으므로 태국 정부로서도 매우 민감한 사안일 수밖에 없었다. 북한과의 외교마찰 가능성도 있기 때문에, 태국 정부로서는 정확한 진상 파악이 급선무였던 것이다. 사무실로 불려나간 우리는 경찰들의 질문에 대답하면서 적극적으로 조사에 임했다.

**태국 언론의
뉴스메이커가 되다**

먼저 태국 경찰은 나와 아내의 사진을 촬영했다. 연이틀 수염도 못깎고 세면도 못한 내 몰골은 형편없었다. 부상을 입은 내 머리와 배에는 피로 얼룩진 붕대가 감겨 있었다. 게다가 심문 과정에서 나는 연신 담배를 피워대는 바람에 태국 경찰은 냄새가 난다며 사무실 창문을 열어놓을 정도였다.

심문 내용은 탈출 과정과 체포 과정에 대한 조사였다. 그리고 차량 사고 발생의 구체적인 과정까지 조사했다. 특히 태국 경찰은 방콕의 미국인 소유 콘도미니엄에서 머물다가 기습 체포되던 상황에 대해 상세히 물었다. 그 때 북한측 어떤 인물들이 동원되고 가담했는지에 대해 물었고, 나와 아내는 우리를 체포했던 10여 명에 대해 진술했다. 대사관 당비서와 안전 대표, 참사, 서기관, 싱가포르 주재 안전대표, 인도네시아 주재 안전대표, 북한 국가보위부 3국 부국장을 포함한 대표단 등이 등장 인물이었고, 함께 나타났던 태국경찰 두 명에 대해서도 진술했다.

또한 태국 경찰은 호송차량 사고가 발생한 지점의 약도를 놓고서 사고 원인을 규명하기 위해 여러 가지 질문을 던졌다. 차에 있던 커다란 박스 두 개의 용도에 대해서도 물었다. 아마도 내가 저항할 경우에 대비하여 기절시켜서 박스로 포장하여 납치해가려던 용도였을 것이다. 5일 간 계속된 조사를 통해 태국 경찰은 떠들썩하게 보도된 '홍순경사건'에 대한 전모를 파악하게 되었다.

조사를 받으면서 나는 특수경찰 부국장 뜨리또뜨와의 면담을 요청했다. 그가 우리 가족에 대해 호의적이라고 느꼈기 때문이다. 그는 긴박하게 돌아가는 상황을 우리에게 알려주면서, 북한의 동향과 태국 정부의 입장 등을 설명했다. 나와 가족이 딕 러리 콘도미니엄에서 잡히게 된 이유가 은신지에서 여기저기 전화를 사용한 것이 추적의 발단이 되었다는 사실도 나중에 그가 귀띔해주어서 알게 되었다.

뜨리또뜨와의 면담에서 나는 아들을 구해달라고 요청했고, 북한 대사관과 북한 선박, 북한 비행기를 감시해 달라고 주문했다.

"북한은 사람을 짐짝처럼 박스에 포장하여 방콕 항구에 정박해 있는 북한선박에 싣고 갈 수도 있다. 우리 아들도 그렇게 납치해서 북한으로 데려갈지 모르니, 면밀하게 감시해주시오."

"알았소. 진상 파악이 거의 다 되었고, 태국정부는 방콕에서 일어나는 북한의 불법 행위를 좌시하지 않을 것이오. 태국 경찰 병력 250명이 북한대사관을 포위하고 대사관을 드나드는 차량에 대해 감시하고 있으니, 너무 걱정 마시오."

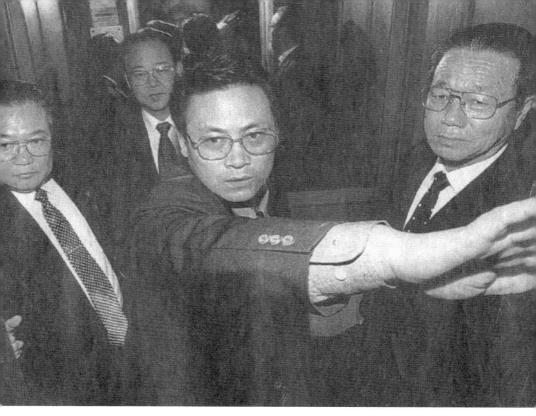

:: **북한대표단**
우리 가족의 납치 문제가 외교문제로 비화되자, 북한은 이도섭 전 태국대사를 단장으로 하는 대표단을 파견했다. 1999년 3월 23일자 방콕 포스트에 실린, 태국 외무성으로 들어서는 북한대표단. 사진 왼쪽에서 두 번째가 당시 외교부 의전국장이던 이도섭 전 태국대사.

조사를 받는 동안에도, 우리는 태국 정부에게 아들을 구출해달라는 탄원서를 여러 번 제출했다. 태국 정부의 태도가 우리에게 호의적이라는 느낌을 받고 있었기 때문에, 그 호의에 아들을 포함시키려는 노력을 한 것이다. 태국 말도 잘하고, 태국 학교에 잘 다니고 있던 아들이었기 때문에, 우리의 절실한 심경을 담아서 태국 총리에게까지 편지를 써서 보냈다. 그런 모습들이 태국 당국의 눈에는 꽤나 동정심을 일으킨 듯했다.

밤이 되면 페트병을 베개 삼아 깔개 위에 잠자리를 만들었는데, 가운데 자리를 아들 잠자리로 비워놓고 잠을 청하곤 했다. 옷이라고는 티셔츠 하나와 바지 하나가 전부였다. 입은 대로 자고 생활하면서, 거의 거지처럼 낮과 밤을 흘러 보냈다. 그렇다고 잠이 쉽게 찾아오지는 못해서, 밤새 뒤척이다가 새벽녘에나 쪽잠을 자곤 했다.

북한대사관의
면회 요청을 거부하다

이민국 보호소에 들어온 지 3일 정도 되는 날, 면회 손님이 왔다는 경찰측의 전갈이 있었다. 의아해서 내가 물었다.

"나를 면회올 사람이 없는데, 누가 왔는가?"

"북한대사관의 해운대표부 대표와 부대표라는 사람이 왔소."

'아뿔싸, 어떡 하나?'

순간 나는 긴장하고 당황했다. 북한대사관 사람이라면, 이미 북한 측이 나의 소재지를 파악하고 나서, 나와 아내를 압박하고 유인하기 위해 찾아온 것이 분명했다. 북한대사관의 해운대표부가 북한선박을 이용해서 돈을 벌어 북한 정무원 산하 해운부에 바치면, 해운부는 그것을 충성자금으로 김정일에게 갖다 바치게 된다. 그래서 북한대사관의 해운대표부 사람들은 나와의 업무 연계도 잦았고, 관계도 좋은 편이었다. 그들을 파견해서 나를 유인하거나 압박하려는 수작이 뻔했다. 나로서는 그들을 만나서 유리할 게 없었다.

"안 만나겠소."

"왜 만나지 않으려 하오?"

"그들을 만나면 틀림없이 거짓말로 회유하고 아들을 미끼로 협박하려 들 텐데, 내가 만나야 할 이유가 없소."

내가 면회를 거절하자, 태국 경찰은 그렇게 조치해 주었다. 그들은 그 후에도 3번 정도 찾아 왔지만 매번 나는 그들을 만나주지 않았다.

친절한 태국 경찰은 매일 우리에게 영자신문을 건네주었다. 영자신문 1면에는 언제나 우리에 대한 기사가 실려 있었다.

며칠 뒤, 3월 17일 아침 신문에서, 북한에서 정부 대표단을 태국에 파견했다는 기사를 보았다. 이도섭 전 태국 주재 북한대사가 대표단 단장이었는데, 당시 북한 외교부 의전국장이었다. 그는 태국대사를 역임할 당시 많은 태국정부 인사들과 좋은 관계를 유지해서, 태국정부 내에서도 비교적 잘 알려진 인물이었다.

또한 이도섭 국장은 우리 가족과도 각별한 인연이었다. 평양으로 갈 때마다 나는 늘 그와 만났다. 큰아들 주례까지 서 줄 정도로 그와 우리 가족은 친분이 두터웠다. 그런 그가 우리를 평양으로 데려가기 위해 대표단장으로 온 것이다. 북한에서는 이러한 얄궂은 운명의 장난이 많다. 친분과 연고를 중심으로 갖은 모략과 작전을 꾸미기 때문이다.

어쨌든 북한은 우리 가족 사건을 잘 수습해서 우리를 북한으로 끌고가기 위해 우리와 가장 친분이 두터운 이도섭 전 태국대사를 파견한 것이었다. 방콕으로 날아온 그는 태국정부와 여러 차례 교섭을 벌였지만, 결과적으로 성공하지 못했다.

2·4· 태국의 자존심과 태국 총리의 강경 대응

태국은 원래 자주성이 강하고 자부심도 강한 나라다. 2차 세계대전에서도 식민지로 전락하지 않고 독립국을 유지했던 나라다. 대외적으로는 남한과 북한에 대해 균등 외교 정책을 쓰고는 있지만, 남한과 북한의 차이에 대해 잘 알고 있다. 북한의 인권문제에 대해 구체적으로 알고 있으며 북한이 핵을 무기로 미국과 대치하면서 국제사회와 아시아의 평화와 안전을 위협하고 있다는 것도 잘 알고 있다.

'홍순경 납치사건'에 대해 태국 정부가 파악한 진실은 북한의 납치 행위가 불법이며, 태국 영토에서 태국의 주권을 침해한 행위라는 인식이었다. 비록 자동차사고로 인해 북한의 불법 납치행위가 미수에 그치고 말았지만, 그 행위에 대해서는 엄중한 책임을 묻겠다는 자세를 나타냈다.

실제로 태국 당국은 무척 화가 나 있었다. 북한의 범죄자라고 해도 태국에서 직접 체포할 수 있는 권한은 없기 때문에, 태국 당국의 협조를 받아야 한다. 국가보위부가 스파이들을 파견해서 불법 납치를 시도했다는 것은 철저하게 태국의 자주권을 무시했다는 점에서 외교 결례를 넘어서 충격이었던 듯하다.

나중에 안 사실이지만, 태국 정부가 가장 화가 난 부분은 형식적으로는 북한이 나를 범죄자라고 발표한 뒤 범죄자 송환을 태국경찰에 의뢰해 놓고서는, 실제로는 자신들이 직접 태국의 공권력처럼 행동한 부분이다. 또한 우리 가족을 라오스로 끌고가는 날 아침에도 북한 측은 태국경찰에게 우리를 빨리 체포해 달라고 거짓말을 했다고 한다. 한마디로 이중 플레이를 하면서 태국 공권력을 가지고 노는 행태를 보인 것이다. 태국 측으로서는 태국의 법과 정부가 장난감 취급 당했다는 모욕감을 느낀 것이다. 심지어 돈으로 태국 경찰 두 명을 매수하여 납치사건에 이용하기까지 했다. 자존심 강한 태국으로서는 몹시 분개하지 않을 수 없었던 큰 사건이었다.

특히 당시 태국정부의 수반이던 추안 릭파이 총리가 우리 가족에 대해 호의적
이었다. 그의 도움으로 북한 탈출에 성공했다고 해도 과언이 아니다. '홍순경 사
건'의 진상을 보고 받은 추안 릭파이 총리가 북한에 대한 강경 대응을 천명했기
때문에 아들도 구하고 자유세계로의 망명도 가능해진 것이다. 우리 가족의 구원
자인 셈이다.

추안 릭파이 총리는 온화한 성격이면서도 국민들을 사랑하고 청렴한 생활로
소문난 사람이다. 태국 정계에서 재산이 제일 적은 정치인으로 존경받고 있었다.
그는 1994년 7월 김일성이 사망했을 때 북한 대사관을 찾아 조문을 했다. 그때
애도의 뜻을 표하고 대사와 함께 서 있던 나와도 인사를 나눈 적이 있었던 이였다.

**태국정부,
자존심을 세우다**

추안 릭파이 총리는 우리 가족의 탈북에 대하여 일일
이 보고를 받고 있었으며 북한 대사관의 불법 납치 행
각에 대하여 몹시 격분했다고 한다.

왜냐하면 북한대사관이 태국 정부의 법과 정상 절차에 따라 우리 가족을 체포
한 것이 아니라 불법적으로 체포했고, 태국경찰 2명을 매수하여 그들을 앞세웠
으며, 본국에서 보위부 대표단 3명이 체포조로 태국에 파견되었고, 싱가포르와
인도네시아 등 주변국 주재 보위부 요원 5명을 태국에 집결시켜 납치 행각을 벌
였다. 여러 각도에서 태국의 법을 어긴 셈이다.

북한은 우리 가족을 납치했다가 라오스로 호송 도중에 태국경찰에게 빼앗겼
고, 급기야 외교문제로 비화되었기 때문에, 이 문제를 태국정부와 교섭하기 위해
외무부 의전국장을 단장으로 하는 대표단을 태국에 파견했다. 대표단은 내가 현

금 8천만 불을 횡령한 범죄자이며 태국 마약을 러시아에 가서 팔아먹은 범죄자라고 주장하면서, 태국의 오래된 범죄인송환법에 따라 우리 가족을 북한으로 추방하라고 태국정부에 압박을 가했다.

태국정부는 호락호락하지 않았다. 북한의 주장이 사실이라는 증거를 제시하라고 요구하는 한편, 확고한 증거가 있고 범죄자가 맞다면 북한으로 보내겠다고 했다. 그러나 북한은 전혀 증거를 대지 못했다.

오히려 태국정부는 북한의 불법납치 행각을 벌인 범죄 행위에 대하여 단호히 추궁하고 비판했다. 그리고 어린 청년을 부모들에게 돌려 보내라는 인도주의적 요구를 강력히 제기했다. 이러한 문제를 가지고 태국정부와 북한 간의 줄다리기는 심하게 진행되고 있었다. 이 싸움에서 태국정부는 북한에 철퇴를 가한 것이다.

추안 릭파이 총리는 이민국 보호소에서 내가 자신에게 보낸 편지들을 일일이 읽어 보았다고 한다. 아들을 구해달라는 절절한 심경이 담긴 편지가 외교부 장관을 거쳐서 총리에게 전달된 것이다. 나중에 추안 총리는 아들을 구하기 위해 북한 측에 대해 외교적 최후 통첩을 보내는 단계까지 도달했다.

NORTH KOREA / FAILED ABDUCTION

Five Korean diplomats sent home

Sukhumbhand says problem has ended

Bhanravee Tansubhapol

Five North Korean embassy staffers linked to the failed abduction of a former envoy and his family 18 days ago left Thailand yesterday, and Deputy Foreign Minister Sukhumbhand Paribatra announced "the end of the problem".

Four of the diplomats left by the 1 p.m. deadline set by Thai authorities — Kim Kyong-Chold, first secretary for commercial affairs; Kim Jong-Gi, third secretary; and administrative officers Hyong Jong-Sop and Ri Sok-Nam, M.R. Sukhumbhand said.

The fifth, second secretary Ryom Chol-Jun, left shortly afterwards.

A sixth embassy staffer expelled over the incident, which has soured relations between Bangkok and Pyongyang, first secretary Kim Ki-Mun, left on Thursday.

"Today marks the end of the problem," M.R. Sukhumbhand told reporters.

Thai authorities ordered the expulsion of the six some hours before North Korean authorities released Hong Won-Myong, the son of a former embassy counsellor, who they had kept in captivity somewhere in Thailand for two weeks.

Hong's parents, Hong Sun-Gyong and Pyo Yong-Hui, escaped the abduction on March 9 when the van they were being held in overturned en route to Laos. The father had been accused of embezzling funds from the embassy and sought sanctuary.

Four other North Korean diplomats, who had travelled from Indonesia and Singapore, wanted in connection with the same matter surrendered to Thai authorities yesterday, and were reported to be under questioning.

M.R. Sukhumbhand said the National Police Bureau was in charge of the investigation of these four people.

The process may take sometime as it entailed a "delicate" diplomatic problem and must be handled according to correct procedure, he added.

Another source who asked not to be identified said that as a face-saving measure Thailand could well deport the four after questioning.

Another source said the four diplomats were believed to have been detained at the Border Patrol Police headquarters on Phahon Yothin Road following their surrender.

M.R. Sukhumbhand said he could not say what country the Hong family would go to after Thailand had completed legal procedures against them on immigration charges.

:: **북한대사관측 외교관 추방**
1999년 3월 27일자 방콕 포스트에 실린, 북한 외교관 추방 관련 기사. 방콕 콘도미니엄에서 우리 가족을 납치했을 때 참여했던 북한 외교관들이 모두 추방되었다.

뜨리또뜨는 매일 우리에게 찾아와서 외부 소식을 알려 주었다. 하루는 이민국에 찾아와서 좋은 소식을 전해 주었다.

"당신 아들이 있는 곳을 알아냈소."

"네? 우리 아들이... 어디에 있답니까?"

"북한 대사관 앞에서 아이들이 밖으로 나올 때, 내가 어느 한 아이에게 물어보았는 데, 그 아이가 뒤를 돌아보며 대사관 2층을 손가락으로 가리켰소."

"아, 대사관에... 처음 체포될 때도 대사관 2층에 감금되었는데, 다시 그곳에 갇혀있는 모양이군요."

"라오스로 넘어가지 않고 아직 태국 땅에 있다는 뜻이지요."

"뜨리또뜨 부국장님, 생사를 모르던 아들 소식을 가져다주어서 너무 감사합니다."

"불법납치 감금된 친구를 석방하라" 오매불망 기다리던 아들 소식을 듣고 우리 기쁨은 날 아갈 듯 했다. 호송차량 사고로 병원과 지방경찰청, 방콕이민국 등을 전전하면서, 아들이 라오스로 넘어 갔는지 라오스에서 이미 북한으로 송환되었는지 여부를 알지 못해 밤낮 뜬눈으로 보낸 나날이었다. 아들 소식은, 비록 북한대사관에 감금되어있다는 내용이긴 했지만, 우리에게 새 희망을 주는 메시지였다.

희망의 메시지를 가져다 준 뜨리또뜨가 너무 고마웠다. 나는 그에게 거듭 감사의 인사를 보내면서도, 아들이 무사히 부모 곁으로 돌아올 수 있도록 대책을 세워주기를 부탁하고 또 부탁했다.

"뜨리또뜨 부국장님, 북한대사관에 감금된 아들이 쥐도 새도 모르게 처리될지도 모릅니다. 북한 보위부 요원들은 충분히 그러고도 남을 종자들입니다. 대사관 영내를 벗어나지 못하도록 잘 감시해주세요. 그리고 인도주의적 관점에서, 속히 부모 곁으로 돌아올 수 있도록 태국 정부에서 도와주시기 바랍니다."

그러던 어느 날 아침, 영자신문을 펼쳐 든 순간 아들 소식이 게재된 언론 기사를 발견했다. 아들이 다니던 〈에벡〉대학교의 교직원들과 학생들 백여 명이 북한 대사관 앞에서 시위를 벌였다는 내용이었다. 나는 깜짝 놀랐다.

'아들 친구들이 북한대사관으로 몰려와서 불법 감금된 아들을 내놓으라고 데모를 벌이다니…'

솔직히 그때까지만 해도 나는 시위 문화에 익숙하지 못한 상태여서, 그것이 어떤 의미와 효과를 가지는지 잘 알지 못했다. 북한에서는 꿈도 꾸지 못할 일이었다. 다만, 아들을 구출하려고 학교 교직원과 학생들이 집단적으로 나섰다는 사실이 너무 고맙고 감사했을 뿐이다. 뜨리또뜨가 이 학교에 정보를 제공했고, 간접적으로 시위를 유도했다는 사실도 나중에야 알았다.

지금은, 자유민주주의 사회에서 집단적 의사 표현의 하나인 시위의 성격을 알고 나니, 당시 〈에벡〉대학교 학생들의 북한대사관 앞 시위는 북한의 입장을 무척 난처하게 했을 것이라 생각한다. 물론 아들을 부모 곁으로 돌아오도록 노력한 태국정부의 입장에도 영향을 미쳤을 것이라 생각한다.

2·5· 아들을 되찾다

그로부터 며칠이 지난 3월 22일, 뜨리또뜨 부국장이 아침 일찍 이민국 보호소로 찾아왔다. 올 때마다 그는 음식도 가져오고 불편한 일이 없는지 물어보는 등 우리 부부를 잘 돌봐주었다. 그날도 우리는 새로운 소식이 있을 것이라는 기대를 갖고 그를 반겨 맞이했다. 그는 영자 신문 방콕포스트를 내놓으면서 기사를 가리켰다. 기사에는 우리 문제에 대해 태국 총리가 직접 북한에 경고한 내용이 실려 있었다.

"북한은 어린 학생을 부모들에게 무조건 돌려보내야 한다. 만약 북한이 어린 학생을 부모들에게 돌려보내지 않으면 전 세계가 북한을 저주할 것이다."

아주 강경한 목소리였다. 태국 총리까지 나서서 비난할 정도로 북한은 코너에 몰린 상태였다.

"3월 23일 오전 12시까지 홍순경 참사 아들을 내놓지 않으면 즉시 외교관계를 단절하고 대사관을 철수시키겠다."

추안 릭파이 총리는 아예 북한측에 대해 최후통첩까지 보냈다. 그런 태국 정부와 총리가 너무 믿음직했고 고마웠다.

'이젠 살았어. 아들이 우리 곁으로 돌아올 수 있겠어.'

강한 희망이 살아났다. 뜨리또뜨도 자기 일처럼 좋아했다.

태국정부의 최후통첩 : "무조건 막내아들을 석방하라"

다음 날까지, 그 어느 때보다 긴 하루를 보냈다. 우리 부부는 아들과 상봉할 그 순간을 긴장과 초조 속에서 기다렸다. 하루해가 저물어 갈 무렵, 6시경에 경찰이 찾아와서 이민국 사무실로 안내했다. 잠시 후 이민국 국장과 외무장관 보좌관이 아들과 함께 들어오는 것이었다. 감격의 순간이었다.

아내는 아들을 껴안고 한참을 엉엉 울었다. 아들도 울음을 터뜨렸고, 나도 흘러 내리는 눈물을 억제할수 없었다. 우리 세 가족은 한참을 울고서야 정신을 가다듬을 수 있었다. 불과 두 주일이었지만, 우리의 이별은 생과 사를 넘나드는 이별이어서, 몇 십 년의 시간이 흐른 것 같았다. 아들이 입을 열었다.

"아버지! 제가 인터뷰 하는 것을 보셨습니까?"

"아니, 못 보았다. 보호소에 있기 때문에 볼 수 없었지."

"아버지, 제가 인터뷰에서 말을 잘못했습니다. 제가 스스로 북한에 가겠다고 말했습니다."

순간 내 귀를 믿을 수 없었다. 깜짝 놀라서 내가 아들을 다그쳤다.

"네가 제 정신을 가진 놈이냐? 왜 그랬냐?"

"오늘 아침 대사관 안전대표가 제 다리의 깁스와 수갑을 풀어 주면서, '오후에 기자들과 인터뷰를 하는데, 부모와 함께 북한으로 가는 것으로 태국 정부와 합의가 끝났다. 그러니 내가 시키는 대로 해야 아버지 어머니의 죄가 경감된다'고 해서 그리 말한 거예요."

아들이 자초지종을 설명했다. 다음은 북한 측이 아들에게 협박한 내용이다.

첫째, 아들이 대사관에 있지 않고 지방에 나가 있다가 어제 올라왔다고 말해야 한다. 왜냐하면 지금까지 태국 정부에 아들이 대사관 안에 없다고 이야기했기 때문이다.

둘째, 체포된 이후 대사관에서는 대우를 잘 받았으며 지금 몸무게도 늘었다고 말해야 한다.

셋째, 친애하는 지도자 김정일 장군님을 존경하며 사랑하기 때문에, 부모들을 설득하여 함께 북한으로 가겠다고 말해야 한다. 부모들이 동의하지 않으면 나 혼자만이라도 사랑하는 조국으로 가겠다고 스스로 말해야 한다.

일체 외부 소식과 단절되었던 아들은 상황 판단이 불가능했던 것이다. 북한대사관에서 풀려나서 곧바로 인터뷰장으로 향했기 때문에 그동안 밖에서 일어난 일들에 대해 자초지종을 알 수가 없었다. 그래서 아들은 그들이 시키는 대로, 부모의 죄를 조금이라도 경감시키기 위해, 북한으로 돌아가고 싶다고 답변한 것이다.

아들의 설명을 들으니 모든 것이 명백해졌다. 북한은 모든 것을 위협과 공갈, 거짓말로 해결하는 더러운 수법을 아들에게 적용했던 것이다. 그렇게 거짓 기자회견을 하도록 연출하면, 태국 정부와 온 세계가 고개를 끄덕이고, 자신들의 실수와 만행이 덮어질 것으로 오판한 것이다. 감히 손바닥으로 하늘을 가리려 하다니, 얼마나 한심하고 웃기는 작태인가.

매우 화가 나서, 나는 즉시 옆에 서있는 외무장관 보좌관에게 부탁했다.

"아들의 기자회견은 북한 대사관의 기만과 강요에 의해 조작된 것이고, 아들의 진심이 아님을 이해해 주십시오. 아들은 이미 우리와 함께 북한을 탈출하기로 결심했으며 지금도 그 결심에는 변함이 없습니다."

그는 웃으며 내게 화답했다.

"걱정 마세요. 태국 정부는 북한대사관이 아들에게 거짓말을 강요한 사실을 잘 알고 있습니다. 그리고 여권에 기재된 아들의 나이가 19세 미성년자이기 때문에, 부모의 뜻에 따라야 합니다."

나와 아내는 안도의 가슴을 쓸어 내렸다. 그렇게 그리던 세 가족은 밤새도록 아들의 고생과 경험담을 이야기했다. 헤어져 있던 14일 동안 아들은 대사관 구내에 갇혀서 중죄인처럼 생활해야 했던 것이다.

조작된
아들의 기자회견

이제 아들은 무용담처럼 이야기 보따리를 풀었다. "제가 탄 벤츠차는 라오스 국경까지 갔는데 세관 수속을 할 수 없어서 기다렸습니다. 모든 여권이 아버지 엄마가 탄 미니버스에 있었기 때문에요. 그런데 뒤에 따라오던 차가 전복되었다는 소식을 듣고 보위부 요원들은 무척 당황했나 봅니다. 수군거리면서 무려 4시간 동안이나 갈팡질팡하더니 차를 돌려 결국 방콕으로 되돌아 왔습니다. 차는 결국 북한대사관으로 들어갔고 저는 곧바로 대사관 2층에 감금되었습니다. 대사관에 도착한 뒤, 미니버스에 탔던 보위부 요원들 일부가 부상 당해서 붕대도 감고 다리를 절룩거리며 들어오는 것을 보았어요. 아버지와 어머니가 걱정되고 궁금해서 보위부 요원들에게 물었는데, 그들은 답변 대신 욕설만 했습니다. 저는 속으로 아버지 엄마가 이곳으로 오지 말아야 한다고 생각했어요. 저야 부모님이 몹시 보고 싶었지만, 여기에 오면 죽는다고 생각했어요. 그래서 문소리나 바람소리만 들려도 혹시 부모님이 잡혀오지 않을까, 하는 걱정으로 마음을 졸였어요."

아들은 한참 동안 한숨을 짓고 침묵하다가, 다시 이야기를 했다. 한 가족이 다시 모인 상황이 꿈인 듯 싶기도 하고, 고생한 기억으로 울컥하기도 하는 눈치였다.

"대사관에 감금되어 있는 기간 내내 다리에는 깁스를 하고 손에는 수갑을 찬채로 지냈어요. 속옷도 빨아 입지 못했고 처음 3일간은 밥도 주지 않아 굶었어요. 그들은 창문을 이불장으로 막아서 밖을 내다볼 수 없게 했고, 외부 소리가 들리지 않도록 방안에는 라디오를 크게 틀어 놓았고, 신문과 잡지도 주지 않는 등 일체 외부 소식을 차단시켰어요. 그리고는 대사관 직원들을 동원해서 24시간 교대로 보초를 세웠습니다."

감금 생활이었지만, 아들은 자기를 석방하라고 요구하는 에백대학교 학생들의 시위는 알았다고 한다.

"어느 날 밖에서 들리는 마이크 소리와 구호 소리가 너무 요란해서 화장실에 가서 조그만 틈새로 내다 보았는데, 내 모교의 학생과 선생님들이 100여 명 몰려와 내 이름을 부르며 석방하라고 소리치고 시위하는 겁니다. 너무 갑갑하고 죽고만 싶던 가슴이 후련해지면서, 눈물이 났습니다. 구원될 수도 있겠다는 희망도 가지게 되었구요."

그래도 우리 가족과 친분 있던 이도섭 단장이 오고난 뒤에야 대우가 달라졌다고도 말했다.

"며칠 후 북한에서 외교부 대표단이 왔는데 단장으로 이도섭 대사가 왔습니다. 이도섭 대사가 도착한 후 식사가 나오기 시작했는데 그때야 명철이 엄마(김경철의 부인)가 밥을 가져다주기 시작했으며 저에 대한 대우가 조금 달라지기 시작했습니다."

이도섭 대사는 아들을 보는 순간, 뺨을 한 대 갈겼다고 한다.

"내 딸이 너를 얼마나 기다리고 있는지 아느냐?"

그가 아들을 핀잔한 것은 나름 이해할 수 있었다. 서운한 심정도 있었겠지만, 그와 우리 가족과의 친분이 두터웠기 때문에, 더욱 그런 태도를 취해야 했을 것이다.

"대사관에 갇혀있던 14일 내내 밖에서 작은 자동차와 사람소리만 들려도 혹시 아버지 어머니가 여기로 끌려오는 것은 아닌지, 짐짝처럼 비행기나 배에 강제로 실려 북한으로 보내지는 건 아닌지 하는 걱정과 절망 때문에 한시도 마음을 놓지 못하고, 뜬눈으로 지새우기 일쑤였어요."

아들 이야기는 끝없이 이어졌다. 세 가족 서로가 힘들고 학대받던 일들을 회상하면서, 밤새도록 이야기가 이어졌다.

2·6· 북한과의 마지막 거래

3월 24일, 태국정부는 북한대사관의 일부 외교관에게 72시간 내로 태국을 떠나라는 추방 명령을 내렸다. 전날 12시까지 아들을 석방하라는 통첩을 시간 초과하여 오후 4시에야 내보낸 데 대해 책임을 묻는 형식이었다. 그만큼 태국정부는 강경했다. 대사관 당 비서와 대사관 안전대표(국가보위부에서 파견된 사람), 무역참사부 서기관, 대사관 참사, 대사관 서기관 등 외교관 6명과 그 가족을 포함하여 총 18명이 태국을 떠나야 했다. 이런 조치를 당한 북한대사관은 아수라장이었을 것이다.

또한 태국정부는 우리 가족을 체포하려고 평양에서 출장나온 국가보위부 대표단과 주변국들에서 입국한 보위부 요원들 4명에 대하여 체포영장을 발부했다. 태국 땅에서 행해진 그들의 기습 체포행위는 명백히 태국 국내법을 위반한 범죄행위이므로 책임을 묻겠다는 뜻이었다.

연이은 태국정부의 강경한 조치에 북한대사관은 비상이 걸렸다. 태국정부가 이웃나라 북한대사관에서 동원되었거나 출장나온 보위부 사람들을 체포하겠다고 나섰으니, 이것은 막아야 한다고 판단했다.

북한대사관측은 막후 교섭에 들어갔다. 일단 자수 형식으로 4명의 신병을 태국경찰에 인계한 후, 감옥행을 피하기 위해 갖은 노력을 기울였다. 결국 막대한 보석금을 내고 감옥행은 피하게 되었으나, 세계적인 망신거리가 된 것이다.

이러한 태국정부의 조치들은 나의 의지와는 무관했다. 그만큼 인권을 존중하고 자국의 자존심을 지키려는 태국정부의 의지를 느낄 수 있었다.

이후 우리에 대한 경찰의 보호가 강화되었다. 저녁마다 우리를 불러내어 경찰들의 사무실 이곳저곳으로 매일 옮겨가면서 숙박하도록 안내해 주었다. 북한의 테러 위험 때문인 듯했다. 사실 북한이 마음만 먹으면 태국사람들을 돈으로 매수하여 얼마든지 테러를 할 수 있다고 판단했던 것이다. 며칠 동안 우리는 매일 잠자리를 옮겨가면서 여러 사무실을 전전하며 자야 하는 불편을 감수해야 했다.

**"보위부 요원을
지키도록 도와달라"**

궁지에 몰린 북한 측에서 나에게 조건부 협조 요청을 했다. 그것은 보위부 요원들의 재판 회부와 유죄 판결을 회피하기 위해 북한대사관에서 내건 마지막 몸부림이었다.

어느 날 특수경찰청의 뜨리또뜨 부국장이 찾아와서 면담을 했다. 그는 여러모로 우리 세 가족의 안전과 편의를 도와준 사람이다. 반갑게 인사를 나눈 뜨리또뜨는 북한의 이도섭 대표단장이 만나자고 해서 만났다며, 면담 결과를 내게 이야기했다. 이도섭은 보위부 요원들이 재판을 받지 않고 태국에서 무사히 풀려날 수 있도록 우리 가족이 도와달라고 애원했고, 그 대가로 우리가 체포될 당시 우리에게서 빼앗은 물건과 돈을 일부 돌려주겠다고 했다는 것이다. 일종의 거래를 제안한 것이다.

우선 이해가 가지 않아서, 뜨리또뜨에게 물었다. "우리가 어떤 도움을 줄 수 있겠는가." 답은 범죄현장을 목격한 증인 자격으로 범죄 용의자를 식별하는 과정에서, 우리가 그 사람들을 잘 모른다고 하면 도움이 될 것이라는 말이었다.

그제서야 이해했다. 우리 가족이 체포되는 날 현장에 어느 사람이 있었는지, 여러 용의자 중에서 범죄자들을 선별하는 일을 직접 해야 한다는 것이었다. 그 때 내가 아는 범죄자라도 모르겠다고 하면 그런 사람은 재판에서 면제된다는 것이다.

우리 가족은 신중히 의논했다. 그리고 고심 끝에 북한과의 거래를 받아들이기로 결정했다. 세 가지 이유에서다. 첫째, 북한 보위부 사람들이 태국에서 재판을 받는 것이 우리가 원하는 바는 아니었다. 그들도 상부 지시에 의해 나선 것일 뿐이다. 둘째, 보위부 요원들 문제가 태국에서 빨리 풀려나고 일단락되어야 우리 가족의 제3국 망명 문제도 빨리 진행될 수 있을 것이라고 판단했기 때문이다. 마지막으로, 우리가 보위부 요원들의 문제 해결에 도움을 준다면 조금이나마 북한에 있는 큰아들에 대한 처벌이 경감되기를 간절히 바라는 부모의 마음이 작용한 것이다.

물론 북한과의 거래를 중개한 뜨리뽀뜨도 넌지시 양해하는 눈치였다. 적당한 선에서 내 사건이 마무리되기를 내심 기대한다는 뜻이었다.

얼마 뒤에, 태국경찰이 우리를 승용차에 태우고 어디론가 데려갔다. 검찰 구치소인 듯 했다. 안내로 따라 들어간 큰 방에는 검은색 유리가 있었다. 밖에서 들여다볼 수는 있어도 안에서는 밖을 내다볼 수 없는 유리였다. 그 안에 약 20여 명의 용의자들이 줄지어 서있었다. 그중에는 북한측 보위부 요원들이 있었고, 그들에게 매수당한 태국경찰 2인도 눈에 띄었다. 담당 경찰이 우리 가족에게 말했다.

"저 용의자들 가운데 그날 새벽 당신들 방에 침입한 사람들이 누구인지 말해

주시오."

"… 잘 모르겠는데요."

"뭐라구요? 모른다구요? 잘 보세요. 저들 가운데 당신들을 납치한 사람들이 있지 않습니까?"

"… 새벽에 갑자기 당한 일이라 잘 기억이 나지 않아요."

"왜 모른다고 하지요? 혹시 북한측으로부터 어떤 압력을 받은 겁니까? 우리 태국정부가 당신들을 보호해주지 않습니까?"

"아니오. 압력을 받은 것은 없소."

"그러면 왜 모른다는 겁니까?"

"… 대사관 당 비서와 안전대표 등 몇 명은 기억나는데, 나머지 사람들은 기억이 잘 안나요."

"이러면 우리가 곤란한데요. 그러지 말고 기억을 잘 더듬어서 범죄자들을 확인해 주서야 합니다."

당황한 태국경찰은 거듭 범죄자 선별을 요청했지만, 우리 세 가족은 끝내 잘 모른다고 잡아뗀 뒤 그 자리를 빠져 나왔다. 마지막 순간에 우리는 태국경찰에 협조하지 않았다. 이로써 북한과의 마지막 거래가 성사된 것이다.

이도섭 단장, 일부 소지품을 돌려주다

물론 아쉬움은 남았다. 그들을 보는 순간, 눈에서 불이 나고 그들을 두들겨 패주고 싶은 충동이 치밀어 오른 것도 사실이다. 그들 때문에 사지로 끌려갈 뻔하지 않았는가. 범죄자 취급을 받은 아들은 감금되어 굶주려야 했다. 어찌 그들에 대한 원망과 원한이 없었겠는가.

우리 가족의 목적은 다른 나라로의 망명과 새로운 인생의 개척이었다. 거기에 도움이 된다면 무엇이든 해야 했다. 보위부 요원들을 태국 법정의 심판대에 세워서 분풀이는 할 수 있었겠지만, 그것이 망명에 직접적인 도움을 주는 것도 아니었다. 나는 우리 가족이 처한 상황에 대해 냉정해야 했고, 지혜롭게 대처해야 했다.

　이도섭 단장은 거래 약속을 지켰다. 북한에서 해결사로 급파된 이 단장 입장에서는 태국의 강경 방침 때문에 성과를 거두지 못하다가 보위부 요원들에 대한 최악의 재앙을 막게 되어, 불행 중 다행이라고 판단한 듯했다. 일부 성과를 거둔 것 외에도, 우리 가족이 자기의 제안을 받아주어 체면을 세워준 것에 대해서도 고맙게 생각했을 것이다.

　며칠 뒤, 특수경찰을 통해 우리는 배낭과 일부 소지품을 건네 받았다. 물론 배낭은 알맹이가 빠진 껍데기뿐이었고, 고작 내 손목시계와 아내 목걸이, 현금 900달러를 돌려 받은 것이다. 900달러는 압수당한 현금 가운데 극히 일부였는데, 나의 8년간 급여 등을 자기들 임의로 계산하여 책정한 금액이라고 했다. 우리는 그것만도 다행이라고 생각했다.

2·7· 난민보호소에서 1년 8개월

　며칠 후 특수경찰이 찾아와서 안전한 곳으로 숙소를 옮겨야겠다고 말했다. 이민국 보호소는 외부에 많이 노출되어 있어 위험하기 때문이라는 것이다. 우리는 특수경찰 총국에서 운영하는 특별 감옥으로 이동하게 되었다. 탈북 1달여가 지난 시점이었다.

그곳은 방콕 시내에 있으면서도 민간으로부터 좀 멀리 떨어져 있었으며, 매우 조용하고 안전한 곳이었다. 감옥 뒤에는 아파트가 여러 채 있었는데 감옥으로부터의 거리가 약 300미터 정도였다. 건물 4층에 50평도 넘는 큰 방이 우리에게 제공되었다. 나무 바닥에다 화장실이 딸린 방 바깥에 철창 사이로 비와 바람이 그대로 통하는 방이었다.

자유의 몸이 되기까지, 그곳에서 우리 가족은 1년 8개월을 보내야 했다. 예상보다 길어진 이유는 당시의 복잡한 정세 변화의 영향이 컸다. 북한과 태국 정부와의 신경전이 길어졌고, 당시 해빙 무드에 접어든 북미관계의 진전과 남북간 대화의 영향 때문이었다.

이민국 보호소에서 특수경찰 보호소로 이송

이곳에 수감된 사람들은 죄인들은 별로 없고 베트남과 캄보디아, 미얀마 그리고 이라크에서 온 난민들이 대부분이었다. 이들은 모두 유엔난민구치소의 보호를 받고 있었다. 매일 아침 점심 저녁 식사 때마다 유엔 측에서 밥과 국을 제공했고, 약간의 부식 대금으로 매달 20달러 정도를 지급했다. 난민들은 그 돈으로 부식을 사서 직접 반찬을 만들어 먹었다.

다른 사람들처럼 우리도 유엔에서 주는 밥과 국을 받아 하루 세끼를 먹고 지냈다. 안량미 밥에다 국은 여러 가지 채소와 고기를 넣어 끓인 것이었다. 또한 보조금으로 부식을 사서, 감옥 안에서 숯불을 피우고, 아내는 그 불로 정성껏 반찬을 만들어 먹었다. 반찬거리를 살 수 있도록 매일 아침 감옥 앞에 부식 차량이 오는데, 그 시간에는 부식을 살 수 있도록 경찰들이 감방 열쇠를 열어 주었다. 부식을 사가지고 올라오면 다시 감방 자물쇠가 채워졌다.

낮 시간은 휴식 생활로 지냈다. 휴식 시간이 되면 경찰이 방문을 열어 주었고, 우리는 옥상에 올라가 햇볕도 쬐고 운동도 하면서 때로는 독서 등 자유 시간을 가졌다. 처음 1개월 정도는 안전을 위해 옥상 출입을 막았는데, 그 이후부터는 자유롭게 휴식 시간에 옥상에 올라갈 수 있었다.

특수감옥으로 옮긴 뒤에는 유엔에서 일하는 태국 직원들과 미국인 등 많은 사람들이 거의 매일 방문했다. 그리고 특수경찰 뜨리또뜨는 방문할 때 마다 먹을 것을 사가지고 와서 우리에게 권했다. 또한 우리를 구해준 일등 공신, 집주인 찰리따는 일주일에 2-3회씩 우리를 방문해 주고, 매번 음식을 비롯한 필요한 물건들을 사다 주었다.

특별보호소 안에서의 생활은 지루했고 갑갑했다. 명칭이야 어떻든 간에, 행동의 제약을 받는 모든 곳은 감옥 아닌가. 가끔 지치고 힘들 때면 북한 보위부 요원들에게 납치되어 끌려가던 기억을 떠올렸다. 비록 제한된 공간이지만 그래도 세 가족이 함께, 상대적으로 자유롭고 내일의 희망이 보인다는 사실에 기운을 내곤 했다.

금연 에피소드　　보호소 생활동안 가장 기억나는 일은 내가 담배 습관을 잘라내고 금연한 사실이다. 나는 원래 담배 골초였다. 체인 스모커라고 놀림받을 정도였다. 북한 사람들 대부분은 다른 취미를 누릴 수 없으므로 담배가 유일한 습관이다시피 하다. 나 역시 담배를 피울 때면 행복하다는 느낌에 젖곤 했다.

특별보호소에 옮겨와서도 흡연 습관은 지속되었다. 돈은 없었지만 방문자들이 가져다주는 담배를 손에 넣게 되었다. 담배 한 가치 한 가치가 매우 귀중해서 극히 아끼며 피우고 있었다. 자연스레 담배 갑 안에 몇 개비가 남았다는 것까지 계산되었는 데, 어느 날 문득 헤아려 보니 하루에 몇 개비씩 담배가 없어지는 것이었다. 그래서 아내에게 물었다.

"내 담뱃갑에 담배가 몇 개비 비는 것 같은 데, 어찌된 일일까?"

"아, 그거… 경찰이 와서 달라고 해서 몇 개비를 뽑아 주었어요."

아내는 몇 번을 그렇게 거짓말을 하다가, 어느 날 울먹이면서 실토했다.

"여보! 우리 아들이 담배를 피워요. 당신이 담배를 끊지 않으면 아들이 담배를 끊을 수가 없어요. 대사관에 잡혀있는 기간 담배를 피우기 시작했다는데, 벌써 습관이 되었는지, 지금도 담배를 피우고 있어요."

"뭐요?"

나는 깜짝 놀랐다. 그간 내 담배를 아들이 몰래 피우고 있었고, 그것을 아내가 감싸주다가 실토한 것이다. 그때까지 내가 아는 아들은 담배나 술을 일절 하지 않는 아이였다. 착한 심성이어서 전혀 나쁜 짓을 하지 않았고, 사고를 친 일도 없었다. 그런 아들이 담배를 피우다니, 내게는 청천벽력같은 일이었다. 아들을 불러 놓고 자초지종을 물어 보았다.

"담배를 피운다는 말이 사실이니? 어떻게 된 일이니?"

"예. 아버지, 사실입니다. 대사관에 감금되었을 때 배웠어요."

울먹이면서 아들이 대답했다. 이어서 자세히 설명했다.

"대사관에서는 제 다리에 깁스를 하고 손에 수갑을 채운 상태로 24시간 보초를 세워서 저를 감시했는데, 보초서는 사람들 가운데 잘 알고 지내던 서기관들이 불쌍하다며 담배라도 피우라고 한 대씩 건네주는 것을 거절하지 못하고 받아 피우다가 담배에 맛을 들였어요."

감금당한 상태에서 동정받아 생겨난 일이었다. 어찌 아들을 탓할 수 있겠는가. 어느 누구를 탓할 일이 아니었다. 일단 담배를 끊으라고 말하고는 나 혼자 생각에 잠겼다.

'아들보고 담배를 끊으라고 해놓고, 나 혼자만 담배를 피울 수 있는가?'

'습관이 된 이상, 담배를 끊는다는 것이 얼마나 어려운 일인가? 새로운 인생을 살아갈 아들을 위해서라도, 내가 모범을 보여야 하지 않을까?'

솔선수범이 가장 좋은 해결책이었다. 나는 단호히 담배를 끊기로 결심했다. 애연가이자 줄담배꾼이던 나는 보통 하루에 두 갑 반씩을 피웠다. 대사관에서는 무관세로 담배를 한 박스씩 사왔고, 영국제 로스만이나 던힐 등이 인기였다. 내 사무실은 김일성과 김정일 초상화를 걸어놓은 자리를 제외한 모든 벽이 담배연기 탓에 노랗게 변색될 정도였다. 이런 내가 아들을 위해서 그리고 내가 처한 처지를 감안해 금연을 결심하고 실행에 옮긴 것이다.

나는 즉각 실행했다. 남은 담배 전부를 라이터와 함께 특별보호소 경찰에게 넘겨 주었다. 그것으로 끝이었다. 그 이후 지금까지 나는 단 한 번도 담배를 입에 물지 않았다. 아들도 금연한 것은 당연하다. 어떻게 보면, 금연으로 건강까지 챙긴 셈이 되었으니, 아들 덕분이다.

'북한난민 100만명
이면 북한정권이
무너진다'

보호소 안에서 만난 난민들과 다양한 대화를 나눈 것도 새로운 경험이었다. 베트남에서 살던 중국인이 공산 정권인 통일 베트남 정부와 중국 사이에 갈등이 고조되면서 베트남을 쫓겨나와 그곳 난민구치소에 와 있었다. 그로부터 통일 이후 20여 년이 지난 뒤에서 표류하는 남부 베트남 사람들의 얘기도 들었다.

"베트남 전쟁으로 남부에서 살던 사람들이 대거 해외로 달아났는데 미국에만 200만 명이 망명을 했고 다른 나라들에도 많이 갔다."

특수감방에서 만난 캄보디아와 미얀마, 그리고 이라크 사람도 비슷한 말을 했다. 나는 자주 생각에 잠겼다.

'북한 사람들도 이 사람들처럼 국제난민 보호를 받을 수 있다면 얼마나 좋을까! 만일 북한 사람이 100만 명만 난민으로 외국에 나간다면 북한은 그대로 무너질 텐데…'

간단하다. 북한은 연좌제가 적용되므로 해외로 탈출하는 난민 100만 명의 가족과 친인척을 모두 합한다면 최소 1000만 명 이상을 처벌하거나 군대에서도 받을 수 없게 되니, 결국 망할 수 밖에 없다는 것이 내 계산이었다.

감옥에서
중국어를 배운 아들

막내아들은 공부를 잘했고 또 공부하기를 좋아했다. 그러니 한창 공부할 나이에 감옥에서 세월을 보내는 것이 너무 한스럽다며 아까워했다. 궁리 끝에 보호소에서 만난 중국 사람에게 중국어를 가르쳐달라고 부탁했다. 그가 흔쾌히 승낙해서, 매일 두 시간씩 감옥에서, 아들은 중국어를 공부했다. 중국어로 번역된 러시아 소설, [강철은 어떻게 단련되었는가]를 교재로 시작했다. 6개월 정도 지나니,

아들은 초보적인 중국 말도 하고 중국 소설도 읽기 시작했다. 그 덕분에, 지금 아들은 태국어 영어 중국어를 포함해 4개 국어를 한다.

20개월의 보호소 생활 동안 제일 도움을 많이 준 조직은 태국주재 유엔난민 고등판무관실 사람들이었다. 그들은 한 주에 적어도 3차례 정도 찾아와서 사는 형편 등을 보살피고 애로 사항을 물어보며 최대한 해결해 주려고 노력했다. 그들이 없었다면 1년 8개월이라는 세월을 사실상 감옥에서 견디는 일이 쉽지 않았을 것이다.

미국 목사도 자주 찾아왔다. 그가 오는 날에는 모두 모여 기도를 하고 먹을 것을 나누어 주곤 했다. 감옥에 있는 모든 사람들은 목사가 오는 날을 기다렸다. 기독교 신자든 아니든 모두가 위안을 받는 모습이었다. 이것이 하나님의 힘이 아닌가 생각한다.

어느 날 그가 나에게 성경책을 주면서 읽어 보라고 권했다. 생전 처음으로 성경책을 접한 나는 그 책이 너무 신기해서 한번 읽어 보리라고 결심했다. 감옥에서 제일 풍부한 것은 시간이기 때문에, 집중해서 성경을 읽으려 애썼다. 그런데 당시에는 아무리 열심히 성경책을 읽어도 도무지 이해가 되지 않았다. 분명히 세밀하게 다 읽었지만, 기억에 남는 것이 별로 없었다. 지금에 와서 보면, 왜 그랬는지 아직도 이해가 안 된다.

감옥에서 고단한 생활을 하고 있는 동안 한국 대사관에서도 공사와 서기관들이 자주 찾아왔다. 우리 가족이 겪는 고난의 생활을 위로하면서 희망과 용기를 주기 위해 여러모로 신경을 써주었다. 그들은 우리를 방문할 때마다 두꺼운 잡지책들과 소설책들도 가져다 주면서 심심할 때 읽으라고 친절하게 대해 주었다. 그때 월간 조선이라는 한국 잡지를 처음 보았는 데, 그 내용에는 김영환의 강철서신에 대한 내용이 있었던 것이 기억된다. 한국대사관에서는 한국 음식들도 가져다 주곤 했는데, 어느 날엔가 가져온 음식 중에 깻잎 통조림도 있었다. 우리는 이런 것까지 통조림을 하면 내용물보다 포장 값이 더 들겠다는 생각을 하면서도 맛있게 먹었다.

한국대사관 사람들은 우리 가족에게 한국으로 가는 것이 어떻겠느냐고 여러 차례 권고했다. 그러나 그때까지도 우리는 외국으로 가겠다고 고집했다. 북한에 남겨진 아들을 위해서도 한국은 적극적인 고려 대상이 아니었다. 탈북할 때 가졌던 처음 생각대로 미국 호주 캐나다 등 서방 선진국이 최우선 망명 희망지였다.

2·8· 어디로 갈 것인가 : 망명의 세 가지 걸림돌

본의 아니게 우리 가족은 극적인 망명 스토리를 쓰게 되었다. 탈출과 체포, 송환과 차량 전복, 태국 당국의 보호 등 하나님의 손길이 아니라면 도저히 해석될 수 없는 과정을 겪었다. 포악한 독재정권인 북한 당국의 마수에 잡혔다가 재탈출한 사례는 아마 세계의 어떤 망명 스토리에서도 찾아보기 어려운 사례일 것이다. 솔직히 지금 보면 극적인 망명 스토리이지만 당시에는 지옥과 천당을 넘나드는 충격과 반전의 나날이었다.

그러나 그만큼 태국을 벗어나는 길은 여전히 험난했다. 국제적으로 대망신을 당한 북한 측이 쉽게 포기하지 않았기 때문이다. 북한 대사관 측은 우리를 북송하기 위해 끈질기게 태국 정부와 줄다리기를 하며 압력을 가했다. 그들의 유일한 주장이자 명분은 내게 뒤집어 씌운 범죄자라는 명이였다. 초기 단계에서 위신이 크게 손상되기는 했지만, 북한은 내가 범죄자라는 거짓말을 줄기차게 반복했다.

태국정부, "범죄자 주장을 입증하라" 북한 측의 그런 전술은 태국 정부 입장에서 적지않은 부담이었다. 내가 반박 기자회견도 하고 반박 논리도 제공했지만, 명명백백하게 수습하지 않으면 태국 정부가 범죄자를 보호하고 망명시키려 한다는 오해를 받을 수도 있었기 때문이다. 또한 북한이 주장한 범죄 내용이 태국과의 쌀 수입 관련 횡령 혐의였기 때문에, 북한 측으로부터 쌀수출 대금을 받지 못하고 있던 태국 정부 입장에서는 나의 주장만으로 쉽게 처리하기도 까다로운 사안이었다.

태국 정부는 정면 대응 논리를 펼쳤다. 내가 범죄자라는 주장을 입증하라고 북한측에 요구한 것이다. 태국 정부의 대응 논리는 이랬다.

'태국에서 범죄를 저질렀다면, 당연히 태국 법에 따라 판단하는 것이 우선이다. 태국 주재 북한외교관이던 홍순경이 범죄자라면 그 증거를 제시하라. 범죄가 입증되면, 재판을 거쳐 북한으로 송환할 것이다.'

물론 태국 당국은 북한 주장이 억지라는 사실을 내심 판단하고 있었다. 초기 북한 측의 요구를 단호하게 거절하고, 아들을 석방시키고, 우리 가족을 보호소에서 보호하기 시작한 것 등이 그런 판단에서 비롯된 것이었다. 다만 나라와 나라

사이의 외교 관계는 또 다른 복잡성을 띠고 있으므로, 적절한 대응 논리와 공방이 불가피한 과정이었다고 이해된다.

아무튼 북한의 끈질긴 시비와 억지 주장이 종결되지 않는 한, 우리 가족의 망명 문제는 결론나기 어려운 사안이 되었다. 그래서 우리는 어디에도 가지 못하고, 난민보호소의 장기 체류민이 된 것이다.

태국 정부는 북한의 억지 주장이 엉터리라는 것을 간파했기 때문에, 증거주의를 내세워 북한을 압박한 것이다. 우리는 태국 정부의 입장을 이해할 수 있었지만, 그래도 장기간 난민보호소 생활이 힘든 것도 사실이어서 하루빨리 우리의 망명 문제가 종결되기를 고대했다.

**황장엽 선생의
반가운 편지**

그러는 사이, 한국 대사관의 면회 횟수가 늘어났다. 대한민국으로 가는 것이 어떻겠냐는 권유가 자주 제기되었다. 내 마음은 쉽게 바뀌지 않아서, 여전히 제3국을 고집했다. 잦은 권유에 자꾸 거절하는 것이 한편으로 미안하다는 생각도 들었다.

그러다가 한번은 제3국에 가서 통일을 위한 일을 하고 싶다는 편지를 당시 김대중 대통령에게 보내기도 했다. 얼마 뒤 통일부 과장의 명의로 답신이 왔는데, 한국에 와서 일하는 것이 좋을 것이라는 내용이었다. 내 마음은 움직이지 않았다.

그런 일이 있은 지 한 달 정도 지난 어느 날, 한국 대사관에서 면회를 왔다고 해서 가족이 1층 면회실로 내려갔다. 방콕주재 한국 대사관에서 나온 김내수 참사가 내 앞으로 편지를 내밀었다. 무심코 받아든 편지 끝에는 황장엽이라는 수기가 적혀 있었다.

:: **황장엽 선생과 홍순경**
태국 난민보호소에서 제3국 망명을 추진하던 우리 가족에게 대한민국으로 와서 통일과 북한민주화를 위해 함께 일하
자고 적극 조언하고 제안한 사람이 황장엽 선생이다. 당시 우리에게 보낸 편지에서 그는 우리의 극적인 탈출 성공을 구
사일생이 아니라 만사일생이라고 표현했다.

"홍 선생 가족이 북한을 탈출했다가 잡혔다가, 다시 무사히 탈출해서 태국 정
부의 보호 아래 있다는 이야기를 들었소. 정말 기쁜 일이 아닐 수 없소. 우리 말
에 구사일생이라는 말이 있는데, 홍 선생의 경우는 만사일생이라 할 만하오. 수
년 전 태국에서 홍 선생과 만났던 기억을 간직하고 있소. 나는 한국으로 넘어온
뒤에, 한국 정부와 협력하여 도탄에 빠진 북한 인민들을 구해내기 위한 통일운동
에 매진하고 있소. 하루빨리 홍 선생이 한국으로 건너와서, 나와 함께 손잡고 통
일운동에 나설 수 있기를 바라오."

편지에는 황장엽 선생의 절절한 심경과 북한 동포를 향한 애틋한 마음이 담

겨 있었다. 우리 가족은 그의 편지를 읽으면서, 하염없이 흘러내리는 눈물을 닦아야 했다.

황장엽 선생이 누구인가. 북한에서 주체철학의 이론적 토대를 정립한 대철학자 아니던가. 비록 그의 주체철학은 김부자의 유일수령독재체제를 수립하는 데 악용되는 바람에 빛이 바랬지만, 북한 주민들 대다수는 그의 명성에 대한 존경심을 가지고 있었다. 그가 한국으로 망명했을 때에는 적지않은 술렁임이 일기도 했다. 그 분이 한국으로 넘어와서 북한 민주화 활동과 통일 운동을 전개하고 있으며, 나와 함께 손잡고 북한민주화 운동에 나서자고 권유하고 고무하는 편지를 보낸 것이다.

내심 나는 크게 감동받았다. 사실 망명 이후 어떤 인생을 살 것인가에 대해 명확한 생각도 없었던 내게, 황장엽 선생의 심금을 울리는 편지는 커다란 감격과 감동 그 자체였다. 아내와 아들도 비슷한 심경이었던 듯하다. 아마도 이 때, 한국으로 향하는 마음이 조금 돌아서지 않았나 생각된다.

**미국은 우리를
거부하고, 노르웨이는
우리가 사양했다.**
유엔난민고등판무관실에서는 우리의 행선지를 고민하고 있었다. 처음에는 미국대사관과 교섭했고, 현지의 미 대사관에서는 우리 가족을 받겠다고 승인해서 관련 보고 문건을 본국 국무부에 올려 보냈다고 들었다. 문건을 보냈다는 날로부터 약 한 달 정도 지난 어느 날 유엔 판무관 담당자가 찾아왔다. 그가 말했다.

"미국 국무부에서는 홍순경 참사 가족의 망명 문제를 여러모로 신중하게 토의를 했으나 최종적으로 입국을 거절한다는 답장을 보내왔습니다."

"예? 미국대사관에서 승인했다고 하지 않았나요?"

"태국 주재 미국대사관에서는 긍정적 반응을 나타냈는데, 본국의 국무부 차원에서 불허 결정이 난 것입니다."

"이유가 뭔가요?"

"최근 미국과 북한 관계가 좋은 흐름이라고 합니다. 그래서 당신네 가족의 망명을 허용할 경우 예상되는 부정적 영향을 차단하기 위해 클린턴 정부 차원에서 내린 결정인 듯 합니다."

"… 미국마저 북한의 눈치를 본다는 거네요."

"실망하지 마세요. 다른 서방 국가에도 접촉해 보겠습니다."

우리 가족은 실망스런 표정을 감출 수 없었다. 미국으로서는 북미관계를 잘 풀어서 핵문제를 해결하고 싶었을 것이다. 그러나 북한이 호락호락 미국의 요구를 들어주지 않을 거라는 사실을 알고 있었기에, 내 심경은 복잡해졌다. 그러나 하는 수 없었다. 믿고 싶지 않았지만, 그런 것이 냉정한 외교의 세계였다. 내가 물었다.

"어느 나라에 문의할 생각인가요?"

"캐나다, 호주에 문의할 생각입니다만, 아마 미국의 입장을 따를 가능성이 높습니다. 그래서 북유럽 국가들에도 문의를 할 생각입니다."

내 마음은 착잡하고 무거웠다. 크게 실망한 뒤라, 흔쾌하진 않았던 것이다. 그렇다고 별다른 수도 없었으므로, 될대로 되라는 심정으로 동의했다. 그로부터 약 보름 만에 유엔난민고등판무관실 관계자가 다시 찾아와서 희소식을 전했다.

"노르웨이에서 당신네 가족의 망명을 받아들이기로 결정했습니다."

드디어 우리 가족의 망명이 허용되었다. 기뻤지만, 한편으로 마음이 무거워지는 느낌이었다. 가족회의가 열렸다.

"노르웨이에서 우리를 받아들이겠대."

"노르웨이가 어떤 나라일까요?"

"잘 몰라. 하지만 북유럽은 복지가 잘 되어있는 나라잖아."

"그런데 너무 멀지 않나요?"

"노르웨이로 가면 그 나라 말을 다시 배워야겠네요."

"한국사람도 거의 없으니까, 살아갈 일도 만만치 않을 거요."

"너무 멀어서 북한에 남은 큰아들 소식을 들을 길도 막막하네요."

그랬다. 노르웨이는 너무 멀었다. 거리도 거리지만, 말을 다시 배워야한다는 것과 그 나라 문화를 다시 배워 익혀야 한다는 점이 아득히 멀게 느껴지고 부담으로 작용한 것이다. 특히 아들이 부정적이었다. 이미 4개 국어를 하는데, 또 노르웨이 말을 배워야 하는 것이다. 더우기 그 나라로 가면 나와 아내가 일을 하기 어렵고 아들이 일을 해서 부양해야 하므로, 아들이 원하는 공부를 하기가 어렵다고 판단한 것이다.

"공부를 못하면 우리 아들 미래가 막히는 것 아닌가요?"

아내의 걱정도 커졌다. 막상 노르웨이라는 나라를 떠올리고 나니, 여러 가지가 장애로 다가온 것이다. 우리는 노르웨이로 망명하는 것에 대한 동의를 유보했다. 그리고 여러 각도에서 다시 생각해보기로 했다. 미국은 우리를 거부했고, 우리를 받아들이겠다는 노르웨이는 우리에게 너무 멀었다. 우리는 결단을 내려야 했다.

반전 : "한국으로 가자" 1주일여를 고민하고 의논한 끝에 우리 가족은 한국행을 선택했다. 반전이었다. 노르웨이의 망명 허용 소식을 듣기 전까지만 해도, 우리 가족이 한국으로 가리라고는 거의 생각지 못했다. 갈 곳이 없다면 몰라도, 다른 나라로 갈 수 있는 데도 한국행을 선택할 가능성은 없었기 때문이다. 적어도 그때까지는 그랬던 것이, 이제 노르웨이에서 망명을 받아주겠다고 하는 데도, 우리 가족은 한국행을 선택한 것이다.

사실 한국행은 반전이었다. 특히 북한에 남은 큰아들 때문에라도 한국행을 기피해왔던 우리 가족 입장에서 적극적으로 한국행을 선택한 것은 여러가지 요인들이 복합적으로 작용한 결과다.

우선, 미국의 거절이 심리적으로 영향을 미쳤다. 냉정한 외교무대의 현실을 겪고 나니, 우리말 우리 동포에 대한 생각이 커진 것이다. 또한 아들의 미래에 대한 생각이 크게 작용했다. 처음부터 막내아들의 미래만이라도 살리자는 생각에서 탈출을 감행하지 않았는가. 이제 머나먼 노르웨이로 가게 되면, 아들의 미래가 불확실하다는 걱정이 커진 것이다. 마지막으로 황장엽 선생의 편지가 일으킨 마음의 동요가 장애를 만나자 적극적인 방향으로 작용했다는 사실을 인정할 수밖에 없다.

"그래, 이렇게 된 이상, 우리말과 우리 동포가 있는 한국으로 가서, 새로운 인생을 살아 봅시다. 황장엽 선생과 함께 북한 민주화운동도 하고…"

나중에 돌아보니, 한국행 선택은 무척 잘한 결정이었다. 아들은 한국사회에 성공적으로 적응하여 행복한 가정을 꾸리고 자유세계의 훌륭한 일원으로 살아가고 있다. 아내는 한국사회에 정착하면서 다소 고생을 했지만, 이제 평안한 일상을 살고 있다. 황장엽 선생의 권유를 받아들인 나는 탈북자동지회 회장을 거쳐서 황 선생의 후임으로 북한민주화위원회 위원장을 맡고 있으며, 새 정부의 대통령 직속 국민통합위원회 위원으로 활동하고 있다.

그때 노르웨이로 갔으면, 어땠을까. 대략 짐작이 간다. 뒤늦게 노르웨이가 훌륭한 복지국가라는 사실을 알았는데, 나와 아내는 무난한 여생을 보냈을 것이다. 아들도 노르웨이어를 겨우 익혀서 평이한 사회생활을 하고 있을 것이다. 나로서는 북한의 동포들을 위한 활동과는 거리가 먼 노년을 보내고 있지 않겠는가. 여러모로 보아, 마지막에 극적으로 선택한 한국행은 나와 우리 가족으로서는 최고의 결정이었고 축복이었다. 이러한 축복도 하나님의 보이지않는 보살핌 덕분이라고 생각한다.

북한과 태국정부의 마지막 기 싸움 : 진짜 감옥에서 지낸 2개월

한국행을 결정하고 나서도, 일은 순조롭게 진척되지 않았다. 가장 큰 요인은 북한과 태국정부의 기싸움이 아직 끝나지 않았기 때문이었다. 북한은 우리를 북송시키기 위해 집요하게 물고 늘어졌고, 태국은 관련 증거를 내놓으라고 반박하며 맞섰다. 양측의 공방이 이어지면서, 어느덧 1년의 시간이 흘러갔다. 우리 가족의 난민보호소 생활도 1년의 세월을 넘기게 되었다.

2000년 2월 말경, 드디어 태국 정부는 단호한 결심을 했다. 사건 마무리를 위한 최후 통첩을 북한 측에 보낸 것이다.

"태국법에 따른 법적 절차를 진행하기 위해 홍순경과 그 아들을 태국 감옥으로 이송한다. 향후 2개월 이내에 북한측이 홍순경의 범죄를 입증할 확실한 증거 자료를 제출하면 검토하여 기소 절차를 진행할 것이고, 북한측이 증거 자료를 제출하지 않으면 홍순경 사건을 무죄로 판단하여 종결시킬 것이다."

태국정부의 방침이 최종 확정됨에 따라, 이제 두 달 이내에 우리 가족의 운명이 결정되는 것이다. 이에 따라 2월 어느 날, 나와 아들은 태국 감옥으로 이송되었다.

실제 감옥 생활이 시작되었다. 난생 처음이었다. 비록 2개월 뒤에는 풀려날 것으로 예상된 감옥 생활이었지만, 다소 긴장되었다. 감옥은 감옥이었다. 잠자리는 비좁았고, 첫날 저녁 감옥에서 제공되는 밥은 먹기가 힘들 정도였다. 밥에서는 냄새가 나고 국도 전혀 입맛에 맞지 않았다. 진짜 감옥 생활의 낯설음과 어려움이 피부에 확 와닿았다.

며칠 지나면서 조금씩 적응하기 시작했다. 진짜 감옥에도 인간이 있고, 제한된 자유가 있었다. 잠자리는 비좁았지만 아침 기상을 하면 모두 밖에 나가서 세면을 하고 아침식사를 하는데 대부분 사람들은 자기들끼리 전기밥솥으로 밥을 해먹으며 반찬도 사다 먹거나 만들어 먹는다. 공동으로 감옥에서 주는 식사가 있지만 그 질이 좋지 않으므로 각자 나름대로 식사를 해결하는 것이었다.

감옥에서 첫날 저녁에 나는 세 사람의 한국인과 만났다. 진짜 감옥에서, 같은 말을 하는 한국 사람들을 만나니 무척 반가웠다. 사실 탈북 이전에는 한국 사람들을 만나는 것이 몹시 두려운 일이었다. 우연히라도 만나게 되면, 대사관의 보위부 요원에게 무슨 이야기를 나눴는지 보고를 해야 했다. 그런 부담 때문에, 차라리 안 만나는 것이 상책이었다.

태국감옥에서 만난 한국인들은 단박에 친근감이 들 정도로 반가운 존재였다. 통성명을 하고 금새 친해졌는데, 그들은 골프 전문가들이라고 했다. 못된 사람들을 만나 주먹다짐을 한 것이 문제가 되어 감옥에 왔다는 것이었다. 그들도 처음 만난 북한 사람이 신기하다는 눈치였고, 동정심 때문인지 함께 식사를 하자고 제안했다. 그렇게 서로 인사를 하고 의지하며 지내다 보니, 처음 느꼈던 외로움을 다소 덜 수 있었다. 우리는 하루 세끼 식사를 하고 온종일 체육을 즐기거나 도서관에서 책을 읽으며 시간을 보냈다.

감옥에는 노르웨이 사람도 있었다. 그는 정부로부터 한 달에 200달러씩 보조금을 받으면서 감옥 생활을 하고 있었다. 거의 북한대사관 직원의 월급에 가까운 돈을 감옥에서 받는 그를 보면서, 노르웨이라는 나라가 정말 훌륭한 복지국가라는 것을 느끼게 되었다. 우리를 받겠다고 했던 그 나라를 뿌리친 우리의 선택이 다시 생각나기도 했다. 후회는 아니었다.

그렇게 날짜가 얼마나 지났을까. 4월 말경 어느 날 취침 시간에 간수가 나를 부르더니 다음 날 석방이라고 통지했다. 감옥에 온 지 정확히 2개월되는 날이었다. 자유인이라는 통보를 받는 순간이었다. 감옥에서 사귄 한국 친구들은 나중에 서울 가서 만나자며 기뻐해 주었다. 그들의 축복을 받으면서 나는 아들과 함께 감옥 바깥으로 나왔다. 그리고 난민구치소로 돌아가서 아내와 재회했다. 2개월 만의 상봉이었지만, 1년도 더 지난 듯한 그리움과 해방감에 휩싸여 함께 눈물을 흘렸다.

나와 아내와 아들은 자유인이 되었다. 우리 가족을 얽어 매려는 북한의 억지와 범죄 모략극이 완전 실패로 끝난 순간이었다. 이제 우리는 태국을 떠날 수 있는 자유, 우리가 선택한 한국으로 떠날 수 있는 자유를 얻은 것이다. 우리 가족 앞으로 활짝 열린 세상의 달력은 2000년 4월 말을 가리키고 있었다.

**자유와 함께 찾아온
암초 : 남북정상회담**

그러나 우리 앞에는 또다른 장애가 가로막고 있었다. 2000년 6월로 예정된 남북정상회담이 우리의 한국행 앞에 놓인 암초로 등장한 것이다. 남북정상회담으로 남북간 긴장을 완화시키고 평화 무드를 조성하게 된 것은 기뻐할 일이지만, 당장 우리 가족에게는 영락없는 장애물이었다.

한국정부는 우리 가족의 한국 입국이 북한을 자극할 수 있다는 이유로 우리의 입국 승인을 하지 않았다. 이러한 사실을 나중에야 알게 되었다. 처음에는 이런 연유를 모른 채, 오늘인가 내일인가 하면서 기다리고 또 기다려야 했다. 한국대사관 관계자들도 날짜를 확정하지 않고서 차일피일 미루기만 했던 것이다.

나중에야 사실을 알게 된 나는 내심 불쾌했다. 한국행을 권유하던 그들이 이제는 북한과의 관계를 이유로 북한을 탈출한 우리의 한국행을 지연시키고 있는 것이다. 북한측에 의해 죽을 고비를 넘긴 우리 가족으로서는 기분이 좋을 리 없었다. 그래도 남북정상회담이라는 초유의 일이 우리로 인해 조금이라도 차질이 생긴다면 그것은 우리 가족이 원하는 바가 아니었기 때문에, 이해하고 넘어가기로 했다. 1년 이상을 고생하며 기다렸는데, 1달 남짓을 더 못 기다릴 것도 없었다. 남북정상회담이 잘 개최되기를 고대하면서 우리는 참고 기다렸다.

그런데 6월이 다 지나고 7월로 접어들고 나서도, 우리의 한국행 일정은 확정되지 않았다. 나의 인내는 바닥이 났고, 탈북 1년여 만에 자유를 찾은 우리 가족으로서는 도저히 이해하기 어려웠다. 인내심이 바닥이 났기 때문에 나의 심정은 몹시 피로하고 착잡했다.

어느 날, 한국대사관 참사관이 찾아왔을 때 나는 단호히 말했다.

"한국에서 우리의 입국을 꺼리는 겁니까. 나는 구걸하는 게 아니오. 한국대사관 측에서 우리의 한국 망명을 여러 차례 권유하고 간청하지 않았오? 당장 한국 입국을 결정하지 않는다면, 나는 제3국으로 가겠소. 다시 유엔난민고등판무관실로 가겠소. 우리의 한국행은 없던 일로 합시다."

"그게 아닙니다. 홍 선생. 한국은 홍선생의 망명을 환영합니다. 며칠만 더 기다려 주십시오. 서울과 연락하여 입국 문제를 확정짓도록 하겠습니다."

나의 강경 발언에 깜짝 놀란 한국대사관 관계자는 정중하고도 간곡하게 양해를 구했다.

2·9· 서울행 비행기에 오르다

그렇게 다시 3개월의 시간이 흘렀다. 2000년 10월 초 어느 날 저녁, 경찰들이 우리에게 와서 출발 준비를 하라고 통보했다. 하루 전에 한국대사관 참사관이 와서 내일쯤 떠날 수 있다는 것을 사전에 알려 주기는 했으나, 정작 출발 준비를 하라고 공식 통보를 받으니 기쁘면서도 당황스러웠다.

드디어 우리 가족이 지루한 감옥 생활에서 벗어나는 순간이었다. 정들었던 방콕을 떠나 신비하고 낯선 땅 한국으로 가게 되는 순간이었다. 대사관을 탈출하기 전까지 적대국으로 간주했던 땅으로 들어서는 길이며, 일생을 몸담고 살아왔던 북한과 영원히 이별하는 시간이었다. 우리 가족은 마음을 진정시키면서 출발 준비를 마쳤다.

밤 9시, 태국경찰들이 와서 우리와 우리의 작은 짐을 차에 태웠다. 말없이 차에 오른 우리 가족은 경찰들의 호위를 받으며 방콕 돈무앙 공항으로 달렸다. 우리를 태운 차는 곧바로 항공기가 있는 활주로까지 갔고, 우리는 대기하고 있던 항공기에 탑승했다. 우리를 호송하는 한국대사관 관계자도 보였다. 비즈니스좌석으로 안내되었다. 우리가 탑승한 비행기는 대한항공 여객기였다. 북한대사관에서 일할 때 한번은 대한항공 비행기에 탑승할 뻔했던 일이 있었다. 그때 방콕 공항에 함께 나왔던 서기관이 남조선 비행기를 타면 안 된다고 경고하는 바람에 깜짝 놀랐던 바로 그 비행기였다.

긴장감이 느껴졌다. 우리 가족은 약속이나 한 듯 아무 말 없이 자리에 앉아 있었다. 마침내 서서히 이륙한 항공기가 힘차게 날아 올랐다. 그 순간 지루하고 어두웠던 지난 1년 8개월의 나날들이 머릿속에서 주마등처럼 흘러 지나갔다. 몇 시간이나 하늘을 날았을까. 새벽의 여명을 받으면서 비행기가 활주로에 내려 앉은 곳은 김포공항이었다. 죽을 고비를 넘긴 끝에, 대한민국 서울에 입국한 것이다.

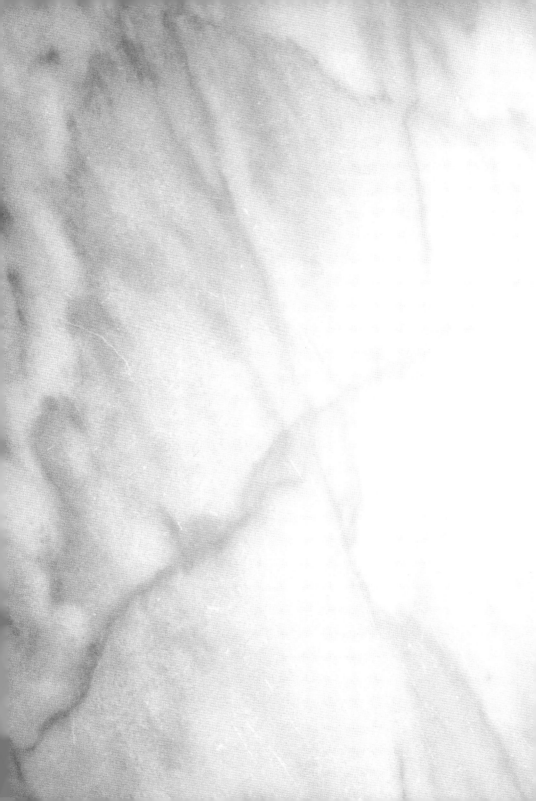

셋

북한 외교관 생활 : 외화 벌이 일꾼으로 살다

3·1· 북한대사관은 외화벌이 아지트이고, 북한외교관은 외화벌이 일꾼이다.

북한 외교관은 국제 외교활동을 위해 해외 현지에서 외화벌이를 하는 일꾼이다. 무역서기관으로 5년, 무역참사로 6년, 과학참사로 2년, 도합 13년간의 북한 외교관 경력자인 내가 주로 수행한 과업도 외화벌이였다.

그저 끊임없이 외화벌이 궁리를 하고, 그렇게 번 돈으로 업무에 충당하고 생활비로도 써야 했다. 멀쩡한 자유국가 시선으로 보면, 황당하고 납득이 안가는 일일 것이다. 어느 나라든 선망의 직업 가운데 하나인 외교관이 해외 현지에서 돈벌이를 해서 스스로 생활비를 충당해야 한다니, 누가 이해하겠는가. 아마도 거짓이고 과장된 이야기라고 폄하할지도 모른다. 그러나 틀림없는 사실이고, 13년 동안 내가 직접 수행하고 경험한 진실이다.

그래도 의문이 남을 것이다. 설사 그렇다 하더라도, 외교관이 무슨 재주로 돈을 버는가. 북한 외교관들은 남다른 돈벌이 재주가 있는가. 그렇다. 북한 외교관들은 외화벌이 재주가 있다. 필요는 발명의 어머니라는 말도 있지 않은가. 어디서든 돈버는 일이 쉽지는 않지만, 북한 외교관에게는 외화벌이의 무기가 있다.

외교행낭이
외화벌이의 비밀 무기

바로 면책특권과 외교행낭이 무기다. 국경을 넘나들면서 외교관 특권을 활용하여 돈을 번다. 내용을 뜯어보면 국경을 넘나드는 밀수가 대부분이지만, 북한정권의 허용 아래 외교관 특권을 이용하기 때문에 별다른 죄의식은 없다. 국제협약과 관례에 의해 주어지는 외교관 특권을 북한 외교에서는 외화벌이 수단으로 활용하는 것이다. 그것을 사용하여 수단과 방법을 가리지 않고 외화를 벌어들인다.

북한외교관은 외교행낭에 다양한 물건을 담는다. 보석, 상아, 코뿔소 뿔, 담배, 와인, 코냑, 스카치위스키, 비디오테이프, 전자제품, 금괴, 달러 뭉치, 등 돈이 되는 거라면 무조건 다 담는다. 그리고 국경을 넘나들면서 운반 유통시키거나 매매시키거나 해서, 차액 또는 수수료를 벌어 들인다.

그렇게 벌어들인 자금은 다양하게 쓰인다. 우선 최고통치자에게 충성자금을 보내고, 그다음으로 현지 대사관 경비로 쓰며, 관련 업무의 비용에도 충당한다. 물론 급여가 턱없이 부족하기 때문에 외교관의 개인 용도로도 사용한다. 자유세계 시각으로 보면, 이해가 안되는 일이지만, 북한에서는 그렇게 외교를 수행해 왔다.

외교부 원칙 : 대사관
경비를 자체 조달하라

북한에서는 대사관이나 무역 대표부의 유지비를 국가가 대주지 않고 대사관 자체로 해결하라는 것이 하나의 원칙으로 되어 있다. 물론 예외로 국가가 유지비를 보장해주는 몇 개 나라가 있다. 뉴욕 주재 유엔대표부를 비롯하여 스위스 대사관 등 매우 중요한 몇 곳은 예외다. 거의 모든 해외 공관들은 스스로 모든 경비를 해결할 뿐 아니라 그 이상의 외화를 벌어서 충성 자금을 국가에 바쳐야 하는 의무를 지니고 있다. 북한정권의 공조직에서 각종 사업으로 벌어들여 조성한 비자금을 평양에 바치는 충성자금은 김부자 정권의 비자금으로 사용되는데 외교관들도 예외없이 벌어서 바치라는 것이다.

태국 주재 북한대사관도 예외는 아니었다. 대사관 건물은 방콕 외교공관 중 가장 작고 외진 곳에 있는데, 주변은 빈민 거주지역이고 건물 뒤로는 지저분한 도랑물이 흐른다. 이런 곳에 대사관 자리를 잡은 것은 비싼 대사관 유지비를 충당할 수 없기 때문이었다.

대사관은 작은 건물 두 채로 지어졌다. 한 채는 사무실로 쓰고, 다른 한 채는 대사를 비롯한 모든 서기관들이 합판으로 칸막이를 해서 모여 산다. 대사는 두 칸짜리 방에서 사는데, 한 칸은 자식이 쓰고 대사 부부가 다른 한 칸을 사용한다. 널빤지로 막은 집들이어서 작은 소리로 소곤소곤거려도 다 들릴 정도다. 사실상 합숙소나 마찬가지다. 겉은 번지르르한 외교관들이지만, 예산이 없어서 합숙소 생활을 하는 셈이다.

북한외교관 월급은 한국외교관의 1/25 당시 태국대사관의 1년간 총 예산이 고작 20만 달러 수준이었는데, 그나마 그 예산을 구하지 못해서 대사는 항상 골머리를 앓았다. 대사관의 월급 수준은 대사가 380달러, 1급 참사가 340달러, 1등 서기관이 280달러 정도였다. 이 적은 월급으로 대사관 직원들은 먹고 입고 자식 공부시키고 병나면 병원 치료를 해야 했다. 그리고 북한에 두고 온 자식과 가족들의 생계도 유지해야 한다.

그뿐 아니다. 북한에서 나오는 대표단들을 챙겨야 하고 높은 간부들의 부탁들도 빠짐없이 들어주어야 한다. 그리고 3년이 지나면 소환되어 북한으로 돌아가야 하는 데, 귀국 준비로 적어도 1만 달러는 가지고 들어가야 한다는 것이 정설이었다. 돈이 없으면 상급 간부들에게 인사를 못하게 되고 그렇게 되면 자기 자리 유지가 힘들어지기 때문이다.

이런 돈을 벌자니 자연히 모든 수단과 방법을 다 동원하여 돈을 벌어야 하는 것이 북한 외교관들의 운명이었다. 외교관특권을 최대한 활용해서, 적발되지만 않으면 된다는 생각으로 부정이든 탈법이든 위법이든 상관하지 않고, 악착같이 돈을 벌어야 했다. 태국대사관의 대사도, 당비서도, 무역참사였던 나도, 그리고 모든 외교관들도, 돈을 벌기 위해서라면, 체면같은 것은 안중에도 없이 외화벌이에 전력을 기울일 수밖에 없었다.

국가예산으로 월 7천 내지 1만 달러 이상의 월급을 받는 대한민국 외교관들과 비교하면, 얼마나 엄청난 격차인가. 북한외교관들에게는 애초부터 외교관으로서의 품위와 신사다운 체면 유지는 불가능한 일인 것이다.

무척 힘든 일이지만, 북한 외교관들은 어려움을 극복해 나갈 수밖에 없다. 허리띠를 졸라매고, 대사관에서 합숙하고 아껴쓰며, 소요 비용을 줄이도록 노력한다. 그렇게 줄인 최소의 비용 예산은 밀수 유통이나 운반 수수료 등으로 돈을 벌어 충당한다. 벌어들인 외화 일부는 미리 떼어서 충성 자금으로 보낸다. 유능한 외교관이 되려면 외화벌이에 능해야 하는 것이다.

특권이지만 결코 화려하지 않은 외교관 생활

그렇다고 북한 외교관들이 자괴감만으로 생활하는 것은 아니다. 우선 정부가 외국에 파견해준

:: **북한대사관의 간부급 성원들**
1997년 1월. 신년 맞이한 북한대사관 간부들. 가운데 내 옆이 이상로 대사, 그 옆이 당 비서다. 이상로 대사는 이도섭
전대사의 후임으로 부임했다.

것에 대한 감사의 마음에서라도, 자부심을 갖고 열심히 노력한다.

북한에서 외교관 생활은 최고로 선망받는 직업의 하나다. 해외에 나가서 생활
할 수 있다는 것만으로도 가장 부러움을 받는 것은 당연한 일이다. 북한이라는 나
라가 여행의 자유가 전혀 없어 해외에 나갈 수 있는 기회를 잡기가 하늘의 별 따
기만큼이나 힘들기 때문이기도 할 것이다.

그런 현실이 반영되어, 북한에서는 외교관들이나 다양한 목적으로 해외로 파
견되는 사람들을 선별하는 절차가 굉장히 복잡하고 어려우며 수속 기간도 오래
걸린다. 모든 해외여행에 대한 최종 결정은 6명의 중앙당 비서들로 구성된 중앙
당 비서처 회의에서 결정된다. 최종 결정이 나면, 중앙당 간부부 부부장이 모든

해외 출장자들을 모아 놓고 일주일에 한 번씩 그 결과를 발표한다.

그러므로 해외에 파견되는 사람들 자신은 자부심도 크고, 우쭐대는 사람들도 적지 않다. 내가 태국무역대표부 대표로 발표되자 많은 사람들이 부러워했고 우리집에서도 매우 자랑스럽게 여겼다. 사실 국내에서의 복잡하고 어려운 생활 여건, 즉 여러 가지 조직생활과 학습총화 그리고 경제적으로 쪼들리는 생활 등에 비하면 대사관 생활은 정말 엄청난 혜택을 받는 것과 마찬가지다.

그래서 북한 외교관들이 현지에서 겪어야 하는 가난한 현실 여건은 결코 죄가 아니고, 부끄러운 일도 아니었다. 북한에서 받은 평판과 부러움을 되새기면서 주어진 현실을 열심히 극복해 나간다.

진짜 문제는 그 노력과 성과가 외국 정부를 속이거나 탈법, 부정의 대가로 얻어진다는 사실이다. 다른 나라 땅에서 도둑질을 하며 살아가는 것과 다를 바 없는 것 아닌가.

3·2· 세 차례의 외교관 이력

하늘의 별따기만큼이나 어려운 외교관 생활을 10년 이상 지속한 내 이력은 북한외교관으로서 행운의 연속이었다. 남들은 한 번도 나가기 어려운 해외 외교관 근무를, 나는 세 차례에 걸쳐서 13년 동안 했다. 북한 외교관의 기본 임기가 3년이니, 나는 5회 연임한 셈이다.

첫 부임지는 파키스탄이었다. 젊은 시절은 무역성에서 복무하며 보냈고, 45세가 되어서야 처음으로 해외 외교관으로 파견된 것이다. 파키스탄에서의 생활은 무척 힘들었고, 첫 경험이라서 정신없이 보낸 기억 정도다. 한 번 연임한 뒤, 1988년 대외경제위원회 제3무역 관리국 부국장 겸 부문 당비서로 평양에 복귀했다.

파키스탄에서 돌아온 이듬해 소련과 동구권 몰락이라는 역사적 격변이 일어났기 때문에, 다시 해외 외교관으로 부임해 나가기는 어렵겠다고 생각했다. 그러나 3년도 되지 않아 행운의 여신이 다시 내게 미소를 지었다.

두 번째와 세 번째 부임지는 태국이었다.

1991년 1월, 태국 무역대표부 대표로 발령 받아서 태국에 부임했다. 당시에는 북한과 태국간 대사관이 개설되기 전 무역대표부 무역대표로 부임한 것이니, 사실상 대사급으로 발령난 것이다. 부임하고 나서 한 달 정도 지나자, 쌍방 대사관 개설 합의에 따라 대사가 부임해왔고, 나는 무역 참사로 내려앉았다.

그러고는 대사관의 무역 참사로 연임한 뒤 평양으로 귀환 직전인 1996년 12월 대사관 과학기술 참사로 재발령이 나서 계속 근무하게 되었다. 앞에서 밝힌 바대로, 그때 사회안전부의 이종환 국장이 지문기술회사의 태국 지사를 관리할 책임자로 나를 스카우트한 덕분이다. 소속도 무역성에서 사회안전부로 바뀌는 환경이었지만, 외화벌이 역할은 변함이 없었다. 지문기술회사에 별도 책정된 예산이 없었기 때문에, 내가 태국지사의 제반 연구 및 운영 비용을 조달해서 충당해야 했다. 사실 내가 스카우트된 이유도 오래도록 외화벌이 경험이 있는 나의 이력 때문일 것이다. 아무튼 그 스카우트로 인해 한 차례 더 외교관 생활을 연장하는 계기가 되었고, 2년 뒤 급작스런 소환 명령으로 이어졌으며, 결과적으로 인생의 대반전을 이루게 된 탈북과 대한민국 정착의 계기가 되었다.

태국에서의 3연임은 사실상 우연과 행운의 합작품이었다. 1994년 봄, 나는 임기가 끝나서 평양으로 귀환 예정 상태였다는 것을 정작 알지 못하고 있었다. 1994년 4월 말 태국경제사절단을 이끌고 평양으로 들어간 나는 우연히 중앙당 간부부 지도원실에 들렀다가, 나의 소환 인사 명령이 작성 중인 것을 알게 되었다. 깜짝 놀라서 선배 과장에게 따져 물었더니, 내가 아무런 연락이 없어서 의례적인 임기 만료 건으로 다른 사람을 보내려 했다는 설명이었다. 나는 정색을 하고 방북중인 태국경제사절단과의 쌀수입 업무에 차질이 생긴다고 주장하여, 작성 중인 인사 명령을 철회시킬 수 있었다. 하루만 늦었어도 나는 임기 만료로 평양에 소환될 뻔 했다.

1996년 12월, 연임이 끝나기 때문에 나는 당연히 평양 소환을 대기하던 중이었다. 외교관 임기 3연임은 거의 사례가 드물었고, 불가능에 가까운 일이었기 때문이다. 그러나 앞서 언급한 사회안전부 이종환 국장의 스카우트 제의가 마법처럼 내 눈앞에 펼쳐졌고, 다음 달 과학기술참사로 임명한다는 통보를 받게 된 것이다. 사실상 3연임에 성공한 것인데, 특별한 정치적 뒷배경이 없던 나로서는 행운이었다.

그리고, 그 행운의 여신의 미소가 저물 무렵, 나는 탈북과 자유의 궤도로 들어서게 된다.

3·3· 처녀 부임지 : 파키스탄대사관의 무역서기관

파키스탄 카라치에서 외교관 생활이 시작되었다. 1983년 10월부터 1988년까지, 파키스탄주재 북한대사관의 무역담당 2등 서기관으로 첫발을 내디뎠다. 가장 아쉬운 기억은 큰아들을 북한에 남겨놓아야 된다는 사실이었다. 북한에서는 외국에 나갈 때 자식 모두를 데리고 나갈 수 없다. 자식은 한 명만 동반이 허용되며, 나머지 자식들은 북한에 남겨 놓아야 한다. 사실상 인질이다.

당시 큰아들은 14살 중학교 3학년을 마치고 연극영화대학 촬영과 전문부에 다니는 중이었다. 전문부 3년이 끝나면 본과에 올라가서 4년간의 대학 과정을 밟게 된다. 북한에서 연극영화대학 전문부에 입학하는 것은 쉬운 일이 아니며 상당한 노력을 들여야 가능하다. 우리는 큰아들을 북한에 남기고, 네살 배기 작은아들과 함께 파키스탄에 나가기로 결심했다.

우리 세 가족은 모스크바를 거쳐 불가리아로 가서 며칠을 보내고 파키스탄으로 출발했다. 무역 참사부는 카라치의 대사관에서 조금 떨어진 곳에 집을 잡고 살았고, 대사관 모임이 있을 때면 대사관으로 가서 일을 보았다. 당시 무역참사부 직원은 김춘삼, 홍춘원, 박형도 등이었으며, 대사관의 서세평이 주로 통역을 맡았다. 서세평은 2011년경 스위스 주재 북한 대사로 부임했다는 소식을 들었다.

아웅산 폭파 사건으로 쫓겨난 윤광섭

파키스탄주재 북한대사관의 무역서기관으로 부임한 직후인, 1983년 10월 9일 버마 아웅산테러 사건이 일어났다. 11월 초 버마 주재 북한대사관의 윤광섭 무역참사가 추방되어 파키스탄 무역참사로 쫓겨 나왔다. 그를 통해 당시 사건을 자세히 접할 수 있었다.

"아웅산 국립묘지 폭파 사건이 일어나기 며칠 전에 낯모를 사람들이 대사관에 와서 대사와 만나는 것을 목격했지요. 그들의 행동은 일체 비밀에 붙여져서 내용은 알 수 없었어요. 며칠 후 10월 9일 대한민국 전두환 대통령의 미얀마 국립묘지 방문시간에 미리 국립묘지에 장치한 폭탄이 터지면서 대한민국 부총리와 장관 등 17명이 사망하고 14명이 부상당하는 테러가 발생했지요. 당시 미얀마 앞바다에는 북한 선박이 정박되어 있었어요. 공작원들 가운데 한 사람이 잡혀서 사건 전모가 밝혀졌고, 이 사건으로 인하여 북한 대사관이 폐쇄되고 모든 외교관이 추방당했지요."

윤광섭은 버마에 나간 지 1년 밖에 되지 않았는데 사건이 터지면서 추방당하자, 파키스탄 참사를 소환하고 그 자리에 윤광섭이 오게된 것이었다. 그 후 윤광섭은 파키스탄에서 약 1년 정도 있다가 다시 소환되었고, 대외경제사업부에 근무하던 강태윤이 무역참사로 나왔다. 나와도 친분이 있고, 파키스탄과의 무기 거래에 능했던 강태윤은 좋은 성과를 거두었지만, 그는 훗날 불우한 운명을 겪게된다.

지정학적 요충지 파키스탄　　파키스탄에 상주하는 대사관 또는 외교 공관은 수십 개가 있었다. 그중에서 가장 빈곤한 대사관이 북한 대사관이다. 당시 대사관 직원들의 평균 월급이 200달러 정도였다. 그것으로 북한에 있는 가족들의 생활을 보장해야 했고, 나머지 돈으로 현지에서 살아야 했다. 정말이지 절약에 절약을 하지 않으면, 살아갈 수 없는 형편이었다. 살기 위해서라도 적극적으로 외화벌이에 매진해야 했다.

당시 정세는 소련군이 아프가니스탄을 침략하여 전쟁을 치르고 있었고, 그 접경지인 파키스탄은 아프카니스탄 전쟁의 간접적인 영향을 받았다. 또한 당시만해도, 파키스탄과 인도의 적대적 긴장과 분쟁은 심각하게 지속되는 상태여서, 자칫 전쟁이 일어날 가능성도 상존했다. 특히 인도가 1974년 핵무기 실험에 성공한 이후, 라이벌이자 갈등관계인 파키스탄도 1980년대 들어 핵무기 개발에 박차를 가했고, 결국 핵보유 국가가 되었다.

이처럼 파키스탄을 둘러싼 대외 정세가 복잡한 형국을 이용하여 파키스탄 주재 북한대사관은 파키스탄과의 무기 거래를 성사시키는 등 파키스탄과의 협력관계를 강화시켜 나갔다. 물론 그 시절에 나의 주 업무는 외화벌이였고, 무기를 포함한 다양한 아이템으로 외화벌이에 나섰다. 서구의 아프가니스탄 지원 물자인 옷가지, 술과 맥주 유통 등으로 외화를 벌었다.

3·4· 운명의 부임지 : 태국대사관 무역참사

태국 주재 북한 대사관에서의 외교관 생활은 풍족하지는 않았지만 화목하고 행복했다. 외교관 생활의 이력이 늘면서 외화벌이 성과도 잘 나왔기 때문이다. 우연과 행운 덕분에 3연임을 거듭하면서 아예 해외외교관 터줏대감으로 자리를 굳히는 느낌마저 들 정도였다.

만약에 사회안전부 이종환 국장의 숙청이 없었다면, 그래서 내가 그 여파로 평양에 소환당하는 사건이 없었다면, 과학기술 참사로 재연임에 성공하여 정년까지 외교관 생활을 하다가 퇴직했을지도 모를 일이다. 따라서 포악한 북한 정권이 나를 숙청하겠다고 칼을 집어든 순간, 그것은 곧바로 나의 행복을 약탈하는 폭력이었다. 그리고 정당하지 못한 폭력이었던 만큼 나를 탈북과 자유의 궤도로 밀어넣게 된 것도 필연적인 결과인 셈이다.

**1990년 12월 31일,
북한에서 보낸 마지막
망년회**

일반적으로 북한에서는 연말에 직장 단위로 송년회를 준비하고 즐긴다. 다양한 송년회 문화가 없기 때문에, 단순하게 조직 단위로 모여서 한 해를 마무리하고 새 해를 맞이했다. 송년회는 직장에서 총동원하여 준비를 한다. 술과 고기, 채소, 기름, 고추 등 여러 가지 송년회 음식을 해결하기 위해서 직장 동료들이 근 한 달을 준비한 후에 그것을 가지고 책임자나 부책임자 집에 모여서 송년회를 한다.

당시 내가 근무한 관리국에서는 개인들이 가지고 있는 외화 돈, 즉 달러를 거두어 가지고 농촌에 나가 돼지고기와 술을 비롯한 음식들을 준비했다. 1990년 12월 31일 밤 대외경제위원회 3무역관리국 부국장겸 부문 당비서였던 우리집에서 망년회를 했는데, 북새거리에 있는 우리 집은 방이 3개고 복도식이며 거실은 없는 비좁은 집이었다. 좁은 집에 빼곡히 들어앉은 직원들은 굶주렸던 배 속을 채우고 술을 마음껏 마시고 취해서 주정을 부리기도 하면서 1년에 한 번밖에 없는 기회를 맞아 마음껏 먹고 즐겼다.

다음 날은 설 명절, 북한 사람들이 가장 선호하는 명절이다. 4대 명절에 포함되진 않지만 정치행사가 없어서 진짜로 쉴 수 있는 날이었다. 북한 인민들은 설 명절을 사실상 최고로 여긴다. 양력 설을 쇠기 때문에 새해를 새로 시작하는 날이기도 하다. 주민들은 관습대로 가족제사도 지내고, 친척끼리 휴식을 즐기기도 하며, 자유롭게 설 명절을 보낸다. 1991년 1월 1일과 2일, 설 명절을 맞아 나는 그 어느 때보다 자유롭고 편안한 마음으로 휴식을 취했다.

**1991년 새해 첫날
임명장을 받다.**

그다음 날인 1월 3일, 나는 아침 일찍 중앙당 간부부로 출근했다. 조선로동당 중앙위원회 간부부는 중앙기관 간부사업을 담당하는 부서다. 해외에 파견하는 모든 일꾼들, 특히 각 대사관과 대표부 일꾼들을 선발하고 심사해서 해외에 파견하는 일을 하는 중요한 부서여서 막강한 권한을 행사한다.

새해 첫 출근일에 중앙당 청사에 가서 간부사업 임명장을 받는 것은 영광이었다. 나는 태국으로 파견 명령을 받으리라는 것을 미리 알고 있었다. 중앙당 간부부 청사 접수실에 가서 신분증을 제출하고 출입허가를 받고 대기하는데 간부부 지도원이 나와서 부부장실로 안내하였다. 대기실에 들어가니 또 한 사람이 발령을 받으려고 대기하고 있었다. 곧 간부부 부부장이 직접 나와서 두 명을 앞에 놓고 엄숙한 자세로 정중하게 임명장을 읽어주었다.

"위대한 수령 김일성 동지와 친애하는 지도자 김정일 동지의 크나큰 은덕과 배려에 의해 홍순경 동지를 태국주재 북한무역대표부 대표로 임명한다."

그리고 그가 덧붙여 강조했다.

"위대한 수령님과 친애하는 지도자 김정일 동지를 충성으로 보답해야 하오."

나는 결의를 다지며 대답했다.

"위대한 수령님과 친애하는 지도자 동지의 크나큰 은덕과 배려에 충성으로 보답하겠습니다."

"앞으로 일을 잘 하시오."

북한의 모든 사람들이 임명을 받을 때 반드시 응하게 되어 있는 절차에 따라 덕담을 주고 받았다.

부부장과 함께 참가했던 담당 과장은 나를 자기 방으로 데리고 들어가서, 해외 생활에서 주의할 점등에 대해서 훈계를 했고, 사적인 이야기를 나누었다.

1997년 1월 태국주재 북한대사관에서 과학기술 참사로 일하기 시작한 때의 부부 사진. 당시 북한 시각으로는 남부럽지 않은 시절이었고, 대한민국 시각에서는 속고 살았던 시절이었다.

**무역대표부 대표에서
대사관 무역 참사관으로
내려오다**

감격스러웠던 그 순간을 잊을 수 없다. 북한에서 해외공관으로 발령을 받는다는 것은 하늘의 축복 같은 엄청난 행운이다. 더우기 북한 외교관들에게 가장 인기 지역인 동남아의 핵심 거점, 태국으로 가기 때문에 더욱 기뻤다. 국내에서도 자유롭게 다닐 수 없는 북한에서 외국으로, 그것도 대사관이나 무역대표부에 파견된다는 것은 말 그대로 하늘의 별을 딴 심정에 비할 수 있을 정도다.

저녁 일찍 퇴근하여 빠른 걸음으로 집에 돌아가서 가족들에게 소식을 알리자, 아내는 너무 기뻐 춤을 출 정도였다. 미리 말하지 않았다고 애교섞인 질타를 들어야 했다. 원래 나는 확실하기 전에는 미리 상황을 말하는 성격이 아니라서, 발령 예정이라는 사실을 미리 말해 주지 않았던 것이다.

중앙당 임명장을 받은 다음 나는 외교부의 대사반 그룹에서 1개월간의 강습을 받았다. 김일성과 김정일의 노작들, 그리고 김일성과 김정일의 혁명역사를 함께 학습한 사람은 파키스탄 대사로 임명된 최수일과 나, 두 사람이었다. 나는 파키스탄 체류 경험도 있었기 때문에 우리 둘은 매우 친밀하게 지내면서, 함께 해외로 나갈 준비를 했다.

2월 초, 최수일 대사와 나는 각기 파키스탄과 태국으로 부임했다. 무역대표부는 대사급 관계 이전에 상호 통상관계를 중심으로 대사관 역할까지 하는 곳이다. 외교부 참사와 서기관들도 여러 명 상주했고, 대표는 대사 역할까지 수행해야 한다. 무역대표부 대표로 발령받은 나는 당연히 대사 역할까지 수행해야 했고, 그래서 대사반 그룹에서 학습을 받은 것이다.

그런데, 얼마 지나지 않아 북한의 정무원 총리가 태국을 방문했고, 그해 2월 말 태국과 북한은 상호 대사관을 설립하기로 합의했다. 외교관계 격상에 따라, 무역대표부가 대사관으로 승격한 셈이다.

무역대표부 대표로 부임한 나는 자리에서 내려왔다. 대사는 외교부 소속이고 외교부에서 파견하기 때문에, 무역성 소속인 나는 대사관의 무역 참사로 일하게 된 것이다.

태국으로 나올 때 나는 가족을 평양에 남겨두고 혼자 나와서 무역대표부 사업을 인계 받았다. 내게 무역대표부를 인계한 사람은 싱가포르 무역대표로 임명되어 그곳으로 떠났다.

북한대사관은 방콕의 빈민거주 구역에 작은 건물을 임대하여 자리 잡았다. 건물 뒤편에는 악취가 심한 개울이 있었다. 대사관에는 대사와 당비서 그리고 보위부에서 파견한 안전대표가 있었다. 이들은 외교관 직책으로 주재국 외무성에 등록하고는, 대사관 내부에서 직원들의 사생활 통제와 사상교육을 담당한 책임자들이었다.

대사관 건물과 인원이 자리잡으면서 내 관할인 무역참사부는 새로운 집을 구해 이사했고, 이후 대사관 건물과는 다른 곳에서 무역참사부 일을 수행했다. 아내와 막내아들도 평양에서 데려와 방콕의 무역참사부 건물 안에서 생활했다. 태국에서의 외교관 생활은 무난하게 흘러갔다.

우연히 외교관 임기 연임에 성공하다

북한의 외교관 임기는 3년으로 한정되어 있다. 이 기간은 너무 짧아서 별로 일을 해볼 시간도 없다. 1991년 초에 태국에 부임한 나는 임기가 끝나는 1994년 봄에는 북한으로 소환되어야 했다. 1994년 초 나는 무척 바빴다. 태국과의 쌀수입 현안을 진행하면서, 그 분위기 조성용으로 태국경제사절단의 북한방문사업을 진행했다. 3년 임기가 끝나가지만 별다른 신경쓸 겨를도 없이 일에 몰두했다.

내가 태국 상업상을 포함한 17명의 경제사절대표단을 데리고 북한으로 간 것은 1994년 4월 말 경이었다. 평양에 도착한 다음 날 나는 당 중앙위원회 간부부에 찾아갔다. 간부부 과장과 지도원을 만나기 위해서였다.

지도원 방에 들어갔더니, 그는 열심히 타자를 치고 있었다. 오랜만에 반갑게 인사하며 내가 물었다.

"오랜만입니다, 지도원 동지. 잘 지냈습니까. 무얼 그리 열심히 하고 계시오?"

"아, 홍순경 동지, 오랜만이오. 이것 말입니까? 홍 동지 임기가 끝나서, 다른 이를 그 자리로 보내려고 문건을 작성하는 중입니다."

"예? 소환이라구요?"

예상 외의 답변에 나는 깜짝 놀라서, 과장 방으로 튀어 들어갔다. 과장 역시 오랜만이라며 반갑게 맞아 주었다. 다급한 목소리로 내가 말했다.

"과장 동지, 저를 소환한다구요? 바깥의 지도원 동지에게 들었습니다."

"아, 그거 말이오? 동무 임기가 끝나서 소환하고 대신 정운업이를 태국 무역참사로 내보내려 하오. 동무도 별다른 이야기가 없었고."

"과장 동지, 이번에 태국경제사절단 방북 사업 때문에 겨를이 없었습니다. 현재 국가적으로 긴급한 쌀을 수입하고 있는데 당장 태국의 무역참사를 교체하면 혼선이 올 겁니다. 소환을 미뤄주시면 좋겠습니다."

강력한 어투로 내가 제의하자, 과장은 신중히 생각하는 듯했다.

"알겠소. 해당 부서와 토의해서 재검토하도록 하지."

우연한 계기로 소환을 면한 나는 태국 무역참사로서 역할을 계속하게 되었다. 당연히 임기도 연임된 것이다.

만일 내가 하루만 늦었어도 그때 북으로의 소환은 막을 수 없었을 것이다. 참으로 다행한 일이고 운이 좋았다. 열심히 일하느라고 소홀했던 문제가 열심히 일한 보상으로 잘 풀려나간 경우라고 생각하기도 했다. 지금은, 하나님의 보살핌 덕분이었다고 감사하는 마음으로 기도한다.

3·5· 무역 참사에서 과학기술 참사로 변신하다

"무역참사 홍순경은 참사 사업을 인계하고, 1997년 2월까지 들어올 것."

두 번째 임기가 끝나가면서, 1996년 말 대외경제위원회로부터 내려온 소환지시다. 소환장을 받은 나는 외교관 생활이 마지막이라는 것을 직감했다. 60세 정년 퇴직이 가까워오는 나이이기 때문이었다. 전혀 돌아가고 싶지않은 북한이지만, 마음을 다잡고 귀국 준비를 해나갔다. 태국에서 무역참사로 6년간을 보냈는데, 다른 외교관보다 곱절을 있었으니, 더 연장을 요구할 수도 없었고 요구한다고 될 일도 아니라고 판단했던 것이다. 여기서 한 번 더 임기를 연장한다는 것은 아마도 권력 핵심층의 지원이 없다면 불가능한 일이었기 때문이다.

그런데 예상치 않은 곳에서 행운의 여신이 나를 향해 미소를 지었다.

1996년 어수선했던 연말의 어느 날, 북한 사회안전부의 안전기술국장이 베이징에서 전화를 걸어 왔다. 앞에서 언급한 이종환 국장이었다.

"홍참사 동무, 내가 지도하는 압록강기술개발회사가 방콕에 지사를 설립하여 지문기술 열쇠 등 여러 제품을 만들려고 하오. 방콕에서 오래 근무한 홍 참사가 그 지사를 맡아줄 수 없겠소? 동무가 이 과업을 맡아 준다면, 가족을 소환하지 않고 현지에서 그대로 일할 수 있도록 모든 조치를 취해 주겠소."

당시 사회안전부 안전기술국은 산하에 지문연구소와 압록강기술개발회사를 가지고 있었다. 1994년 제 22회 제네바 발명전시대회에서 금상을 수상할 정도로 북한의 지문인식기술은 세계 최고를 자랑했는데, 사회안전부는 이 기술을 바탕으로 지문인식 출입통제 제품의 상용화를 시도했다. 이미 압록강기술개발회사는 일본 조총련 산하와 베이징에 지사를 설립했고, 베이징지사에는 기술자 10여 명이 상주하면서, 본격적으로 지문을 활용한 여러가지 제품 개발 연구 활동을 하고 있었다.

갑작스러운 제안을 받으면서, 속으로 나는 쾌재를 불렀다.

'내가 왜 마다하겠소? 하루라도 더 여기서 머물고 싶은데 말이오.'

이번에 소환되면 다시는 외국 생활을 할 수도 없고, 외국 출장도 어려울 것이었다. 그즈음 나는 북한에 들어가서 생활하는 것은 감옥 생활이나 다름없다고 생각했다. 마음속으로는 기뻤지만, 안심이 되지는 않아서, 내가 이국장에게 되물었다.

"국장 동지, 그렇게 말씀해 주시니 저로서는 영광입니다. 그런데 제가 대외경제위원회에서 소환명령을 받은 사실을 알고 계십니까? 제가 국장님의 제안에 응한다 해도, 대외경제위원회에서 반대하면 어떻게 해결하실 겁니까? 복안을 가지고 있습니까?"

"그 문제는 내가 다 처리하면 되지 않소? 우리 부에서 직접 장군님께 제의서를 올리면 모든 문제가 해결될 거요. 동무는 나만 믿고 열심히 일만 하면 되오."

이 국장은 자신있어 했다. 하긴 내가 속해있던 대외경제위원회보다는 사회안전부의 위세가 더 컸던 것이 사실이다. 또한 당시 사회안전부장은 항일투사 백학림 차수였다. 그가 제의서를 올린다면, 김정일이 부결할 이유는 없을 것이었다.

**압록강기술
개발회사
태국지사장을 맡다**

갑자기 자신감이 상승하기 시작했다. 나는 문제를 구체적으로 토의하기 위해 베이징으로 갔다. 거기서 이국장을 만나 구체적으로 협의했다. 이종환 국장의 제안은 이랬다.

"우리 부가 지도자동지께 올릴 제의서에는 홍순경 참사 동무를 참사관급 그대로 유지하되, 과학기술 참사로 명칭을 바꾸고, 압록강기술개발회사 태국지사장으로 임명한다는 것이오. 가족은 소환하지 않고 현지에 그대로 있도록 하자는 등의 내용을 담을 것이오. 대외경제위원회와는 내가 책임지고 합의하겠소."

"그러면 언제까지 기다려야 합니까?"

"한 달 이내에 결론을 받아내서 동무한테 통지하겠소."

세밀하게 고려한 이 국장의 제안 내용에 나는 동의했고, 태국으로 돌아와서 결과를 기다렸다. 채 한 달도 되지 않아서, 20일 만에 이 국장에게서 전화가 왔다.

"약속한대로, 모든 문제가 순조롭게 해결되었소. 이제 동무는 과학기술 참사로서 우리 안전기술국의 지문개발사업을 지원하는 일을 맡게 되었소. 태국지사 일은 동무가 모두 맡아서 이끌어가시오."

"감사합니다, 국장 동지. 열심히 하겠습니다."

이렇게 해서, 나는 북한으로 소환되지 않고 태국에서 생활하게 되었다. 태국주재 북한대사관의 과학기술 참사관이라는 외교관 직급을 가지고 압록강기술개발회사 태국지사장으로서 사업을 하게 된 것이다. 과학기술 참사라는 직이 전에는 없었던 자리였는데, 나를 위해 특별히 만들어졌다. 사실상 이때부터 사회안전부 안전기술국장이 나의 직속상관이 되었다. 유례없는 3연임의 행운을 매개한 이종환 국장은 상관을 넘어서 내 은인이었다.

설탕사업으로 지문개발사업 비용을 충당하다

과학기술 참사가 된 나는 열심히 과업을 수행했다. 우선, 사무실 겸 살림집을 하나 얻어 이사를 했다. 그리고, 사회안전부에서 파견된 기술자 6명을 데리고 지문인식 열쇠를 만드는 과업에 몰두했다. 지사장으로서의 역할과 책무는 기술자들을 입히고 먹이며, 연구 개발에 필요한 부품과 설비를 조달하는 일이다. 사실상 돈이 필요했지만, 사회안전부에서 제공되는 예산은 없었다.

무역 참사 출신인 내가 알아서 소요 비용을 조달해야 했다. 그래서 내가 사회 안전부로 스카우트된 것이다. 무역성에서 30여 년 넘게 해온 외화벌이 경력이 사회안전부에서 인정받은 것이고 필요했던 것이다. 나는 설탕 사업을 전개하여 적지 않은 돈을 벌었고, 그 자금으로 기술개발팀의 예산과 비용을 충당했다.

북한은 설탕이 매우 부족하다. 주민생활에 필요한 설탕이 생산되지 않고, 특히 공업용 설탕도 전혀 보장되지 않아 국가적인 문제로 대두되고 있었다. 그러나 국가가 수입할 형편이 되지 않아 개별 회사들의 자유 수입에 의존하게 되었다. 그래서 설탕 사업을 열심히 전개하여 성과를 거두었다.

태국에서 설탕 1톤에 300달러에 사서 압록강기술개발회사에 보내면, 그들은 톤당 400달러 이상의 가격으로 설탕을 처분했고, 나에게는 360달러씩 계산하여 대금을 지급한다. 이렇게 한 달에 약 300톤 정도씩 북한에 들여보내면 18,000 달러의 이익을 볼 수 있었다. 그 돈으로 내가 책임진 태국지사의 일반 비용을 충당할 수 있었다. 또한 콩기름, 밀가루 등 식료품의 수요가 많기 때문에 그런 것도 취급하여 일정한 이익을 볼 수 있었다.

북한의 수입무역 사업을 제대로 하려면 북한에서 든든한 상사가 뒤를 봐주어야 했다. 북한 회사들이 억지를 부리는 경우가 많기 때문이다. 잘못하면 원금마저 날리는 사례도 많았는데, 내 경우는 무역참사로서의 경력이 크게 도움되었다. 나는 사회안전부 회사뿐 아니라 중앙당 39호실 산하의 외화벌이 무역회사인 봉화총국과도 설탕 거래를 해서 적지 않은 돈을 벌 수 있었다.

과학기술참사로서 비용을 충당하고 남은 돈은 예금으로 비축해 놓고, 나중의

:: **사회안전부 이종환 국장과 업무제휴 조인식**

사회안전부 이종환 국장과 태국의 통신사인 록슬리 회사와의 업무제휴 조인식 장면. 지문개발회사 태국 지사장이 내게
주어진 직책이고 역할이었다. 이종환 국장 옆 오른쪽이 나 홍순경이다.

수요에 대비해야 했다. 결국 탈북 과정에서 그 돈을 한 푼도 건지지 못하고 북한
대사관측에 몽땅 빼앗기고 말았지만 말이다.

**압록강기술개발회사
최영호 사장, "함흥시내에
시체들이 널려 차를 운전하기
어려웠다."**

이즈음 만난 인사 가운데 압록강기술개발회
사 최영호 사장이 인상적인 이야기를 했다.
최 사장은 원래 일본에서 태어난 재일교포
출신이다. 초등학교를 일본에서 다니다가
1960년경 부모님과 함께 북한으로 들어온 북송교포들 가운데 한 사람이다. 그
는 일찍부터 사회안전부와 연결되어 신임도 얻고 투자도 많이 해서 압록강기술

개발회사 사장이 되었다. 민간인처럼 사복 차림으로 다니지만, 상좌 칭호를 받은 사회안전부 군관이다.

이종환 안전기술국장과 최영호 사장은 긴밀한 사이였고, 내가 태국지사장을 맡은 직후인 1997년 봄에 태국으로 출장을 나왔다. 태국지사 소속 기술자들에게 사업 방향을 제시하고 동시에 압록강기술개발회사 일본지사장인 한상직을 초대하여 사업 토론을 하기 위한 출장이었다. 한 지사장은 다음 날 도착했는데, 조총련 출신인 그는 일본에서 인정받는 원자력 과학자였다. 그는 북한의 지문기술이 상당한 수준이라고 평가하기도 했다.

이런저런 이야기들을 나누는 와중에 당시 최영호 사장이 비극 드라마같은 이야기를 털어놓았다.

"1월 초 함흥에 볼일이 있어서 직원 2명을 데리고 출장을 갔더랬어요. 도로사정이 너무 안 좋아서 전날 저녁에 출발한 승용차가 새벽 5시에야 목적지에 도착했지요. 함흥 시내로 들어서니까 도저히 차를 몰 수가 없단 말입니다."

"왜요? 불이 꺼졌나요?"

"아, 그게 아니라, 길바닥에 온통 사람들 시체가 깔려 있는 거예요. 조금 가다 내려서 시체를 길가 옆에 옮겨놓고 다시 조금 가면 또 시체가 가로막고 있어서 다시 내려 치우고… 그러다 보니 도저히 갈 수가 없더라구요. 글쎄."

그 말을 들으면서 도저히 믿기지가 않았다. 아무리 힘들어도 정말 그 정도일지 가늠되지도 않았다. 나중에 어느 광산 지배인이 출장 나와서 비슷한 이야기를 했다.

"내가 일하는 광산 종업원이 3000명에다, 가족을 합해 4800명이었어요. 글쎄 그러던 것이 한 2년 사이에 1500명이 죽었지요."

현대사회에서 15명도 아니고 1500명이 아사했다는 말을 도저히 믿을 수 없었다. 상황이 어렵다 보니, 과장되게 유포되는 유언비어려니 했다.

얼마 지나지 않아서 나는 마지막이 된 1개월간 북한을 방문하게 되었다. 여기저기 목격하고 직접 상부로부터 들은 이야기를 통해, 나는 내가 들은 말들을 사실로 받아들이게 되었다. 참혹하고 오싹하니 소름끼치는 순간이었다.

3·6· 세 치 혀로 태국에서 쌀 수입하다

1991년 태국대사관 무역참사부에 부임한 뒤, 나는 북한에 부족한 식량을 구입해서 보내라는 임무를 적극 수행했다. 1992년 처음으로 태국 상업성 무역총국과 신용장 무역으로 쌀을 수입하는데 성공했다. 가장 질이 낮은 쌀 10만 톤을 수입하는데 북한무역은행이 발행한 2년 후불 신용장으로 계약을 체결한 것이다. 이어 1993년에는 태국 농업성과 신용장 무역 계약을 체결하고, 2년 후불 조건으로 5만 톤의 중간 등급 쌀을 수입했다. 이처럼 연속하여 후불 조건으로 수입을 진행한 것은 북한 입장에서 보면 운이 좋은 일이었지만, 그리 오래 가지는 못했다. 국제무역의 근간인 신용장 결제를 북한이 계약대로 이행할 수 없었기 때문이다.

1980년 대까지 북한의 무역은 원래 사회주의 나라들과의 협정에 의한 청산 결제로 이루어졌다. 이것은 서로가 약정한 물자를 실어 보내고 양국의 은행들은 장부에 기록하며 나중에 그것을 금액으로 환산하여 적자와 흑자를 가르는 방식이다. 사회주의 국가들간의 상호 외상거래였던 셈이다. 북한은 이러한 무역을 통해서 사회주의 나라들로부터 많은 물자들을 받아 썼다. 그러나 항상 러시아와 중국 그리고 유럽 사회주의 나라들에 막대한 빚을 져야 했다. 북한의 경제발전 부진으로 인하여 날이 갈수록 무역 적자가 늘어나고, 외화는 부족하여 필요한 수입 물자를 제대로 들여오지 못하게 된 것이다.

공산주의 소련과 동유럽 국가들이 멸망한 다음부터는 북한의 대외 무역에 장애가 생길 수밖에 없었다. 후불 신용장거래 방식을 시도하여 얼마간 성과를 거두긴 했지만, 오래 가지 못했던 것이다.

태국 경제대표단의 북한 방문 1992년과 1993년 연속 신용장 무역으로 태국과의 쌀수입을 성사시킨 다음, 1994년에는 30만 톤의 대규모 쌀수입 거래를 추진했다. 북한의 식량난이 심각한 때여서, 쌀수입 성사를 위해 갖은 노력을 기울였다. 그래서 성사시킨 이벤트가 태국경제대표단의 북한 방문 초청행사였다.

1994년 4월 말 대외경제위원회 이성대 위원장은 태국 상업성 대표단을 초청했고 그 인솔을 내가 맡았다. 당시 태국 상업상과 무역총국장까지 포함된 대표단은 총 17명으로 구성되었다. 우리는 베이징을 경유하여 조선민항기를 갈아타고 평양에 도착했다. 공항에는 무역성 간부들이 마중을 나왔고 대표단은 고려호텔에 투숙하게 되었다.

도착한 다음 날 저녁 이성대 대외경제위원장이 태국 무역상을 위한 환영 만찬을 고려호텔에서 개최했다. 행사장에 도착한 나는 음식을 보는 순간 너무 창피하다는 생각이 들었다. 호텔에서 준비한 음식 수준이 너무 낙후했기 때문이다. 태국은 음식문화가 세계 3대 요리에 꼽힐만큼 발전한 나라이고, 고위 공직자들인

대표단은 고급 식사를 하던 사람들인데, 그들에 대한 접대가 너무 형편없었다.

'이게 뭐인가? 만찬 테이블에 나온 음식은 전부 냉요리들뿐이고 따뜻한 요리는 하나도 없지 않은가? 양념은 고작 간장, 소금, 고춧가루와 후추뿐이고… 우리 조선 사람들은 왜 요리 하나 제대로 하지 못한단 말인가?'

얼마나 창피한지 내 자신이 얼굴을 들고 대표단 사람들을 쳐다 볼 수 없었다. 훗날 대한민국에 와서 보니, 대한민국의 음식문화 수준은 상당한 수준이라는 것을 알게 되었다. 태국대표단 앞에서 민망했던 북한의 저급한 음식문화 수준은 조선 사람이 못나서 그런 것이 아니고 북한의 열악한 생활이 빚어낸 결과임을 알게 된 것이다.

그때 대표단에게 최고 대우를 제공하라는 상급 지시가 내려와 있었다. 그리하여 대표단을 인솔하여 금강산 관광을 떠나게 되었다. 사실 북한에서 금강산 구경은 개인들로서는 마음대로 갈 수 있는 것이 아니다. 큰 대표단과 동행할 기회가 있어야 가능한데, 그것은 흔치 않은 일이다.

나는 60년대 초 대학에 다닐 때 학생들과 함께 가본 이후 두 번째였다. 사실 금강산이 북한 땅에 있어도 북한 사람들에게는 그림의 떡처럼 가볼 수 없는 곳이다. 한국 관광객들이 금강산 관광을 가는 것을 알고 나서, 북한 사람들은 '금강산이 북한에 있어도 실제로는 남한에 있는 산이나 같다'고들 할 정도였다.

평양에서 금강산으로 가는 교통편이 없기 때문에 특별히 중앙당에서 차를 대주었다. 벤츠 승용차 6대에 대표단의 간부급들을 태우고 나머지는 소형 버스에 태웠다. 평양에서 원산으로 가는 고속도로를 따라 원산에 도착 후, 원산에서 다시 금강산으로 가는 경로였다.

**"왜 휘발유 스탠드가
하나도 없소?"**

평양 원산 고속도로에 들어섰는데 도로가 고르지 않
아서 차가 속도를 낼 수 없었다. 도로 건설에는 군인
들과 일반 돌격대가 동원되어, 삽으로 시멘트와 모래
그리고 자갈을 섞어 도로에 깐다. 그리고 긴 각목의 양쪽에 손잡이를 만들어 양
쪽에서 각목을 들었다 놓았다 하면서 길에 펴놓은 시멘트를 다지는 방식으로 도
로를 건설한다. 이렇게 수공업적으로 건설하다 보니 비가 조금만 와도 도로 곳곳
이 유실되고 물웅덩이가 되어 차바퀴는 몹시 요동치는 것이다. 고속도로라는 말
이 어색할 정도로, 차의 속도는 시속 50km 수준을 넘어서지 못하는 것이다.

불과 200km 정도의 구간을 무려 4시간 이상 달려서야 원산에 도착할 수 있었
다. 원산에서 다시 금강산까지 가는데 또 2시간 정도 걸려서 금강산 호텔에 도착
했다. 대표단 중 한 사람이 여행 도중 이상한 질문을 했다.

"평양에서 원산까지 오는 기간에 왜 휘발유 스탠드(주유소)가 하나도 없는가?"

나는 거침없이 대답하며 설명을 곁들였다.

"우리나라는 휘발유도 나라에서 기업들에 직접 공급하는 체제여서 스탠드는 필
요 없습니다. 그리고 먼 길을 떠날 때는 휘발유를 통에다 넣어서 싣고 다닙니다."

설명을 들은 대표단 성원들이 무슨 생각을 하는지는 알 수 없는 일이었다. 사
실 북한에서 스탠드는 평양을 비롯한 큰 도시에나 2−3곳 있는 정도였다.

금강산에 도착한 대표단은 경치가 좋다고 감탄을 연발했다. 30여 년 만에 다
시 와본 내 눈에도 정말 아름답고 공기 또한 신선했다. 지하에 있는 자연 온수 목
욕탕은 정말 자랑스러웠다. 대표단들은 숙소에 가서 휴식하면서 도박을 시작했
다. 그들은 밤을 거의 자지 않고 술먹고 도박하며 즐기는 듯 했다. 다음 날에는 구

룡폭포에 가서 구경을 하고 다시 숙소에 와서 휴식을 취했다. 마지막 날에는 삼일포에 갔다가 평양으로 귀환하는 일정으로 마무리할 예정이었다.

첫날 관광에서 안내와 해설을 동시에 맡은 안내원이 어려운 생활을 하고 있다는 것을 알게 되었다. 지방에는 그때도 배급을 전혀 주지 않는다는 것이다. 더욱이 며칠 전에 자기 집에 도둑이 들어서 얼마간 준비했던 강냉이를 몽땅 털어 갔다는 것이다. 너무 불쌍해서 나는 가지고 있던 환전 돈 100원을 주며 그것으로 강냉이라도 사서 보태라고 말했다. 해설원은 너무 고맙다고 허리를 굽혀 절하는 것이었다.

다음 날 아침 은행에서 온 대표단 성원을 만나 대화를 나누었다.

"어제 도박에서 돈을 많이 땄습니까?"

"400달러 밖에 못 땄소. 허허."

"그럼, 딴 돈에서 조금만 해설원 아가씨에게 수고비를 주면 어때요?"

"아, 그렇게 해도 되는가?"

"예, 괜찮아요. 해설원에게 수고료를 주는 건 자연스러운 일이죠."

"알겠소."

사실 공식적으로는 돈을 주어도 안 되며 돈을 받아도 처벌을 받는 때였다. 그렇지만 그 안내원의 사정이 너무 안쓰러워서 주라고 했던 것이다. 다음 날 삼일포를 구경할 때 태국 상업상이 슬그머니 돈을 손에 넣더니 남들이 볼세라 가만히 안내원과 악수하는 형식으로 주는 장면을 보았다. 그 돈을 받은 안내원은 좋기도 하지만 한쪽으로 걱정이 되어 나에게 다가와서 말했다.

"지도원 동지, 태국 대표단 성원으로부터 200달러를 받았는데 이걸 어떻게 하지요?"

"괜찮소. 도에서 내려온 강원도 인민위원회 부위원장에게 한 장을 주고, 나머지 한 장은 당신이 넣어 두시오."

"정말, 그래도 되는가요? 너무 감사합니다. 지도원 동지, 성함이라도 알려 주시오."

그는 너무 기뻐서 내 이름과 주소를 물었지만 나는 극력 사양하고 말해 주지 않았다. 그때 이미 북한 인민들의 생활은 끼니를 이어가기 힘든 정도였다.

'노력영웅'이 될 뻔하다 북한에 가서 그나마 대접을 잘 받은 대표단은 태국에 나와서 쌀 30만 톤을 납입하기로 수출 계약을 체결했다. 다만 이미 1992년에 수입한 쌀 10만 톤 대금을 제 때에 지불하는 조건이라는 조항을 달고 계약이 성사되었다. 사실 10만 톤의 쌀 대금을 지불하면 30만 톤의 쌀을 받을 수 있는 계약인 것이다. 당시 계약은 2년 후불 조건이며 신용장 개설은 북한 무역은행이 개설하는 조건임으로 북한으로서는 공짜와 다름없는 계약이다.

왜냐하면 북한의 무역은행은 실제 돈이 없는 은행이며 국제적으로 신용을 잃을 대로 잃은 은행이기 때문이다. 그런데 북한이 지불해야할 쌀 대금을 끝내 일부밖에 지불하지 못하다 보니 30만 톤 쌀 계약 중에서 16만 톤 정도만 수입하고 나머지는 계약 취소로 중단되었다.

그리하여 내가 무역 참사로서 북한에 들여보낸 태국쌀은 총 계약 45만톤 가운데 총 31만 톤에 그치고 말았다. 당시 형편에서 쌀 31만 톤을 무역은행 신용장으로 수입한다는 것은 상상을 초월하는 일로서, 국가에 큰 공헌을 한 일이었다.

중앙당에서는 나에게 '노력영웅' 칭호를 주겠다면서 대외경제위원회에서 추천을 하라고 권유했다.

"태국 쌀수입에 공로가 큰 홍순경 참사 동무에게 노력영웅 칭호를 부여하기로 했으니, 대외경제위원회에서 내신을 올리시오."

"지금 인민들이 굶어 죽고 있는데 쌀을 좀 보장했다고 '노력영웅' 칭호 수여를 요청하는 것은 무리라고 생각됩니다. 차후에 식량사정이 정상화되면 그때에 하는 것이 좋겠습니다."

당시 대외경제위원회 이성대 위원장의 반응이었다고 한다. 사실 나도 '노력영웅'이라는 부담을 지는 게 흔쾌하지 않던 차였다. 섭섭하고 다행스런 일이었다.

3·7· '노력영웅'과 외교관 인재들도 하루살이 신세로 숙청된다

'노력영웅' 김룡문의 추락

북한에서는 한때 잘한다고 높이 추켜 세우고는 얼마 지나지 않아서 처벌되는 일이 흔하다. 그래서 시중에서는 '노력영웅' 칭호를 받는 것은 죽는 길이라는 말까지 나돌고 있었다. 열심히 충성하라고 실컷 이용하다가, 하찮은 핑계나 주변의 고자질에 떠밀려 숙청되거나 죽음의 길로 내몰리는 사례가 많기 때문이다. 정치범수용소에도 보위부 감옥에도 그런 사람들이 득실거린다.

싱가포르 대표로 떠난 내 전임 무역참사 김룡문 대표는 태국에 있는 기간 매해 많은 돈을 벌어서 김정일에게 충성의 자금을 바치곤 했다. 그는 마지막 해인 1990년에도 100만 달러를 바치고 '노력영웅' 칭호를 받았다.

　특별히 돈을 버는 재간이 있는 것은 아니었다. 그는 상인들로부터 거래 수수료를 받거나, 상인들 목을 졸라서 강제로 빼앗는 기술이 남보다 탁월한 듯했다. 싱가포르의 모 상인은 북한에 밀과 강냉이를 주로 수출했는데 북한으로부터 3000만 달러를 받지 못해 알거지가 되게 되었다. 그 상인은 거래를 끊으려니 받을 돈 때문에 그렇게 할 수도 없고, 하는 수 없이 계속 거래를 하면 할수록 손해를 보는 것이었다. 김룡문은 그 상인을 통해 밀과 쌀 옥수수 등을 수입하면서도, 그 자체를 약점으로 틀어쥐고 여러모로 그를 괴롭혔다. 시키는 대로 하지 않으면 거래를 끊겠다고 으름장을 놓았고, 거래가 끊기면 빚을 받을 수 없으니 그 상인은 계속 끌려 다닐 수밖에 없었던 것이다.

　상투적인 거래 방법은 김룡문이 상인을 불러 놓고 거짓말로 거래를 요청하는 것이다.
　"정무원에서 당장 밀 2만 톤을 수입하라는 지시를 받았소. 자금은 마련되었으니 걱정마시오."
　상인은 거절할 수가 없다. 자금이 마련되었으니 계약을 맺자고 하는데 계약하지 않을 수가 없는 것이다. 한번 엮인 관계를 정리하게 되면, 손실도 커지게 된다.
　'거짓말일 수도 있지만, 계약을 하지 않으면 북한과의 거래가 영원히 끊어진다. 그렇게 되면 받아야 할 3천만 달러를 영원히 받을 수 없다'
　이런 생각에서 상인은 억지로 계약을 하게 된다.

북한과 밀 2만톤 수출계약을 맺은 후 싱가포르 상인은 밀 수출국과 해당 밀 수입계약을 맺는다. 상인은 밀 수출 판매자에게 신용장을 개설하고 선박을 용선한다. 준비가 끝나고 나서 상인은 북한에 신용장을 개설하라고 요청한다. 그때 북한은 먼저 용선한 배에 화물을 선적하라고 요구하면서, 화물 선적 기간 내에 L/C를 개설하겠다고 제의한다. 화물을 싣지 않으면 용선비만 계속 나가니 상인은 할 수 없이 화물을 배에 싣는다. 화물 선적이 완료되고 나서도 신용장은 개설되지 않는다. 북한은 다시 배가 떠나서 남포항에 도착하기 전에 신용장을 개설하겠으니 걱정하지 말고 배를 출항시키라고 말한다. 이쯤 되면 상인은 하는 수 없이 배를 출항시켜 남포항 주변에 도착시킨다. 이때까지도 북한은 신용장을 개설하지 않는다. 상인은 하선할 수 없다고 버틴다. 그러면 북한은 하선하는 도중 신용장이 개설되니 하선하라고 주장한다. 상인은 하선하지 않으면 계속 용선료 손해가 불어나니 하는 수 없이 하선한다. 그리고 다시 신용장 개설을 독촉해 보지만 북한은 이번에도 신용장을 개설할 거라는 소리만 반복한다. 그러다가 흐지부지되거나 지친 상인이 나가 떨어지는 경우가 많다. 이것이 북한의 무역 거래 방식이다. 이런 식으로 거래를 하니 북한과 무역 거래하는 사람 대부분이 손해를 보고 물러난다.

이렇게 상인들을 악착같이 갈취해서 북한에 충성자금을 바친 김룡문은 '노력영웅' 칭호를 받았다. 그러나 얼마 지나지 않아서 국가보위부 3국 국장에게 걸려 체포되었다. 국가보위부 3국 국장은 태국에 나와서 안전 대표로 약 3년간 김대표와 함께 있었는데 그 기간에 서로 사이가 좋지 않았다. 그래서 그는 김룡문에게 여러가지 죄를 씌워 보위부 감옥에 가두어 넣고 고문하기 시작했다. 결국 악착같이 돈을 벌어 바친 대가가 보위부 감옥행인 셈이었다.

보위부 감옥에 일단 들어가면 자유세계처럼 변호사의 도움은 꿈도 꾸지 못하고 높은 사람의 도움도 받을 수 없다. '노력영웅' 김룡문은 김경희, 장성택과 가까운 사이였고 대외경제위원회위원장 김달현 부총리와도 가까운 사이였으나 김정일의 직접 지시를 받는 보위부에는 대적할 수 없었다. 인민의 귀감이 되는 '노력영웅'이 하루 아침에 죄인이 되어 감옥살이를 할 수밖에 없게 된 것이다.

나중에 김룡문이 보위부에서 풀려나게 된 것은 그의 처가 구체적인 내용의 편지를 써서 극비 채널을 통하여 김일성에게 보냈기 때문이었다. 편지를 받은 김일성이 김정일에게 이야기해서 이 문제가 해결되었다고 알려졌다. 다 죽어가던 김룡문은 거의 죽기 직전에 석방하라는 지시가 떨어졌다. 김룡문은 감옥에서 손톱과 발톱이 모두 빠졌고 여러 가지 병이 나서 다 죽어가던 처지였다고 한다. 죽기 직전에 석방 지시가 떨어져 겨우 풀려난 것이다. 석방된 뒤에 그는 다시 싱가포르 무역참사로 나왔다가 북한으로 되돌아갔고, 나중에 무역성 부상으로 임명받은 후 은퇴한 것으로 알고 있다. '노력영웅'의 칭호를 받은 다수의 영웅들은 대개 이와 유사한 고초를 겪었다.

**이정히서기관
투신자살 사건**
인민에게 공표된 '노력영웅'도 하루살이 신세인데, 멀쩡한 인재들이 하루아침에 추락하는 사례는 수도 셀 수없을 정도로 많다. 특히 외화벌이에 노출된 북한 외교관들은 잘나가다가, 갑자기 비극적인 운명에 처하는 경우가 적지 않다. 평시에는 노력영웅이다 뭐다 해서 실컷 이용해 먹다가, 나중에 단물 빠지거나 밀고 음모에 휘말리게 되면, 대개는 보위부 조사를 거쳐 숙청되거나 정치범 수용소로 보내진다. 개중에는 자살로 생을 마치는 경우도 종종 있다.

태국 무역참사부에서 나와 3년을 함께 일한 이정히라는 서기관이 있었다. 함경북도 연사군 출신인데 아버지가 6·25때 전사한 덕분에 연사군 검찰소에 취직해서 일하고 있었다. 그러다가 국제관계대학에 추천받아 평양으로 왔고, 국제관계대학을 졸업하고 나서 무역성으로 배치받았다. 그러고는 운이 좋아서 태국대사관의 무역서기관으로 임명받고 방콕으로 나왔다. 어느 날 그가 전한 일화 한 토막이다.

"내겐 홀어머니가 계십니다. 방콕에 와서 얼마 지나고 난 뒤, 어머니에게 바나나를 한 박스 사서 보냈습니다."

"그래, 북한에서는 귀한 과일이지."

"예, 그래서 어머니께 잡수시라고 보냈는데, 글쎄, 어머니가 난생 처음보는 바나나를 어떻게 먹는지 몰라서, 결국 가마솥에 넣고 삶았다는 겁니다."

"저런, 그 아까운 바나나를…"

"예, 삶은 바나나가 이상하다 싶었지만, 아들이 보낸 귀한 과일이라는 생각에, 어머니는 결국 하나도 남김없이 다 드셨답니다."

바로 이것이 북한 주민들의 생활 수준이다. 바나나를 보지 못한 사람들이 그때까지 90% 이상일 것이었다.

그렇게 효심이 강하던 그가 북한에 소환된 것이 1997년 말경이었다. 그도 보위부에 잡혀 들어갔고, 보위부 요원들이 이미 무역성 산하 광명무역 사무실에 나와서 며칠 밤을 새워가며 사전 실무 조사를 한 뒤였다. 고통스런 조사를 견디다

:: 북한대사관에서 함께 일했던 이정히 서기관과 그의 비극
사진 가운데가 나와 함께 일했던 이정히 서기관. 그의 비극은 북한 당국의 꼬투리 잡기가 멀쩡한 사람을 죽음으로 몰아
넣은 대표적 사례의 하나다.

못했는지, 그는 새벽에 화장실로 가서 투신자살했다. 나중에 들으니, 무역성에
재직할 때 중국 출장을 나와서 상인으로부터 돈 몇 천 달러를 받았다는 내용으로
추궁받았다고 한다. 외화벌이 관련 출장을 나와서 관행대로 행동한 것 일텐데, 나
중에 누군가의 투서나 고자질로 인해 문제로 삼아진 것이다.

이정히 서기관은 어차피 감옥행을 피하긴 어렵다고 판단했을 것이다. 자신의
극단적인 선택에 대해 그는 내게 이렇게 변명하는 듯하다.

"죄가 있든 없든 일단 이곳에 들어왔으니, 감옥에 가는 수밖에 없지 않습니까.
우리 북조선이 이런 곳이니까요. 그런데 홀로 방치되는 어머니가 어찌 살아가시
겠습니까. 제가 할 수 있는 거라고는 여기 4층 화장실에서 뛰어내리는 길밖에 없
습니다. 저의 불효를 용서하십시오."

그렇다. 북한이 원래 그런 곳이다. 평상시에는 느끼지 못하다가도, 여기저기서 벌어지는 비인간적인 장면들을 맞닥뜨릴 때면, 새삼 소름이 돋고 살이 떨리는 절망으로 다가오는 곳이 북한 사회다. 어느 날 갑자기 숨막힐 듯 조여오는 공기 속에서 하루하루 연명해가야 하는 것이 북한 인민들의 비극이다.

3·8· 북한 고위관료들의 해외출장

**김달현 부총리,
"포장마차가 북에도
있었으면…"**

북한의 김달현 부총리 겸 대외경제위원회 위원장이 태국을 공식 방문했을 때의 일이다. 당시 부총리 일행은 태국과 싱가포르 그리고 필리핀을 방문할 예정이었고, 나는 그들을 대우했다. 1992년 7월 한국을 방문한 적이 있는 김달현 부총리는 이렇게 말했다.

"한국은 정말 놀랍게 발전했다! 헬리콥터를 타고 공업지구를 돌아 보았는데 끝없이 펼쳐진 공업단지는 굉장했다. 도시와 도로도 깨끗하고 사람들도 생기 발랄한 표정이었다!"

그의 감탄사에는 놀라움과 진심이 담겨 있었다. 그러면서 그는 한숨을 내쉬었다.

"우리 경제가 평행선으로만 달려도 나아질 수 있다는 희망이라도 가져보겠는데, 지금은 평행선도 아니고 하강선을 계속 달리고 있소. 이렇게 계속 가면 나중에 바닥에 떨어져 깨질 수밖에 없지 않겠는가!"

옆에서 지켜보던 나는 더 할 말을 찾을 수 없었다. 다만 그에 대한 강한 인상이 심어졌다.

'아! 이 사람이 진정한 애국자구나!'

그날 저녁, 그는 방콕 시내에서 흔히 볼 수 있는 포장마차를 쳐다보면서 또다시 입을 열었다. 태국의 포장마차는 여성이 밀고다니는 수레에서 간단한 음식을 판다.

"저런 포장마차가 북에도 있었으면 얼마나 좋을까! 많은 사람들이 배를 곯지 않고 사먹을 수 있다면 참으로 좋을 터인데... 너무 부럽다. 저것을 한번 사먹어 보자!"

길거리 음식을 부총리에게 대접한다는 것은 예우에 맞지 않는 일이었다. 나는 극구 만류했다. 착잡해진 나는 잠시 생각에 잠겼다.

'이런 사람이 정치를 하면 북한 사람들도 굶어 죽지는 않을 텐데…'

나중에 김달현 부총리는 국가계획위원회 위원장을 맡아 경제발전을 위한 일에 매진했다. 그렇지만 군부에서 그를 음해하는 바람에, 1993년 함남에 있는 2·8비날론공장 지배인으로 좌천되고 말았다.

사실 김일성이 총리감으로 키우던 사람이 갑자기 공장 지배인으로 내려가게 된 데는 김정일에 대한 충성심보다는 나라와 국민을 위한 일에 매진했기 때문으로 알려졌다. 국가적인 전력 부족으로 공장을 돌리지 못하는 실정을 파악한 그가 군부대와 김일성 김정일 특각에 들어가는 전기의 일부를 조절하여 경제에 돌렸는데, 그것을 군부가 걸고 늘어져서 좌천되었던 것이다.

이종옥 부주석, "외화가 한 푼도 없다네…"

총리를 지낸 이종옥 부주석은 북한의 경제통으로 알려진 인물이다. 총리에서 물러난 뒤, 그는 김일성 주석 밑에서 국가 부주석을 지냈다. 원로로서, 국가의 최고위직에 있던 인물이다.

1996년 중순, 이종옥 부주석이 태국에 출장을 와서 썬라우트 호텔에서 3일 간 묵었다. 이 호텔은 4성급 호텔이다. 대사관에서는 부주석이 왔다고 대사를 비롯한 간부들이 법석을 떨며 호텔을 드나들고 있었다. 하루는 대사관에서 불러서 갔더니 대사가 나에게 넌지시 말했다.

"부주석이 호텔에 있는데 지금 아침과 점심식사를 하고 나면 저녁 식사할 돈이 없는가 보오. 대사관 사람들이 저녁 한 끼씩 돌아가면서 대접해 드리는데, 무역참사도 한 끼 대접할 수 없겠는가?"

"그렇게 하시죠. 바로 준비하겠습니다."

사정을 전해들은 집사람은 흔쾌히 응했다. 우리는 검정닭 5마리를 사서 닭 곰탕을 만들었다. 태국의 검정닭은 뼈까지 새까만 진짜 검은닭이며, 맛 또한 아주 고소하며 천하일미를 자랑한다.

숙소에 가서 나는 이종옥 부주석을 포함한 대표단 3명을 집에 초청했다. 경호원 1명과 간호사 1명이 포함된 대표단은 맛있게 음식을 먹었다.

"이런 닭곰탕은 처음 먹어 보오."

다음 날 이종옥 부주석의 경호원으로부터 전화가 왔다.

"내일 부주석 동지가 평양으로 가는 날인데 장을 좀 봐 줄 수 있겠소?"

"물론이죠."

그래서 나는 일찌감치 호텔로 가서 대표단을 모시고 백화점으로 갔다. 백화점은 크고 화려했으며 물건은 눈이 모자랄 정도로 가득했다. 에스컬레이터를 타고 올라가는데 부주석은 한마디의 말도 없이 사방을 둘러보며 놀라는 기색이었다.

북한에서는 전혀 볼 수 없는 전경이었기 때문이다. 한 층씩 올라가는 도중 경호원이 다시 나에게 조용히 말했다.

"부주석에게 손녀딸이 있는데 선물을 좀 사 드릴 수 있겠소?"

나는 어린이 신발 매대에 가서 어린이 신발과 옷 가지를 몇 점 샀고, 카메라 사진기도 한 개 사서 드렸다. 사실을 알고 보니, 부주석은 외화 돈 한 푼도 없었던 것이다. 결국 부주석도 이름만 요란하지 사실은 허수아비에 불과한 직업이라는 것을 알게 되었다.

100달러의 인연 : 농업위원회 부위원장과 사돈 맺다

북한의 농업 사령탑은 농업위원회에서 담당한다. 어느 날 차관급인 농업위원회 부위원장이 태국에 출장을 나왔다. 나는 그와 가깝지는 않지만, 이전부터 아는 사이였다.

내가 청진에 있는 김책제철소에 강판 수출 때문에 출장을 가면 그는 농업분야에 필요한 강재를 받기 위해 언제나 출장을 나와 있었고 서로 인사하며 지냈다. 그는 농업부문을 총괄하는 기관의 부위원장이므로 함경북도 농촌경영위원회에 가서 개를 잡아 요리를 해놓고 제철소 지배인과 나를 데리고 가서 몇 번 식사를 한 적이 있다. 그는 강재를 받기 위해 지배인과 항상 가까이 해야 하는 처지였다. 나도 역시 수출용 강재를 받기 위해 지배인에게 붙어 있는 때였다. 나와 지배인 사이가 가까웠으므로 나도 가끔 그 식사에 참여했다.

태국에서 나를 만난 그는 오랜 친구를 만난 것처럼 반가워했다. 나도 반가웠다. 나는 그에게 용돈으로 100달러를 주었다. 사실 북한대사관에서 백 달러는 큰 돈이다. 1급 참사의 월급이 고작 340달러인 것을 감안하면 말이다. 농업위원회 부위원장은 연신 감사해했고, 태국에서의 출장을 마치고 나서 북한으로 돌아갔다. 몇 달 후 북에 있는 가족들에게서 연락이 왔다. 농업위원회 부위원장이 우리 집에 채소와 계란 등 농산물을 자주 가져다 준다는 전언이었다. 농업위원회 부위원장은 우리에게 아들이 있고, 그가 인민군 군관으로 군사과학기록영화촬영소 촬영가라는 것을 알고 나서는 더 열심히 드나들었다. 그 이유가 자기 딸과 결혼을 시키고 싶어서였다는 것을 나중에 알게 되었다. 그 집 딸 이혜경은 대학을 졸업하고 나서 직장에 다니고 있었으며 인물도 잘생긴 편이었다. 서로 손해볼 일은 아니라고 판단되었다. 그 이후 부위원장은 우리 집에 다니면서 우리집 맏아들과 자기 딸을 약혼시켰다. 100달러로 맺은 인연이 두 집의 인연으로 발전해서 사돈까지 맺게 된 것이다. 대단한 100달러의 힘이 아닐까?

농업위원회 연구소 대표단의 임무

1995년 여름, 농업위원회 연구소에서 2명의 여성과학자들이 출장을 나와 무역참사부에 머물게 되었다.

그들의 출장 목적은 식량문제 해결을 위해 태국에서 흔하게 자라는 목감자 묘목을 구해오라는 과업을 받고 왔다. 목감자는 태국에서 잘 자라지만 태국 사람들치고 목감자를 먹고사는 사람들은 거의 없다. 연구사들은 목감자가 수확이 많기 때문에 부족한 식량 생산에 효과적일 것이라는 윗선의 지시가 있어서 왔다고 했다. 무역참사부에서는 즉시 상인들에게 연락하여 목감자 묘목을 약 2000여 그루 구입했고, 그것을 북한 선박에 실어 보냈다.

젊은 여성과학자 두 명은 얼굴에 주름살이 심했고 얼굴색이 새까맣게 그을려 있었다. 두 여성의 체류 기간은 15일이었다. 북한에서 출장나온 대표단이 대사관이나 참사부 숙소에 체류할 때에는 출장 경비로 하루 0.5달러를 지급받는다. 대표단이 호텔에 체류하는 경우는 하루 출장 경비가 1달러씩 지급된다.

계산해 보라. 여성과학자 대표단이 참사부에 15일을 체류한 조건에서 그들에게 지급되는 잡비용은 고작 1인당 7.5달러에 불과한 것이다. 북한으로 돌아갈 날짜가 다가오자 귀국 선물을 준비할 돈이 필요했을 것이다. 그러나 그들은 우리 쪽 사람들을 처음 만났고 친하지도 못한 사이여서 부탁할 형편도 아니었던 듯하다. 나는 나대로 직접 요청하지 않는다고 하여 도와주지 않았다. 그들의 심중을 헤아리지 않은 것이다.

이제 와서 돌아보니 내가 나쁜 사람이었다. 오죽했으면 그들이 컵라면을 먹고 버린 컵을 모아서 그것을 수십 개 씩이나 가지고 갔을까? 올챙이적 시절을 잊는다고, 내가 처음 외국에 나갔을 때도 돈이 그렇게 아쉬웠는데, 왜 그들을 그렇게 외면했던지… 지금에 와서 돌아보면, 무척 후회가 된다.

3·9· 북한 외교관 부인으로 살기

북한 외교관의 부인들은 하나의 직장 구성원들과 똑 같이 조직생활을 해야 한다. 그들은 매일 아침 출근하여 아침 조회를 하며, 신문 독보도 해야 하고, 각자 망라된 조직에 소속되어 조직생활을 한다.

북한대사관 가족들 대부분은 당원들이지만 일부는 여성동맹원들이거나 사회주의청년동맹원인 경우도 있다. 여성들은 조직별로 학습을 해야 하며 매주 1회 이상 강연회에도 참가해야 한다. 2월 16일과 4월 15일 명절 때는 학습경연대회나 예술 활동을 시키는 경우도 있다.

평양에서 출장나온 사람들 숙박을 위해 대사관에서 운영하는 합숙소도 대사관 부인들의 책임이다. 그래서 출장온 손님들 식사도 준비해야 한다. 또한 일체 대사관내의 청소와 정리 정돈도 여자들의 몫이다. 이런 일을 아무리 해도 모두 무보수 작업이다. 남편들이 받는 쥐꼬리 만한 월급이 모든 것을 대신한다.

외교관 부인들도 조직에 소속된 무보수 봉사원이다. 북한 외교관 부인들은 실제로 남편이 받는 적은 월급을 쪼개서 아이들 교육도 시키고 아프면 병원에도 다녀야 하며 옷과 신발도 사야 하고 북한에 있는 가족들에게도 먹고 살 수 있도록 무엇이라도 보내야 한다.

거기에 더 어려운 것은 각종 대표단들이 가지고 나오는 부탁들이다. 친구들과 친척들의 부탁도 있지만, 종종 내려오는 상급 간부들의 부탁은 거절할 수도 없는 일이다. 북한내 소비물자가 워낙 부족하다 보니, 부탁 내용은 자질구레하고 각양각색이다. 아프니 약을 사 보내 달라, 자식 결혼을 시키니 첫 날 옷감을 사 보내라, 안경을 해 보내라, 10여 개 필름통에 담긴 사진을 현상해서 보내달라 등등.

서기관 월급이 280달러 미만 수준이므로 대사관 부인들은 최대한 절약하며 산다. 백화점 쇼핑은 엄두도 내지 못하고 시장에서도 가장 싸구려 가게만 찾아다닌다. 태국 장마당 중에서 가장 싼 시장에 가면 북한 외교관 가족인 여성들이 자주 보인다. 또한 아이들은 원래 국제학교에 다녀야 하는데 국제학교는 학비가 너무 비싸서 엄두를 내지 못한다. 어쩔수 없이 일반 강습소 같은 데 보내서 공부를 시켰다.

무역참사부는 별도의 건물에서 독립된 생활을 했다. 참사부도 경제 형편이 좋지는 않지만 대사관 울타리 안에서 사는 사람들보다는 여러 측면에서 훨씬 나은 생활을 했다. 기본 임무가 무역이며 돈을 버는 부서이므로 유지비나 생활비 정도는 충당할 수 있었기 때문이다.

조직생활도 대사관 울타리 안에 있는 여성들보다는 편하게 지낼 수 있었다. 시장 출입도 집체적으로 움직여야 하지만, 그래도 참사부 여성들은 무역참사의 승인만 받으면 나갈 수 있으니 편리했다.

**외교관 부인들의
풀러리 시장 출입**

대사관 부인들은 풀러리 시장에 자주 출입했다. 낡은 옷을 파는 세컨드 마켓이다.

파키스탄에서 근무할 때 일이다. 당시 아프카니스탄과 소련이 전쟁 중이었고, 국제사회의 지원 활동 가운데 의복 공급이 있었다. 경제가 무너지고 폐허가 된 아프카니스탄인들을 위해 입던 옷들을 모아 파키스탄을 거쳐 아프카니스탄으로 보내는 활동이다.

그러나 실상은 달랐다. 아프카니스탄 지원물자가 파키스탄에 도착하면 파키스탄 상인들이 그중에서 좋은 것들을 골라 시장에서 팔았다. 그리고 나머지를 아프카니스탄에 보냈다. 이런 맥락에서, 파키스탄에는 거대한 풀러리 시장이 형성되었다. 싸고 유용한 물건들이 많았다. 신사 바지나 여성 원피스 하나에 0.5달러 정도면 입을 만한 물건을 살 수 있었다.

당시 북한 외교관 부인들은 원피스를 사다가 열심히 세탁하여 윗도리 부분을 잘라 버리고 아래 부분에 고무줄을 넣어 치마를 만들었다. 남자들도 남몰래 그 시장에 나가서 옷을 골라 구매했다. 특히 출장으로 파키스탄에 온 대표단 성원들도 자주 그곳에 나갔고, 보따리 더미 속에서 옷을 고르느라 눈이 시뻘개지도록 뒤지기도 했다. 사실 어떤 병자들이 입던 옷들이 있는지도 모르고, 어떤 병균에 오염된 옷들이 있을지도 모르지만, 먼지를 뒤집어쓰며 쓸만한 옷을 고르느라 열중했다.

나중에는 풀러리 시장에 북한 대사관 사람들이 드나든다는 소문들이 나면서 대사관에서 출입금지령을 내리기도 했다. 그래도 여성들은 몰래 이곳을 드나들었다. 그렇게 사들인 싸구려 옷들은 외교관 부인들의 손질을 거친 뒤, 동남아를 항해하던 북한 선박을 통해 수십 개씩 박스째로 실어 보냈다.

3·10· 네팔에서 금괴와 달러를 운반하다

태국 북한대사관에서 가장 유행했던 돈벌이는 금괴와 달러 운반이었다. 이것은 네팔 대사관과 연계한 외화벌이 활동으로서 네팔 상인들이 요구하는 금괴를 태국공항에서 인계받아 네팔공항 세관을 통과시켜 주는 것이다. 네팔 상인들은 금괴를 수입하면서 세금을 내지 않으려고 외교관들에게 금괴운반을 의뢰하는데 주로 북한 외교관들을 이용했다. 네팔 상인들의 밀수행위에 북한 외교관들이 가담한 셈이다.

네팔 주재 북한대사관은 상인들의 주문이 넘쳐 날 때면 태국 주재 북한대사관에 일거리를 주었다. 일도 수월하고 벌이도 쏠쏠해서 이 주문을 받는 것은 대단한 행운으로 여겨졌다. 대사 이하 모든 성원들은 이런 주문이 오면 만사를 제쳐

놓고 네팔로 떠났다. 외교관 특권을 악용한 불법행위이지만, 이에 대한 죄의식
은 찾아볼 수 없었다.

외교관 특권을 이용한
밀수로 외화벌이하다
당시 태국의 북한대사관 당비서로 나와 있던 전 만수
대창작사 당비서도 평양에서 소환 통보를 받게 되자
1만 달러가 필요하다면서 돈벌이를 궁리했다. 결국
네팔대사관의 당 비서에게 부탁하여 이 금괴 운반을 자청했다. 그도 밀수를 도와
준 대가로 돈을 벌어서 북한으로 가지고 들어간 것은 물론이다.

만수대창작사는 북한에서 상당한 비중을 가진 특별회사다. 여기에서는 수령
우상화를 위한 각종 제품을 생산한다. 수령의 모든 동상과 석고상들, 수령의 초
상화와 초상 휘장들을 생산하기 때문에 수령과 당중앙위원회의 특별 관심과 혜
택을 받으며 아주 특별한 대우를 받는 곳이다. 이 특별한 회사의 당 비서가 몇 푼
수수료를 받으려고 버젓이 국제밀수에 가담한 것이다.

무역 참사부도 이런 일을 놓칠 수가 없었다. 그래서 네팔 무역참사에게 부탁해
서 일거리를 만들었고 먼저 서기관들을 보내서 그들이 돈을 벌게 해 주었다. 참
사부에서는 내가 마지막으로 2박 3일의 네팔 출장을 떠났다. 네팔에 가 본 적이
없는 나로서는 돈도 벌고 관광도 하는 일이라서 아주 좋은 기회라고 생각했다.

약속된 날, 나는 태국공항에 가서 출국 수속을 하고 약속 장소에서 네팔 상인
을 만났다. 화장실로 따라 들어가니, 상인은 자기가 입고 있던 금괴 조끼를 벗어
서 나에게 입으라고 건네주었다. 나는 그가 건네주는 조끼를 입고 그 위에 잠바를
입었다. 금괴 중량은 10kg, 어깨가 축 처지는 느낌이었다. 나는 조심스럽게 행동

했고 누구와도 마주치지 않으려고 애썼다. 드디어 탑승시간이 되어 조심스럽게 비즈니스석에 앉았다. 일반석은 좁기 때문에 다른 사람과 부닥칠 위험이 있다. 그래서 이런 일에는 비즈니스석을 이용했다.

'네팔은 어떤 곳일까? 히말라야 산맥과 에베레스트 산이 있는 지구상의 청정구역 아닌가!'

네팔을 처음 방문하는 나는 여러 상상을 하면서 비행기 창문을 내다 보았다. 깊은 산골짜기를 따라 한참을 비행하던 비행기가 드디어 카투만두에 도착했다.

카투만두 공항은 매우 작았지만, 산속에 위치한 때문인지 공기는 맑았고 쾌청했다. 나는 외교여권을 제시하고 무사히 세관을 빠져 나갔다. 이때 나는 매우 긴장했고 떨렸다. 세관을 빠져나가자, 상인이 뒤쫓아 나와서 금괴를 인계받았다. 그는 내가 모르게 나를 뒤쫓아 온 것이다. 순간 등골이 오싹해지는 느낌이었다.

금괴 운반 비용은 직접 건네받지 않고, 네팔 참사에게 지불되었다. 금 1kg에 운반 대금 300달러, 내가 운반한 금괴는 10kg이므로 내 손에는 3000달러가 주어졌다. 금괴 밀수를 도운 대가로, 반나절 만에 3000달러를 번 것이다.

**갈 때는 금괴 운반,
올 때는 달러 운반**

네팔에서 이틀을 쉬는 동안. 네팔 참사부는 나를 위해 히말라야 산맥으로 야외 소풍을 조직하여 떠났다. 일행은 음식도 준비하고 래프팅 준비를 갖추어 깊은 산속으로 들어갔다. 산속의 맑은 냇물가에는 네팔의 래프팅 전문가들이 대기하고 있었다. 우리 일행이 도착하자 그들은 미리 준비해 놓은 고무보트에 타라고 권했다.

헬멧을 쓰고 구명조끼를 입은 후에 고무보트에 올랐다. 고무보트는 급한 물살을 타고 아래로 미끄러져 내리기 시작했다. 우리 일행은 소리를 지르기도 하고,

때로는 보트가 뒤집힐까 싶어 아우성을 치면서 남자 여자 아이들까지 벅적댔다. 그렇게 한 시간쯤 보트를 타고 강을 따라 내려오다가 래프팅을 멈추고 고무보트에서 내렸다.

그 골짜기 강물에는 산천어 천지였다. 신나게 산천어를 잡은 후, 매운탕을 끓이고, 준비해간 음식을 펼쳐놓고는 위스키를 마시기 시작했다. 내가 술을 못한다는 것을 모두가 다 알지만, 이날만은 여러 잔을 마셨다. 이상하게도 술에 취하지 않았다. 술도 환경에 따라 맛이 달라지고 취하는 것도 달라진다는 것을 처음 알았다. 마음껏 즐기다가 저녁 늦게 참사부 사무실로 돌아 왔다.

다음 날 나는 네팔에서 유명한 사향노루의 배꼽 사향 5개를 샀다. 사향은 사향노루에서 채취하는 것으로서 뇌출혈에 특별한 효과가 있어서 비상 약품으로 인기가 높았다. 네팔 대사관에서는 매년 수령에게 바치는 선물로 사향과 네팔 깊은 산 높은 벼랑에서 채취하는 산청을 올려 보낸다. 이틀간의 꿈같은 휴가를 보낸 뒤, 다음 날 태국으로 향했다.

네팔에서 태국으로 돌아올 때도 외화벌이 일거리를 챙겼다. 달러 운반이었다. 네팔에 있는 금괴 상인들이 금을 사기 위해 달러를 불법으로 반출하는 일을 돕는 일이다. 사실상 불법 외화 유출에 조력하는 일이다. 네팔 무역 참사의 주선으로 하게 된 일인데, 외교관 신분으로 달러를 태국까지 운반해주면 달러 1kg당 300달러씩 받는 일거리였다.

일의 공정은 이렇다. 1) 우선 X-ray를 통과할 수 있도록 달러를 포장한다. 2) 달러 뭉치를 달력 종이로 싸고, 다시 검은 종이로 싼 후, 다시 시멘트지로 포장하고 끈으로 묶는다. 3) 마지막으로 외교문서에 사용하는 도장을 찍어서 외교행낭에 넣는다. 4) 외교관 여권을 제시하고는 유유히 세관을 빠져 나온다.

나는 10kg의 달러 뭉치를 외교문서처럼 포장해서, 세관을 통과하였고, 무사히 방콕공항까지 운반했다. 두 번의 금괴와 달러 운반으로 벌어들인 돈은 6000달러, 무역 참사의 1년치 월급보다 많은 돈을 2박 3일의 네팔 출장으로 벌어들였다. 물론 돈도 벌고 관광도 했으니, 위험하면서도 즐거운 여행을 다녀온 셈이다.

지금 보면, 불법 밀수를 행한 것이라는 점에서 슬며시 부끄러운 생각이 든다. 그러나 당시 북한 외교관에게는 생존을 위한, 멈출 수 없는 일이었다. 생존을 위해서는 돈을 벌어야 했다. 돈은 우리가 살기 위해서도 필요했고, 김정일에게 바칠 충성 자금 마련을 위해서도 필요했다. 충성자금을 바치지 못하면 비판과 동시에 소환될 수도 있다. 다른 모든 것보다 최우선 수행해야 할 과제였다.

3·11· 아프리카에서 상아와 코뿔소 뿔, 보석을 밀수하다

어느 날 태국의 한 상인으로부터 들은 이야기다.

"아프리카에는 보석이 많습니다. 루비아와 사파이아. 특히 탄자니아에는 탄자나이트라는 보석이 있는데, 그것을 원석 그대로 사오면 돈을 벌 수 있어요."

"탄자니아라고 했소? 내 가까운 친구가 탄자니아에서 무역 참사로 있소."

나는 탄자니아 북한대사관의 무역참사에게 전화를 걸었다. 그는 내 고향 친구여서, 반가운 목소리로 맞아 주었다.

"오랜만이야. 거기에 탄자나이트라고 보석이 있다는데, 잘 아는가?"

"탄자나이트, 잘 알지. 이곳 특산물인데, 얼마든 살 수 있어. 내 잘 아는 사람을 소개할 테니, 한번 오라우."

또 한번 모험의 기회가 생긴 셈이니, 내가 마다할 이유가 없었다. 15년 전 탄자니아에 출장 가본 일이 있는데, 지금은 친구가 무역 참사로 있으니, 친구도 만나고 돈벌이도 할 목적으로, 겸사겸사 출장길에 나섰다.

탄자니아 대사관의 보석 밀수

나는 혼자서 3만 달러 현금을 지참하고 아프리카로 향했다. 탄자니아 공항에 도착하니, 낙후한 아프리카의 인상이 눈에 들어왔다. 공항 시설도 그랬지만, 곳곳에 너저분한 것들이 있었고, 전체적으로 어수선했다. 개찰구를 지나 세관을 거쳐 밖으로 나오니 탄자니아대사관의 무역 참사가 마중 나와 있었다. 친구는 나를 반갑게 맞아 주었다. 곧바로 대사관으로 가서, 대사와 당 비서, 그리고 안전대표를 만나서 인사를 하고, 출장 목적을 이야기했다.

친구는 약속대로 자기가 잘 아는 인도상인을 내게 소개했다. 인도상인과 나는 탄자나이트를 채굴하는 광산을 향해 떠났다. 광산은 탄자니아에서 가장 높은, 아니 아프리카에서 가장 높은 산 킬리만자로에 있었다. 수도에서 승용차로 12시간 이상 걸리는 여정이었다. 도로 사정도 매우 나빴고, 메마른 땅이었다.

우리는 직접 광산에 가지는 못하고, 그 주변에 거처를 정하고 보석을 거래하는 장소에 가서 보석을 사기로 했다.

'탄자나이트'는 오직 탄자니아에서만 나오는 보석이라서 이름이 탄자나이트로 불린다. 원광 상태에서는 흰색이지만 열처리를 하면 청보석으로 변한다. 색깔이 매우 좋고 비싼 보석이다. 나와 인도 상인은 보석 상인들을 만나 탄자나이트 원석을 사들였다. 그런데 이곳은 살인이 자주 일어나는 위험한 곳이라고 했다. 보석 거래를 하다가 돈을 빼앗기 위해 살인하는 사건이 많이 일어난다는 것이다. 인도 상인이 내게 말했다.

"조심해야 해요. 만일 어떤 사람이 가짜 상품을 가지고 와서 진짜라면서 사라고 할 때 그들 앞에서 그 상품을 가짜라고 말하면 바로 칼에 맞을 수 있어요."

한창 탄자나이트 보석을 골라가며 흥정하고 있는 데 밤 10시경 한 흑인 청년이 나타났다. 무섭게 생긴 인상에다 황소만한 체구의 그 흑인 손에는 주먹만한 가짜 탄자나이트가 들려 있었다.

"헤이, 동양 양반. 이 보석 사실라우?"

잠시 긴장한 나는 인도 상인이 알려준 대로 행동했다.

"보석이 좋아 보이는 군요. 근데 현금을 가지고 오지 않았소. 내일 대사관으로 가지고 오면 사겠소."

그 흑인 녀석은 내 이야기를 듣더니, 슬그머니 꼬리를 감추고 사라졌다. 나는 밤늦게까지 보석을 고르고 구매했다. 우리는 다음 날 아침 일찍 출발하여 대사관으로 올라왔다.

보석거래는 항시 위험이 동반한다는 것을 그때에 절감했다. 당시 나는 아직 50대 초반이었으니 겁도 없이 위험한 일에 뛰어 들었던 것이다. 그렇게 구매한 탄자나이트를 가지고 태국에 돌아와서 보석가공 상인들에게 넘겨주었더니, 모든 경비를 제외하고 겨우 10% 정도 이익밖에 남기지 못했다.

**짐바브웨 대사관의
상아와 서각 밀수**

보석 구매를 마친 뒤, 나는 친구와 함께 짐바브웨로 여행을 갔다. 기왕 아프리카까지 온 김에, 친구 권유로 2일간 놀다 오기로 한 것이다. 짐바브웨에서는 빅토리아 폭포의 장관이 기다리고 있었다.

친구와 나는 탄자니아 공항 출발 두 시간 만에 짐바브웨에 도착했다. 공항에서 짐바브웨 무역 참사가 반갑게 우리를 맞아 주었다. 짐바브웨 공항은 작고 보잘 것 없었지만, 관광객들이 많아 번잡했다. 해발 1300미터에 위치한 짐바브웨 수도의 기후는 훌륭했다. 겨울도 없고 여름도 없는 곳으로, 7월인데도 신선한 바람의 향내가 느껴졌다.

그런데 그 나라 형편은 좋지 않았다. 무가베 대통령의 장기집권이 경제를 망가뜨려 국민들의 생활 수준은 매우 낮았고 물가는 계속 올라서 담배 한 갑을 사려고 해도 돈을 자루에 넣어 가지고 가야 한다는 것이다. 짐바브웨 화폐는 가치가 떨어지다 못해 화폐 단위가 억으로 오르고 조 단위로 계산되는 지경에 이르러 세상에서 가장 화폐 단위가 높은 국가라고도 했다.

이것이 다 지도자를 잘못 만난 탓이라고 생각하니, 짐바브웨는 북한과 비슷한 점이 너무 많은 것 같았다. 그런데 다른 측면에서 살피면, 북한보다 인권과 자유 측면에서는 오히려 더 나을 것이며, 적어도 굶어죽지 않는다는 점에서는 짐바브웨가 북한보다 훨씬 우월할 것이다.

짐바브웨와 잠비아 사이에 있는 빅토리아 폭포를 구경했다. 말로만 듣던 세계 최대 폭포를 직접 눈앞에서 보게 되어 너무 감격스러웠다. 폭포 규모는 상상을 초월할 정도로 넓고 높았으며 물안개는 상시 온 천지를 뒤덮었다. 이 장관을 보려고 전 세계 관광객들이 몰려오는데, 그 가운데 북한 사람들은 몇 명이나 있을까 싶었다. 아마 손가락으로 꼽을 수 있을 것이다.

짐바브웨대사관 무역참사부 역시 외화벌이 전선에서 예외가 아니었다. 생활 유지를 위해서라도 불법적인 돈벌이는 필수적이었다. 짐바브웨의 외화벌이 아이템은 코끼리 이빨인 상아와 코뿔소 뿔인 서각이었다. 상아와 서각을 사서 중국으로 가지고 나와 재판매하여 돈벌이를 하고 있었다.

상아와 서각은 국제적으로 유통과 매매가 금지된 품목이다. 발각되면 마약 거래업자와 같은 수준의 처벌을 받게 되는 위험한 거래다.

특히 코뿔소의 뿔인 서각은 중국에서 고가 약재로 쓰기 때문에 비싸게 받을 수 있어서 큰 이익을 거두는 것으로 알려졌다. 요즘 시세로 코뿔소 뿔은 수만 달러나 호가하기 때문이다. 그래서, 코뿔소나 코끼리는 멸종위기 동물로서 국제적인 보호 대상임에도 불구하고, 상아와 서각의 불법 거래가 근절되지 않고 있다. 그 핵심 먹이사슬 속에는, 불법 밀렵꾼과 북한 외교관이 포함된 밀수업자들, 그리고 중국의 거대한 소비자층이 도사리고 있는 것이다.

북한 외교관들이 위험을 모르고 이런 행위를 하는 것은 아니다. 오로지 살기 위해, 위험을 무릅쓰고 하는 일이다. 그렇게 할 수밖에 없는 북한 외교관들의 고통을 누가 알겠는가? 그것은 전적으로 북한 정권이 대사관 유지비를 보내주지 않을 뿐만 아니라, 오히려 외화를 벌어 북한정권에 바치도록 강요하기 때문에 생존을 위해 수행하는 불가피한 일이다. 북한 정권이 강요하는 국제적인 불법 행위인 셈이고, 외교관들이 근엄한 표정으로 밀수 도박을 하는 블랙코미디인 것이다.

밀수에는 항상 포장이 중요하다. 상아와 서각을 몰래 사들인 다음, 세관 검사에 걸리지 않도록 포장을 잘해야 한다. 그렇게 국경을 넘어서 중국에 무사히 도착하면 일단 90%는 성공이다. 중국에서 대기하고 있던 전문 밀수업자에게 넘겨주면, 그들이 중국 소비자들에게 판매한다.

3·12· 파키스탄에서 위스키와 맥주, 바다거북 알을 밀수하다

파키스탄에서의 중요 외화벌이 수단은 술과 맥주 장사였다. 회교국가에서 술장사라니, 아이러니가 아닌가. 회교국가에서는 돼지고기뿐 아니라 술과 맥주도 엄격히 금지한다. 수입도 하지 않고 상점에서 팔지도 않는다. 그러나 세상 어느 사회에서나 마찬가지로 파키스탄에도 술과 맥주에 대한 음성적 수요가 존재한다. 따라서 돈벌이에 혈안이 되어있는 북한대사관 입장에서는 훌륭한 외화벌이 환경이 조성되어 있는 셈이다. 동서고금을 통틀어 술장사만큼 수지맞는 장사가 없지 않다던가.

북한대사관의 전형적인 수법은 이렇다. 외교관 신분을 최대한 이용하여, 주재국 외교부의 승인을 받아 술과 맥주를 다량으로 수입해 들여오고, 그다음에는 주재국 법을 어기면서 비밀리에 비싼 값으로 주재국 밀수업자들에게 파는 것이다. 술장사인 만큼, 커다란 이익을 챙길 수 있었다. 물론 그 수익은 북한대사관 경비로 충당되거나 북한 외교관의 개인 주머니로 들어갔다.

무역참사부에서도 술과 맥주, 위스키 등을 수입하여 이익을 보고 있었다. 참사부는 무관세로 받은 일부 물자를 서기관 개인들에게는 매월 위스키 5병과 맥주 5-6박스씩을 나누어 주었다. 술을 좋아하는 일부 외교관들은 개인이 소비하기도 했지만, 나처럼 술을 좋아하지 않는 사람을 포함하여 대다수 북한 외교관들은 그 물자를 내다 팔아서 개인 비용으로 사용했다.

당시 2등 서기관의 월급은 190달러, 이것으로는 먹고 입고 자식들 교육비와 개인들의 의료비, 그리고 북에 두고 온 가족을 살리는 비용 등을 부담하기에는 절대적으로 부족했다. 그 부족한 비용을 술과 맥주를 팔아서 보충한 것이다. 술과 맥주로 많은 돈을 벌어들인 북한대사관은 상당액을 비축하여 충성의 비자금 명목으로 김정일에게 바치기도 했다.

지나친 술과 맥주 장사로 북한 대사관이 망신하다. 도둑도 꼬리가 길면 잡힌다고 했다. 언젠가 무역참사부에서 수백 상자의 생수를 수입하겠다고 승인을 받아 놓고, 승인 서류에 기재된 "WATER"에 L자를 타자기로 삽입하여 "WALTER"로 만들었다. 이것은 위스키를 구입할 수 있는 술 종류의 이름이었다. 사실 이전에도 계속 해오던 수법이었는데 이번에는 수량을 굉장히 많이 기재한 것이 화근이었다.

북한대사관에 운송되는 술이 큰 트럭으로 한 차가 되자, 세관 정문을 나올 때 세관원에 의해 걸리게 되었다. 파키스탄 세관은 일개 대사관이 몇 년을 마셔도 다 소비할 수 없는 수량의 주류가 북한대사관으로 간다는 사실을 불법으로 판단하고, 모든 술과 맥주를 압류했다. 그 일이 있은 다음부터 파키스탄 외교부는 무관

세 수입허가 발급절차를 대폭 강화했다. 북한대사관을 비롯한 여러 대사관들에서 불편과 손해를 보게 된 것은 어쩔 수 없는 일이었다.

그런 일이 있은 후에도, 여전히 파키스탄 북한대사관은 술과 맥주 거래로 돈벌이를 했고, 그것으로 대사관을 유지했다. 다소 수익은 줄었겠지만, 생존을 향한 몸부림은 멈출 수 없었기 때문이다. 어떤 장애가 생긴다 해도, 수단과 방법을 가리지 않고, 외화벌이 전선에 나서야 하는 것이 대다수 북한 외교관들의 운명이다.

북한 외교관들의 엽기 진상품 : 바다거북의 알, 슈퍼 개구리, 낙타 발통

가끔 북한 외교관들은 수령에게 바치는 진상품 확보에 애쓰기도 한다. 세계 각지에 나가있는 북한 외교관들은 현지에서 몸보신에 좋은 것으로 알려진 각종 희귀 물품들을 확보하여 수령에게 바치는 진상품으로 평양에 직송한다. 드라마에서나 볼 수 있는 옛날 봉건 왕조시대 습관들이 21세기 대명천지에 북한이라는 독재세습 국가에서 재현되고 있는 것이다.

파키스탄의 카라치 해변에는 세계에서 몇 안되는 바다거북 서식지가 있다. 바다거북은 국제보호동물로서 지정되어 보호되고 있기 때문에 파키스탄 경찰들이 상시적으로 보호 순찰한다.

그런데 이 바다거북 알이 북한 외교관들의 표적이 되었다. 거북 알이 인간의 장수에 특효가 있다는 속설 때문이다. 충성심을 보이고 싶어하는 북한 외교관들이 수령의 장수식품으로 거북의 알을 채집하여 북한으로 보내는 것이다.

바다거북은 8월경 해변가 모래언덕에 나와서 땅속에 알을 낳는다. 그래서 매해 8월이 되면 우리 참사부 직원들은 야밤중에 그 해변가로 나갔다. 순찰 감시원들의 눈을 피해 거북이를 찾고 거북이가 낳는 알을 받아서 평양 호위국으로 보내 수령에게 바치는 것이다.

푸른 바다거북이 알을 낳기 위해 해변에 나오면 구덩이를 파고 그곳에 알을 낳는다. 우리는 바다거북이 육지로 나와 구덩이를 파는 동안 조용히 지켜보며 기다린다. 마치 삽질하는 것처럼, 바다거북은 앞발로 모래를 파내는데 그 흙이 3미터 정도로 주변에 뿌려진다. 구덩이를 다 판 후에는 거기에 알을 낳기 시작하고, 한 번에 약 200개의 알을 낳는다. 탁구공만 한 바다거북 알은 껍집이 굳지 않고 물러서 손톱을 박아 찢으면 그 안에 계란보다 끈적거리는 액체가 있다. 가장 특이한 점은 바다거북의 알이 물에 넣고 아무리 끓여도 익혀지지 않는다는 것이다. 그렇기 때문에 보약이 된다고 단정한 북한 외교관들은 그것을 날것으로 먹었으며, 한편으로 수령에게 바치는 진상품으로 북한에 보내게 된 것이다.

'위대한 수령의 만년 장수를 위하여' 북한에서는 수령의 만년 장수를 위하여 장수 연구소를 운영하고 있다. 여기에서는 건강에 필요한 식료품과 보약 등을 연구한다. 그리고 국가적으로 특수 식료공장들을 세우고 분야별로 최고 품질의 식료품들을 생산하여 수령의 진상품으로 바치고 있다.

해외에서 근무하는 북한 외교관들도 '수령의 만년 장수'를 위한 충성 대열에 동참해야 한다. 그들의 중요한 임무 가운데 하나가 해당 나라에서 가장 귀중한 식료품과 약재들을 찾아 수령에게 바치는 것이다. 현대판 진시황제처럼 군림하는 김씨왕조의 망상에 기여해야 하는 것이다.

파키스탄의 슈퍼 개구리는 한 마리의 무게가 3킬로 정도 되는 식용 개구리다. 북한 호위국에서 대표단 3명이 나와서 이 슈퍼 개구리를 산 채로 100여 마리를 수입해 간 일도 있다. 한 마리당 가격은 70달러 정도였다.

훗날 파키스탄 참사였던 강태윤은 김일성 김정일 장수 식품으로 낙타를 사서 그 발통('족발'을 이름 – 편집자)만을 잘라서 진상품으로 올려 보냈다고 했다. 곰 발통을 비롯하여 건강에 좋다는 것은 모두 수집하여 보내는 것이 수령에 대한 충성의 척도로 평가 되기 때문이었다.

3·13· 파키스탄과의 무기거래

1980년대에 북한과 파키스탄의 무기거래가 시작되었다. 1987년 9월경 파키스탄에서 122미리 방사포탄 수입 입찰이 공고되었다. 당시 북한 무력부 청천강 무역회사에서는 이 소식을 미리 알고 무역참사부에 입찰에 참가해 달라면서 구체적인 제안을 보내 왔다. 입찰 단가는 포탄 한 개당 약 900달러 범위에서 입찰에 참가해 달라고 했다. 강태윤 참사와 내가 이 일을 맡았는데 우리가 입찰에 참가한 가격은 포탄 개당 899달러였다. 그런데 중국의 입찰가격이 1달러가 높은 900달러였다. 마치 중국의 가격을 알고 우리가 입찰에 참가한 것처럼 되었다. 물론 다른 나라들의 가격은 더욱 높았다.

그런데 파키스탄은 2차 입찰 제도를 운영했다. 즉 1차 입찰에서 가격을 제일 높게 입찰함으로써 탈락한 나라에 1등한 나라의 단가를 알려주면서 그보다 가격을 낮출 수 있도록 기회를 다시 주는 형식으로 2차 입찰을 한다. 결국 이렇게 되면 가격을 모두 낮추게 되고, 마지막에 1등한 나라 즉 북한이 다른 나라의 모든 가격을 알고 그보다 낮추게 되면 거래가 성사되는 형식이었다. 일종의 출혈경쟁을 유도하는 제도인 셈이다. 그 늪에 빠져들면, 손해보는 장사를 하게 된다.

강태윤과 나는 중국 폴란드 등 입찰 참가국들을 설득했다.

"어차피 마지막에는 북한이 선정되지 않겠소? 그러나 수입가액은 더 낮아지게 되고, 결국 파키스탄에만 유리한 가격을 주기 위해 우리가 실익없는 경쟁을 하는 셈 아니오? 그러니 2차 입찰에는 들어오지 마시오. 그리 해주면, 향후 다른 경우에도, 우리는 2차 입찰에는 응하지 않을 것이오."

우리의 논리가 설득력이 있었고, 또한 비슷한 사회주의 국가들이었기 때문에, 다들 고개를 끄덕이며 동조했다.

이렇게 되어 결국 북한이 파키스탄의 122미리 방사포탄 수입 입찰에 최종 확정되었다. 파키스탄과 북한간의 첫 무기거래가 성사된 것이다. 이 일을 끝으로 나는 파키스탄 근무를 끝내고 북한으로 소환되었다. 그래서 강태윤 참사가 첫 무기거래를 마무리했다. 이때부터 북한과 파키스탄간의 군사적 협력이 강화된 것은 자연스런 흐름이었다.

강태윤 참사의 승승장구

파키스탄과의 무기거래를 개시한 강태윤과 군부와의 관계가 강화되었다. 다양한 군수물자 수출을 성사시키면서, 북한 군부와 군수물자 담당 기관인 제 2경제위원회의 호감을 받게 된 것도 자연스런 결과였다. 그는 무역참사의 임기를 끝내고 북한으로 소환된 후에도, 곧바로 제2경제위원회 대표가 되어 파키스탄에 장기간 상주하게 되었다.

　제2경제위원회는 북한의 경제사령탑인 내각과 동급인 기관으로서 모든 군수물자 생산과 판매를 책임지는 기관이다. 이 기관의 권한은 막강하다. 지시를 어기면 군사재판을 받을 수도 있다. 때문에 모든 기관들에서 무조건 지시를 이행한다. 북한 경제의 급락 과정에서도 군수 분야의 생산 과제만은 무조건 집행하게 되고, 국방생산 비중이 전체 생산의 50% 이상을 차지하게 된 것도 이 기관의 막강한 영향력 때문이다. 그리고 그 부작용으로 인민생활에 필요한 생산 분야는 원자재 부족과 전기 공급 부족으로 지지부진하게 되고, 국민들의 생활고가 최악에 달하면서 결국 국민들의 대량 아사로 이어졌던 것이다.

　강태윤의 활동은 군수물자 거래를 넘어서 점차 양국 군사대표단 교류 등 다양한 분야에서 성과를 이룩한 것으로 알려졌다. 북한은 파키스탄에 미사일과 미사일 기술 등을 수출하는 한편 파키스탄으로부터 핵무기 관련 기술 협조를 받는 등의 양국 협조가 강화되었다.

미사일수출 공신의 추락과 비극 : 부인의 피살과 정치범수용소행

1997년 여름, 파키스탄에서 강태윤의 부인이 괴한의 총에 맞아 피살되었다. 며칠 전 북한의 미사일 기술자들이 파견 나와서 북한미사일 발사 시험을 파키스탄 군부와 진행한 뒤, 기술자들이 돌아간 다음 날이었다. 당시 강태윤 부부는 파키스탄의 수도 이슬라마바드의 독립 가옥에서 살고 있었다. 사건 경위는 이렇다.

　그날 강태윤은 사무실에서 일을 끝내고 저녁에 퇴근하여 집에 와서 초인종을 눌렀다. 부인이 문을 열고 남편이 집에 들어서고 나서, 다시 부인이 문을 닫는 순간 총성이 울렸다. 그 총소리와 함께 아내가 쓰러졌다. 담장 밖에서 강태윤을 노리던 암살범이 순간을 놓치고 부인을 저격한 것이다. 당시 파키스탄 경찰은 암살범 체포에 실패했지만, 인도 측의 소행으로 결론을 내렸다.

원래 인도와 파키스탄은 적대국으로 서로 경계하고 있던 사이다. 그런데 북한의 미사일 기술자 17명이 파키스탄에 와서 미사일 시험발사를 했다는 정보가 인도 측에 넘어갔을 것이다. 인도 측에서는 적대국에 대량살상무기 기술을 제공하는 북한을 견제하려고 경고 사인을 보내려 했을 것이다. 그래서 무기거래의 북한 측 핵심 대표인 강태윤 암살 계획을 세웠는데, 그의 아내가 대신 총탄에 맞은 것이다.

강태윤은 자기 목숨 대신에 아내를 잃었고, 급기야 아내의 시신과 함께 북한으로 소환되고 말았다.

그가 소환될 때 부인의 시신을 넣은 관에 달러 뭉치를 숨겨가지고 갔다는 소문도 있고, 또 핵무기 도면을 감추고 갔다는 여러 가지 소문들도 있었으나, 직접 확인한 것은 아니다.

강태윤은 북한에 도착한 뒤, 보위부에 불려가서 취조를 받았다. 10여 년간 파키스탄에서 무기 거래를 하면서 별도로 모은 돈 수십만 불이 문제가 되었다. 결국 정치범수용소로 보내진 강태윤은 그곳에서 일생을 마감하는 신세가 되었다.

대개 이런 식이다. 강태윤은 파키스탄에 장기간 체류하면서 무기거래 성사 등 북한을 위해 많은 일을 했다. 그렇지만, 결국에는 아내를 잃고 북한으로 소환되었으며, 외화벌이 돈 문제가 불거져 정치범수용소로 유폐되었다. 이렇게 김부자 독재정권에서 충신으로 일하던 많은 사람들이 종국에는 모든 것을 잃고 감옥생활로 생을 마감하는 사례는 북한에서 보편화된 현상이다.

3·14· 고려민항기의 낭비 실태와
호위국의 특수물자 수송

태국의 북한 외교관들은 주로 현지와 평양을 오가는 특수 항공기를 이용한다. 중국을 제외하고, 자본주의 국가와의 항공 협정 체결은 태국 정도가 유일한 사례다. 나머지 대부분의 국가에는 전세 항공기를 띄워 보낸다. 상대국가와의 인적 교류가 거의 없으므로, 항공 협정을 체결할 필요도 없는 셈이다. 다만 동남아 국가의 허브 역할을 하는 태국과는 항공 협정을 맺게 된 것이다.

그러다보니, 항공사의 비행기 운용이 경제적이지 못하고, 최고 지도층을 위한 특수물자 조달 등 정치 우선적으로 운용되기 때문에 외화 낭비가 심하다. 그 과정에서 우스꽝스러운 일이 벌어지기도 한다.

**비행기를 자가용
비행기처럼 혼자 타고
평양에 들어간 아내**

1995년 12월 중순, 아내는 신년에 치를 큰아들 결혼식에 참석차 평양에 들어갔다. 큰아들은 앞서 이야기한 농업위원회 부위원장 딸과 혼례를 치르기로 했다. 업무가 바쁜 나는 참석하기 어려워서 집사람 혼자 들어가기로 했다.

아내는 매주 한 차례씩 방콕에 들어오는 고려 민항기를 타고 들어가게 되었다. 정기적으로 운항하지만, 손님들이 거의 없어서 태국에 와서 특수 물자들을 실어 나르는 역할을 하는 비행기였다. 가장 중요한 수송 물자는 호위국으로 보내는 남방과일들과 각종 채소 및 조미료류, 철갑상어, 상어지느러미, 제비집 등 특수 어류 등이었다. 태국과 여객기용 항공 협정을 체결했지만, 양국간 인적 교류가 거의 없는 상황이라 이용 고객도 거의 없었던 것이다.

어느 날 공항에 나가 비행기를 탄 아내는 깜짝 놀랐다. 비행기 안에 다른 승객이 한 명도 없이, 아내 혼자 승객이었던 것이다. 아내는 승무원 23명이 운행 서비스하는 그 커다란 비행기를, 자가용 비행기처럼 혼자서 타고 가야 했다. 거의 여왕 대우를 받는 느낌이었을 것이다.

그런데 승무원들의 형편이 너무 불쌍했다. 그들은 하루에 1달러 수준의 잡비를 받는데, 그것으로 바나나 등 과일을 사서 비행기에 실었고, 식사는 맨밥에 고추장을 찍어먹는 수준이었던 것이다. 그 바나나와 과일들을 가져다가 가족을 통해 평양시장에 내다 팔아서 생계를 유지한다고 했다.

아내는 너무 미안한 마음에 미리 장만해간 과일과 머풀러 등 선물을 나눠 주었다. 비행기는 승객 한 명을 태우고 날아가서 평양 순안공항에 도착했다. 이날 공항에 내린 항공기는 태국에서 출발한 이 비행기 하나뿐이었다. 이 비행기 한 대와 그 안의 유일한 승객인 아내를 위해 평양 순안 공항의 많은 일꾼들이 봉사한 셈이다.

결국 아들 결혼식을 계기로 우리 가족은 한쌍의 희극과 비극을 맛 본 셈이다. 아내가 사실상 전세비행기로 평양에 들어간 장면이 희극이라면, 아버지인 내가 큰아들 결혼식에 참석못한 장면은 비극이다. 둘 다 북한이라서 생겨나는 일들이었다. 특히 나로서는 아들 결혼식에 불참하여 축복해주지 못한 것이 늘 마음에 걸렸다. 내 의지가 아니라, 의지대로 행동할 수 없게 하는 북한의 비인간적인 제도 탓이라도 말이다.

**전세항공기로
김평일 김경진에게
쌀과 배추를 실어보내다**

아내가 사실상 전세비행기를 타고 평양에 들어간 장면은 한 편의 코미디지만, 이를 가능케 한 배경은 북한의 낭비적인 항공기 운영에 있다.

북한은 항공기 공항 운영을 비경제적으로 하는 나라다. 승객을 태우기 위한 항공기 운영이 아니라 북한 최고지도층에게 바칠 특수물자 수송이 주목적이다. 이처럼, 순전히 특수물자 즉 호위국 소비물자 수송을 위해 운영하는 항공기가 여러 곳을 운항하는데, 독일에 다니는 특별 항공기도 그중 하나다.

독일에는 한 달에 한 번 정도 항공기를 보냈는데, 거기에서 실어오는 물자는 호위국에서 요구하는 독일제 특수 맥주가 기본이다. 수입 리스트에는 당분없는 맥주가 포함되는데, 당뇨가 있는 김정일을 위해 특별히 수입하는 맥주였다. 물론 맥주뿐만 아니라 여러가지 특수물자들을 공수하는데, 이곳 독일행 항공기 역시 사람을 태우는 일은 거의 없었다.

그 당시 '곁가지'로 몰려서 동구권 해외공관에서 연금 상태로 지내던 김정일의 이복동생 김평일과 김경진에게도 특별 항공기가 주기적으로 보내졌다. 그 비행기에는 북한 쌀과 가을 채소 등 시시한 물건들을 실어보냈다고 한다. 사실 전세 항공기를 외국에 보내려면 유류비를 포함하여 한 번에 적어도 20만달러 이상의 비용이 든다. 경제 재건에 사용해도 모자란 외화를 헛되이 탕진하면서까지, 김일성의 아들딸들에게 먹일 쌀과 김장 배추까지 실어나르는 것이다.

북한의 고려민항 일꾼들은 손실만 보는 태국과의 항공기 운영을 달가워하지 않았지만, 그래도 자본주의 나라와 맺은 유일한 항공 협정을 유지하는 것이 필요하기 때문에 울며 겨자 먹기로 손해를 보면서도 운영한 것이다. 북한의 모든 대내외 경제행위는 경제 논리에 기준을 두는 것이 아니라 정치적 이해관계를 우선시하기 때문에 막대한 경제적 손실을 초래하고 있다는 방증이다.

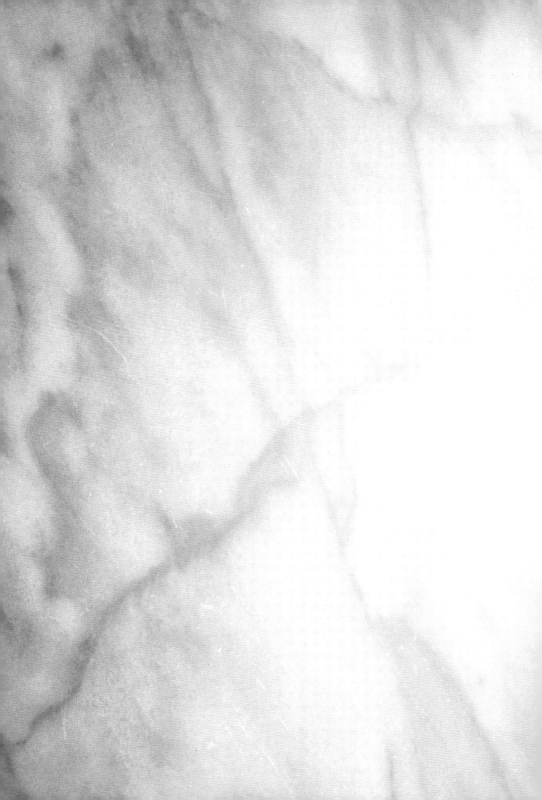

넷

외교관의 눈으로 목격한 '고난의 행군 = 식인과 아사의 행군'

4·1· 마지막으로 본 평양의 1997년 5월

태국에서 외화벌이 외교관으로 사는 동안, 북한 인민들은 '고난의 행군'을 겪었다. 그 기간에 나는 북한을 자주 드나들지는 못했지만, 그것이 오히려 북한의 실상을 다소 객관적인 시선으로 들여다볼 수 있는 계기가 되었다.

특히 1997년 5월, 나와 아내는 사회안전부로부터 정식 발령장을 받기 위해 평양으로 들어갔다. 1개월 동안 체류하면서, 상사 및 지인들과 친척들을 두루 만났다. 그때 나와 아내는 눈과 귀를 의심케 할 정도로 비극적인 북한 인민들의 참상을 목격하고 전해들었다.

나보다는 아내가 자주 북한 출입을 했다. 적어도 1년에 한 번 정도는 북한에 다녀온 것으로 기억된다. 원래 해외 대사관 가족들이 북한에 드나드는 것은 원칙적으로 불가능하며 승인받기 힘들다. 그러나 무역참사인 내가 여러가지 사정으로 집사람을 들여보내겠다고 하면 상부로부터 쉽게 승인이 났다. 아무튼 이때의 평양 방문이 나와 아내의 마지막 고향 방문이 된 셈이다.

한달여 동안 나는 여러 명의 당 간부들과 내각 동료들을 만났다. 그들의 입과 눈에 비친 북한사회는 사실상 배고픔만 넘쳐나는 아수라장이었다. 외교부 고위 간부도 먹을 것이 궁한 나머지 고층 아파트에서 냄새를 피우며 닭을 키울 정도였다. 굶기를 밥먹듯 해야 하는 북한 주민들의 실상이 그들 입을 통해 흘러 나왔다. 심지어 인육을 먹는 범죄에 대한 처리 방안까지 거론될 만큼 비정상적인 사회 분위기가 그대로 드러났다.

가까운 친척들도 여러 곳 방문하여 친가와 처가쪽 친지들을 여럿 만났다. 초췌하고 웃음기가 싹 가신 그들의 얼굴을 보면서 심난한 마음에 속으로 울음을 삼켜야 했다. 내 앞에서 억지 웃음을 짓기도 했지만, 그들의 관심은 어떻게 끼니를 연명할 것인가 외에는 없는 듯했다.

이웃집 사람들도 상당수가 거리로 가족이 죽어 나가고 가정이 파괴되면서, 부랑아 신세로 전락한 사람들도 꽤 많았다. 실제 선택받은 인민들만 거주할 수 있는 평양 거리에도 꽃제비들이 여기저기 기웃거리면서 끼니를 구걸하는 모습도 목격했다.

내가 목격한 많은 장면들은 한마디로 충격 그 자체였다. 수백만 주민이 굶어 죽으면서 식인까지 등장하는, 평범한 주민들이 거리로 내몰리며 부랑아로 전락하거나 가정이 깨져 나가는, 이런 사회를 어떻게 정상적인 사회라고 할 수 있겠는가.

말 그대로 '고난의 행군'이었다. 그 장면을 바라보는 나의 시선은 때로 감정이 입이 되기도 했지만, 대개는 무의식적인 외교관의 시선으로 변해서 회피하는 정도였다. 머리는 복잡했지만 침묵하고 자제할 수밖에 없었던 것이다.

4·2· 사회안전부 참모장 : "사람을 잡아먹은 범죄자들이 많다."

1997년 5월에 아내와 함께 평양에 들어갔다. 그때까지 중앙당 임명장도 받지 않고 사회안전부 일을 하고 있었기에, 뒤늦게 정식 임명장을 받기위해 평양으로 간 것이다. 나는 안전기술국장과 중앙당 간부부에 가서 정식 임명장을 받고 난 뒤, 사회안전부에 인사하러 갔다. 맨 처음 사회안전부의 백학림 부장(장관) 방에 들어가니 키가 작은 항일투사 출신인 차수 백학림이 있었다. 국장이 나를 정중히 소개했고, 백 부장은 일을 잘하라고 하면서 나를 격려해 주었다. 그다음에는 사회안전부 참모장인 황 부부장 방에 인사하러 들어갔다.

황 참모장은 지방 사회안전부의 전화 보고를 받는 중이었다. 나와 국장은 의자에 앉아 기다렸다. 그는 전화 통화를 하면서 줄곧 큰 소리로 보고받은 내용을 확인했다.

"자살자 몇 명? 사람을 잡아먹은 범죄자 몇 명? 살인자 몇 명? 굶어죽은 자 몇 명?"

이런 식으로 사건 사고를 일일이 확인하며 보고 받았다. 속으로 나는 깜짝 놀랐다.

'사람을 잡아 먹은 범죄자라니… 그러면 굶주려서 사람을 잡아먹는다는 소문이 사실이란 말인가?'

비통한 심경에 잠긴 나머지 나는 옆에 앉은 국장에게조차 아무런 말도 꺼낼 수 없었다. 그 장면을 지켜보면서, 나와 국장은 의자에 앉아서 보고 청취가 끝나기를 기다렸다. 그렇게 한 20분 정도 지났을까.

갑자기 황 참모장이 전화기를 '꽝!' 소리가 날 정도로 내려놓으며 큰 소리로 중얼거렸다.

"젠장, 이렇게 사람이 굶어 죽고, 잡혀 먹히고, 총살 당하고, 과연 몇 사람이나 남겠나!"

그제서야 황 참모장은 국장이 기다리고 있는 것을 알아본 듯했다.

"기다리게 해서 미안하네."

황 참모장은 말 상대가 있어 다행이라는 듯, 안전국장에게 말을 건넸다.

"이제부터는 사람을 잡아먹은 범죄자는 공개 처형 대신 조용히 처리해야 할 것 같아. 공개 총살을 하니까 자꾸 그 소식이 외국에 나가서 외국 신문에 실리니 너무 창피한 일이야."

이종환 안전기술국장이 고개를 끄덕이며 황 참모장에게 동의를 표했다.

"그 말씀이 옳은 처사인 듯 합니다."

그러고 나서, 안전기술국장은 옆에 서있는 나를 황 참모장에게 소개했다.

"여기 홍순경 동무가 새로 부임한 압록강기술개발회사 태국 지사장입니다. 그동안 무역성에서 무역참사로 오래 일한 사람입니다."

"수고가 많소, 홍 동무. 앞으로 많이 노력해 주시오."

황 참모장과 악수를 나누면서도, 내 뇌리에는 '사람 잡아먹는 범죄자'라는 말이 맴돌았다.

나중에 들은 바로는, 그 이후 사람 잡아먹은 범죄자에 대한 공개 처형이 중지되었고, 그 소문도 더 이상 외부에 알려지지 않게 되었다고 한다.

4·3· 평양 교외의 협동농장 : "기름이 없어 모내기를 못한다."

다음 날 안전기술국장은 함께 농촌지원사업에 가자고 했다.

북한에서는 각 중앙기관들마다 협동농장을 하나씩 맡아서 모내기와 김매기, 가을걷이까지 지원하는 체계를 운영한다. 농민들만으로는 일손이 딸린다며 전국 전민이 농촌에 동원되어 알곡증산을 하자는 것이 북한의 일상적 구호다. 대외경제위원회도 매년 지정된 협동농장을 지원해왔는데, 사회안전부도 역시 어느 협동농장을 담당하여 지원하고 있었던 것이다.

안전기술국장이 내게 말했다.

"우리 협동농장에서 지금 기름이 없어서 논밭을 갈지 못해 모내기가 늦어지고 있소. 그러니 기름을 살 수 있는 외화를 지원하는 게 좋겠소."

"그러면, 얼마를 지원하면 되겠습니까?"

"그건 군 협동농장에 가서 경영위원장과 상의해서 결정하면 되겠지."

하는 수 없이 나는 국장과 함께 다음 날 아침 협동농장에 갔다. 협동농장 관리위원장은 여자였다. 기름을 지원하겠다는 말을 들은 관리위원장은 나를 신주 모시듯 아부하는 자세를 취했다. 관리위원장이 내게 하소연했다.

"농사를 지을 수 있는 기본적인 물자들이 전혀 공급되지 않아서 모를 파종할 때부터 애를 먹었습니다. 모를 키울 때는 비닐 박막이 없어서 작년에 쓰던 박막을 재생해 쓰느라 갖은 고생을 했고, 지금은 당장 모내기를 해야 하는데 밭을 가는 트랙터를 운용할 기름이 없어 모를 내지 못하고 있습니다. 소를 이용해서 소규모로 하고는 있지만 소도 부족하고 또 소가 여위어서 힘도 쓰지 못하니 올해 농사를 망치게 되었습니다."

어처구니가 없었다. 주민들이 먹고 살려면 농사를 지어야 하는데, 농사 지을 물자가 부족해서 농사를 못지을 판이니, 도대체 인민을 위한다는 정부는 무엇을 하고 있단 말인가. 답답한 심정을 쓸어내리면서 내가 물었다.

"모내기를 하려면 얼마나 지원이 필요합니까?"

"예, 당장 2500달러만 지원해주면 모내기는 할 수 있습니다."

"마침 내가 가져온 돈이 좀 있습니다. 이것으로 모내기를 하십시오."

이미 준비해 간 돈이 있었기에, 나는 관리위원장에게 돈을 건네 주었다. 그녀는 너무 기뻐서 어쩔 줄 몰라했다. 그 덕분에 우리는 점심을 푸짐하게 대접받았다. 그녀는 안전기술국장과 매우 친한 사이 같았다. 기름값을 지원받고는 더 열정적으로 국장에게 매달리는 눈치였다.

4·4· 황해도 황주시 장마당 : "쌀을 구경할 수 없다."

다음 날 나는 아내와 함께 처제를 만나기 위해 황해도 황주로 갔다. 안전국장 승용차를 빌려타고 비포장도로 길위로 먼지를 일으키며 황주에 도착했다.

처제의 시아버지는 잘 나가던 북한 핵심 노동당원이었는데 어느 날 동료들과의 술자리에서 진실을 말했다가 고발되어 인생이 추락했다고 한다. '김정일의 고향이 백두산이 아니라 하바롭스크'라고 발설한 것이 화근이었다. 함께 술을 먹던 친구가 보위부 요원에게 고발했고, 이로 인해 당에서 출당을 당한 것이다. 하루 아침에 범죄자가 되어 정치범수용소에 끌려간 것은 물론이다.

북한의 정치범수용소는 한번 끌려가면 살아서는 나올 수 없는 곳이며 영원히 매장되는 곳이다. 그런데 다행히 시아버지를 고발했던 사람이 나중에 나쁜 사람으로 판정되어 정치감옥에 가게 되었고, 시아버지는 무죄로 풀려나게 되었다고 한다.

이런 사례를 보면, 북한에서는 체제 불만세력뿐 아니라, 술김에 불편한 진실을 토설한 사람들도 생매장하듯 정치범수용소로 보내진다. 평상시 충성을 다했던 사람도, 평범한 사람도, 하루아침에 정치범이란 낙인이 찍혀 마을과 직장에서 사라지는 경우가 허다하다. 인권이란 개념 자체가 없는 사회이기 때문이다.

황주에서도 사람들이 무리로 굶어 죽어가고 있었다. 다행히 처제네 가족은 사위가 황주시 사회안전부에 근무하는 덕분에 겨우 끼니를 때우며 연명하고 있었다. 처제가 말했다.

"여기 황주에서도 너무 사람들이 많이 굶어 죽으니까 기차역전 대합실도 저녁이 되면 모두 문을 잠급니다. 사람들이 대합실에서 밤을 새우다가 거기서 죽으면 그 시체를 역전에 근무하는 직원들이 치워야 하거든요. 그것을 방지하기 위해 역전 대합실 문을 잠갔다가 기차 시간이 되면 여는 거죠."

그 말을 듣고 나니, 나는 일반 주민들의 생활이 몹시 궁금했다. 그래서 황주시에 있는 장마당에 가 보기로 했다.

장마당은 규모도 보잘 것 없었고 사거나 파는 물건이 너무나 초라했다. 물건이라고 해야 고작 강냉이를 파는 것이 조금 있고 쌀도 별로 보이지 않았다. 몰려다니는 어린애들이 맨발로 코를 흘리면서 진흙에 떨어진 강냉이알을 주워서 먹고 있었다. 어느 한 아주머니는 강냉이밥 한 그릇을 사서 간장을 반찬으로 비벼서 먹고 있었다. 강냉이밥은 통강냉이 그대로 삶아서 작은 밥사발에 담은 것이다. 그것을 밥이라고, 사서 먹는 모습을 보니 참으로 기가 막혔다. 식량난에 굶주린 주민들에게는 그마저도 못 먹는 사람들이 태반이라고 했다.

처제 집의 점심 식사 : "강냉이밥이 목구멍에 걸려 안 넘어간다." 우리는 처제 집에서 간단한 점심식사를 했다. 수년 만에 만나는 언니와 형부가 왔는데 고작 점심 식사라는 것이 장마당에서 목격한 강냉이밥이었다. 처제가 내온 강냉이밥이 목구멍으로 잘 넘어가지 않았다. 나는 속으로 반성아닌 반성을 해야 했다.

'그동안 내가 해외에서 살다보니 입도 고급화된 모양이군. 주민들은 이마저도 없어서 굶어죽어 나가는데…'

한편으로는 이런 상황인데도, 아무런 대처도 못하고 있는 정부와 최고 권력층에 대한 의구심이 생겨났다.

'이를 어쩐다… 도대체 최고 지도층은 무얼하고 있단 말인가. 자신들의 기반인 주민들이 굶어죽고 있는데…'

그렇다고 내가 무얼 어떻게 할 방도도 없었다. 나는 외화벌이를 열심히 하는 일개 외교관일 뿐이었다. 그때까지도 북한의 정치권력 문제는 내가 관여할 수 있는 일도 아니었고, 관심가질 일도 아니었던 것이다.

곧바로 우리는 처제와 헤어져야 했다. 만남의 시간이 짧아서 처제와 아내는 너무 서운해했다. 일정도 빡빡하고, 도로 조건이 나빠서, 일찍 평양으로 되돌아와야 했던 것이다.

차를 타고 비포장도로를 힘겹게 달렸다. 어느 순간, 길옆에 어떤 늙은 할머니가 쓰러져 있는 것을 보았다. 지나가면서 보니까 파리가 우글거리는 것이었다. 내가 운전수에게 말했다.

"잠시 차를 멈추세요. 저기 쓰러진 노인네에게 먹을 거라도 좀 주고 갑시다."

"저쯤 되면 이미 사망한 겁니다. 무엇을 줘도 먹지도 못합니다."

차를 몰고 가던 운전수가 무미건조한 어투로 대답했다. 가슴 아프지만 그대로 지나칠 수밖에 없었다.

4·5· 평안도 박천에서 자살한 이웃집 노인 : "식량을 축내는 입을 하나라도 덜어야…"

며칠 뒤, 나는 박천에 사는 막내 여동생네를 방문하기로 했다. 매부인 지명룡은 중학교 선생으로 장기간 교편을 잡고 있다가 약 3년 전에 사직하고 집에서 부업이나 하는 신세였다. 막내 여동생은 뇌출혈로 앓고 있다는 소식을 이미 알고 있었다. 우리는 가지고 있던 중국제 약들과 집에 있던 사향, 그리고 고려호텔에서 뇌출혈에 효과가 있는 약을 구매하는 등 약간의 준비를 해서 떠나기로 했다.

박천까지는 승용차로 가면 불과 3-4시간 거리이지만, 기차로 가면 굉장히 불편한 먼 거리다. 그래서 나는 사회안전부 부부장 차를 빌렸다. 노란 벤츠차였는데, 내가 태국에서 타던 벤츠에 비하면 아주 구형이고 낡은 차였다. 그래도 북한에서 우선 순위 계층인 사회안전부 부부장의 승용차를 타고 나서니, 도로 안전원들이 모조리 지나가는 차에 경례를 했다.

박천 여동생을 만나러 나와 아내, 사회안전부 금강관리국 당위원회에 근무하는 조카, 그리고 부부장 운전수가 함께 떠났다. 박천까지의 도로는 거의 비포장 도로였고, 일부 구간의 포장도로 역시 빗물에 패고 깨져서 속도를 전혀 낼 수 없었다. 그래도 아침 일찍 떠난 덕분에 점심때쯤 여동생 집에 도착했다.

벤츠차를 타고 찾아온 오빠가 너무 반갑고 좋았던지, 왼쪽 다리를 제대로 쓰지 못하는 동생이 기뻐서 어쩔 줄 몰라 했다. 집에 도착하니 사는 꼴이 말이 아니었다. 부엌과 아랫방은 칸막이없이 연결되어 있고, 아랫방과 윗방 사이에 미닫이문이 하나 있었다. 생활이 너무 힘들어서, 윗방에서 새끼오리를 키우는데 냄새가 지독했다.

여동생네 집 방문 : "매부는 강냉이를 얻으러 다른 지방에 갔다."

박천중학교 선생이던 매부 지명룡은 이미 정년퇴직한 상태였다. 맏아들은 호위국에서 군 복무를 하고 있다고 했다. 그런데 매부는 부재중이어서 만날 수 없었다. 강냉이를 얻으러 자전거를 타고 다른 지방으로 갔다는 것이었다. 한국 같으면 방문 전에 연락을 해서 기다리게 할 수 있었겠지만, 북한 농촌 지방에는 전화나 전보도 할 수 없으므로, 연락할 수 없었던 것이다. 나는 여동생에게 가지고 간 약과 천을 비롯한 선물들을 주고, 돈도 300달러를 건네 주었다.

그런데 우리는 사전에 별다른 음식 준비를 못했다. 그래서 가지고 간 꼬부랑

국수(라면) 몇 봉지를 꺼내 점심을 차리도록 했는데, 그 양이 너무 부족했다. 여동생이 말했다.

"오빠, 난생 이런 국수를 처음 먹어 봐요. 정말 맛있어요."
"그렇게 맛이 있나? 이럴 줄 알았으면, 많이 사가지고 오는 건데 그랬다…"
나는 목이 메었다. 그 흔한 라면을 많이 사가지고 가지 못한 것이 지금도 한스럽기 그지없다. 오랜만에 만나서 그런지, 여동생이 밝게 웃으며 이야기를 늘어 놓았다.
"주변 사람들에 비하면 우리집 생활은 훨씬 나은 편이에요. 옆집 할아버지는 며칠 전에 자살했어요. '생활이 곤란하니 식량을 축내는 입을 하나라도 덜어야 하겠다' 면서 스스로 목을 맸거든요."
"그런 일이 있었니? 노인네가 자식들을 위해 희생했구만…"
"그 할아버지가 자살하면서도 아이들에게 피해가 갈까 두려워, 유언장에는 '나는 병이 있어 먼저 가니 장군님을 잘 받들고 살라'는 내용을 남기고 갔대요. 그렇지 않으면 남은 가족이 반역자의 자식들이라고 처벌을 받게 되거든요."

이런 이야기를 들으면서, 정말 무슨 말로 위로해야 할지 착잡하기만 했다. 간단히 점심을 먹고 우리는 다시 평양으로 돌아왔다. 그때가 여동생을 만난 마지막 순간이었다.
그다음 해 동생은 세상을 떠났다. 동생이 죽었어도 가보지 못했고 어떻게 죽었는지도 정확히 몰랐다. 그 이후, 나는 자유의 대한민국 품에 안기는, 인생의 대반전을 거치면서 이렇게 살고 있다.

4·6· 외교부 의전국장실 : "나이지리아 대통령이 1000만달러를 보냈다. 식량난에 보태라고."

며칠 지나고 나서, 외교부 이도섭 의전국장이 나를 사무실로 초청했다. 아내와 함께 평양에 와 있다는 것을 안 것이다. 차나 한잔하자는 그의 연락을 받고서 반가운 마음에 외교부 의전국장 방으로 찾아갔다. 이도섭 국장도 반갑게 나를 맞아주었고, 워낙 친분이 두터운 사이여서 편안한 마음으로 담소를 나눴다.

의전국장은 외교부 국장급 중에서도 핵심 직책으로 인정된다. 외국 수반들과의 행사를 주관하는 자리라서 다른 국장들보다 한 급 우위로 쳐주었고, 신분증도 수령의 사인이 있는 것을 소유한다.

이 국장과 차를 마시고 있는데 한곳에서 너무 자주 전화가 왔다. 차를 마실 틈도 없을 정도로, 이 국장은 그의 전화를 받아야 했다. 궁금해서 내가 물었다.

"국장 동지, 누가 그렇게 숨실 틈도 없이 전화를 해댑니까?"

"외교부장 김영남이야."

"무슨 내용인데, 계속 전화가 오는 겁니까?"

"어제 아프리카 나이지리아 대통령이 우리 김정일 장군님에게 1000만 달러를 보냈어. 인민들이 굶어죽고 있다는데 식량 구입에 써달라고."

"그래요? 우리가 도움을 요청한 게 아니구요?"

"아니. 자기네가 먼저 돕겠다고 나선 거야."

"그러면, 정말 고마운 나라군요."

"그럼, 그렇고 말고. 그 나라 대통령 특사가 특별 비행기를 타고 와서 우리에게 전달했거든. 그랬더니 김정일 장군님이 직접 외교부에서 연회도 잘해주고 대접을 잘해서 보내주라는 지시가 있었지. 그래서 지금 외교부장이 연회상을 어떻게 차리라는 세세한 것까지 열심히 지시하고 있는 거야."

"아, 그렇군요."

말은 그렇게 했지만, 내 심정은 착잡했다.

'아프리카 대통령까지 북한 백성들이 굶어 죽는 것을 걱정하는 형편이니… 정말 우리의 식량 사정이 최악이구나.'

해외에서 외교관 생활을 하느라고 실감하지 못했던 조국의 어려움과 인민들의 고통이 새삼 느껴졌기 때문이다.

4·7· 외교부 고위간부
아파트 : "생활이 어려워 닭을 키운다."

며칠 뒤, 아내와 나는 함께 이도섭 국장 집을 방문했다. 고려호텔 앞에 있는 외교부 아파트 26층이 그가 사는 집이었다. 이 아파트는 평양 중심거리에 있을 뿐 아니라 평양에서도 생활수준이 가장 높은 아파트 가운데 하나다. 국장의 초청을 받은 우리는 저녁 6시경 지하철을 타고 그곳으로 갔다. 아파트에 도착하니 이도섭 국장이 아파트 1층 현관에서 우리를 기다리고 있었다.

"왜 여기까지 내려와 계십니까?"

"여기 엘리베이터 운전기사가 5시 반이면 퇴근하거든. 그래서 그를 붙잡아 두기 위해 내려와서 기다리고 있던 거야."

"여기 승강기도 운행시간을 제한하는가요?"

"별 수 있나? 전기가 모자라는데…"

"여기는 외교부 아파트 아닌가요, 공화국의 최고 간부들이 사시는 곳인데…"

"외교부라고 특별 대우를 바랄 수 있나. 고난의 행군인데, 함께 고생하는 거지."

"그거 참,, 언제 고난의 행군이 끝나 이런 문제들이 해결될지…"

"참고 살아야지. 인민들은 더 힘들고 고생하는데…"

전기가 부족해서 벌어지는 현상이다. 마음씨 좋은 이 국장의 배려가 없었다면, 우리는 걸어서 26층까지 올라가야 했을 것이다. 북한의 수도 평양에서 최고위층 간부들이 사는 아파트의 형편이 이랬다. 다행스럽게도 우리는 승강기 운전공이 운전하는 승강기를 타고 26층 이 국장 집으로 들어섰다. 집에서는 부인과 딸과 아들이 반갑게 우리를 맞아 주었다.

그런데 집에 들어서는 순간 아주 지독한 똥 냄새가 나는 것을 느꼈다. 진한 닭 똥 냄새였다. 자세히 살펴보니 부엌 베란다에서 닭을 키우고 있었다. 부인이 미안한지 묻지도 않았는데 설명을 자처했다.

"냄새가 좀 나지요? 저기 베란다에서 닭을 키워요."

"아, 닭이요. 그렇군요."

"그저 계란이라도 먹으려고요."

"아, 예. 그런데 닭의 우리가 너무 낮아서 닭이 머리를 쳐들 수 없겠는데요?"

"아침마다 닭이 울면 시끄러우니까요. 울지 못하게 하려고 닭장을 일부러 낮게 만들었어요."

부인이 잘 차려준 저녁을 먹으면서 두 부부는 많은 이야기를 나눴다. 식사를 끝내고 나오니 승강기 운전공은 퇴근한 뒤였다. 26층에서 1층까지, 우리는 계단을 걸어 내려와야 했다. 어차피 평양에서는 익숙한 광경들이다. 최고 아파트까지 이럴 줄은 몰랐지만 말이다. 지하철을 타고 집으로 돌아오면서 내내 풀리지 않는 수수께끼가 내 머리를 맴돌았다.

'불과 1년 전까지 태국주재 대사를 지낸 외교부 의전국장의 생활이 어렵다고 자신의 고층 아파트에서 냄새를 풍기며 닭을 키우고 있다. 그 고층 아파트의 승강기는 저녁이면 운행을 멈춘다. 말이 되는가? 도대체 어쩌다 우리 공화국이 이 지경이 되었는가.'

4·8· 평양의 이웃집 처자들 : "할아버지 할머니 어머니, 모두 굶주리다 병들어 돌아가셨다."

예전에 알던 평범한 이웃 가정집도 고난의 행군을 무사히 넘기지 못했다. 중구역 김일성광장을 마주보는 대동문 식료상점이 있는 아파트에 살 때 알던 이웃집이 있었다. 그 집 가족들은 법 없이도 살 수 있는 그런 평온한 가정이었다. 방이 하나밖에 없는 작은 집에서, 할아버지 할머니 아버지 어머니 아들과 딸 둘, 3대의 일곱 식구가 살았다. 집이 너무 좁아서 어머니와 아버지는 좁은 부엌에서 쪽잠을 자곤 했다. 그러면서도 가정은 화목했고 동네에서 존경을 받았다. 여든 살 넘은 할아버지는 어쩌다 닭고기가 생기면 뼈까지 몽땅 씹어서 먹어 치울 정도로 건강했다.

그런 가정이 '고난의 행군'을 겪으면서 풍비박산난 것을 목격해야 했다. 할아버지 할머니는 이미 돌아가시고 아버지는 먹지 못해 생기는 페라그라병으로 당장 돌아갈 위험에 놓였고 어머니는 뇌출혈에 걸려 누워 있다는 것이다. 귀엽고 얌전했던 두 딸이 칠성각 쪽에 사는 우리 집에 찾아와서 미안한 얼굴로 사정했다.

"제발, 저희 어머니를 살릴 수 있는 약을 좀 구해 주십시오."

측은한 마음에 아내가 주섬주섬 몇 가지 챙겼다.

"이건 네팔 사향인데, 어머니께 먹이고… 여기 돈 50달러로 뭐라도 사서 드리거라."

"아주머니, 정말 감사합니다. 어머니가 이걸 드시고 일어나시면 좋겠네요."

약과 돈을 건네받은 젊은 딸들이 기뻐하며 돌아갔다. 서른 살 넘어서 시집 간 딸들의 몰골이 꽤나 늙어 보였다.

5일 뒤에 그 딸들이 다시 찾아왔다.

"어머니가 돌아가셨어요. 아주머니가 준 돈 50달러로 장례를 치렀습니다. 도와주셔서 고맙다는 인사 드리러 왔습니다."

어릴 때부터 귀엽게 보아왔던 애들이라, 너무 불쌍하다는 생각이 들었다.

"힘 내거라. 자, 여기 돈을 좀 더 가져가거라."

"아닙니다. 이미 충분히 도움받았으니, 그걸로 됐습니다."

얼마나 순진한 사람들인가. 다른 사람들은 억지로라도 구걸하고 빼앗다시피 하면서라도 살려고 하는데, 주겠다는 돈까지 받지 않으려는 그들이 너무 안쓰러웠다. 내가 쫓아가면서 말했다.

"자, 여기. 많지 않지만, 산 사람은 살아야지."

"너무 감사합니다, 감사합니다."

바꿈돈 200원씩을 손에 쥐어 주었더니, 그들은 연신 큰절을 하고는 돌아갔다. 그 이후에는 그들의 소식을 들을 수 없었다.

**고난의 행군은
가정파괴범이었다**

옆집에서는 밥 해먹을 석유가 없어서 모란봉에 올라가 땅에 떨어진 삭정이와 나뭇잎을 주어다가 그것으로 밥이나 죽을 끓여 끼니를 때우고 있었다. 많은 가정들은 한집에서 아버지와 어머니가 따로 식사를 하고 아들 며느리 식구가 따로 밥을 해 먹었다.

어느 날 평양시 삼성구역에 사는 맏형님 집에 갔는데, 형님과 형수는 아들 가족과 한집에서 살면서 따로 밥을 해먹고 있었다. 그 모습을 보고는 화가 난 내가 조카 아이를 다그쳤다.

"너 어찌 이리 할 수가 있나? 네 아버지 어머니가 따로 밥먹게 하다니.."

"삼촌이 이해하십시오. 식량이 부족할 때 식구들 입을 줄여야 연명하고 각자 책임성도 높아지니, 어쩔 수 없습니다."

북한의 식량난은 부모 자식 간의 도리도 지킬 수 없게 만든 것이다. 참으로 무섭고, 눈물겨운 현실이었다. 그래도 왜 이 지경이 되었는지, 누구에게 책임이 있는지, 그 어느 누구도 울분을 토해내거나 항거하는 사람이 없었다. 나도 마찬가지였다.

이 시기 많은 가정들이 집에 있는 물건을 팔아 쌀을 사 먹고, 마지막에는 국가 소유인 집도 운이 좋으면 돈을 받고 팔았다. 집을 팔고 나면 눈물을 흘리면서 헤어지는 것이다.

"세월이 좋아지면 다시 모여살자."

목숨을 유지하기 위해 헤어지는 길을 택한 사람들 대부분이 꽃제비가 되고 탈북자가 되었다. 그렇게 가정이 해체된 대부분의 사람들이 고혼이 되어 저 세상으로 갔다. 그렇게 300만명 이상을 굶어죽게 만든 북한정권의 무능과 그 뒤에 도사린 폭력성을 어떻게 비난하지 않을 수 있는가.

4·9· 평양의 단오절과 꽃제비

6월 10일, 단오날이었다. 오랜만에 조국에서 맞이하는 명절이라, 음식을 준비해서 모란봉에 올라가기로 했다. 우리집이 바로 천리마동상 아래 모란봉 밑에 있는 아파트였다. 음식이라야 고작 외화상점에서 산 빵 몇 개와 과일 몇 알이었다. 처의 이모할머니와 처와 함께 오랜만에 모란봉에 올랐다. 날도 맑고 춥지도 덥지도 않은 좋은 날이었다. 사실 태국에 나간 지도 벌써 7년이나 된 터라 모란봉이 집 바로 옆에 있어도 언제 한번 편하게 산책 한번 해보지 못했다. 모처럼 가족이 함께 휴식을 하리라 마음먹고 올랐더니 이미 많은 사람들이 올라와 있었다. 시원한 바람을 마음껏 마시며 산책을 하다가 돌로 만든 의자에 자리 잡고 앉았다. 점심시간도 되고 배도 출출하여 가지고 간 음식을 바위 위에 펼쳐놓고 먹기 시작했다. 주변에도 우리처럼 산책하고 식사하는 가족들이 있었다.

그런데 여기저기 눈에 띄는 사람들이 있었다. 주위 나무들에 기대어 식사하는 사람들을 바라보는 눈들이었다. 자세히 보니 그들은 배가 고파서 구경하며 서 있는 것이었다. 주위를 둘러보니 우리 옆에도 그런 사람이 물끄러미 쳐다보고 있었다.

'아! 이게 바로 나라의 현실이구나!'

씁쓸한 풍경에 한탄이 저절로 나왔다. 그들도 북한의 수도에서 사는 주민들인데, 어느새 국가 배급이 중단되어 거지로 전락한 것이다. 정상적인 인격과 자존심을 가진 평양 사람들이라, "배가 고프니 먹을 것을 좀 주십시오." 라고 구걸은 못하고, 그냥 옆에서 '혹시 부스러기라도 좀 남기고 가지 않을까' 싶어서 기다리는 눈치였다.

그 순간, 빵이 내 목구멍에 걸리는 느낌이었다.

'정말로 나라가 한심한 지경에 이르렀구나.'

옆에 지키고 서있는 사람을 불러 빵과 음식을 있는 그대로 주고 우리는 발길을 돌렸다. 그래도 그때까지만 해도 더이상 깊게 고민하지는 않았다. 그나마 내 생활은 괜찮았기에, 그대로 스쳐 지나간 것이다.

량강도에서 온 꽃제비 학생

단오가 지난 어느 날 아침, 우리집 문을 두드리는 사람이 있었다.

처이모가 나가서 문을 열더니 자꾸 가라면서 길게 이야기하기에 내가 물었다.

"누가 왔는가요?"

"량강도에서 왔다는 꽃제비야."

궁금한 마음에 내가 나섰다. 허술한 옷을 입고 얼굴은 몇 달이나 세수를 하지 않았는지 검은 때가 가득한 아이가 현관문 앞에 서있었다. 큰 키에다 일반인들의 팔목 만큼이나 가는 목의 아이가 불쌍해 보였다. 내가 물었다.

"너, 몇 살이니?"

"나는 열세 살입니다."

"가족은 어디있니?"

"아버지 어머니는 모두 갈라져서 어디로 갔는지 모릅니다."

살짝 내 눈치를 보더니, 애절한 눈빛으로 호소하며 말했다.

"저, 배가 고프니 먹을 것 좀 주십시오."

"이 아이에게 먹을 것 좀 가져다 주시죠."

"한 번 먹을 것을 주면 떼거리로 몰려온다."

이모 할머니는 잠시 망설이다가 어느 정도 빵과 간식거리를 가져다 주었다. 꽃제비 학생은 기뻐하며 돌아갔는데, 위에서 내려다보니, 아파트 현관쪽에 여러 명의 꽃제비들이 합세하여 다른 곳으로 이동하는 모습이 보였다.

당시 평양으로 들어오는 간리역 대합실에서는 이런 꽃제비 학생들이 매일 아침이면 이삼십 명씩 굶어 죽었다고 한다. 죽은 학생들을 내다 파묻기 위해 역시 꽃제비 학생들에게 빵 한 쪽씩 주고 구덩이를 파게 한 뒤, 알몸으로 여러 명씩을 한 구덩이에 묻는다고 했다. 이런 말을 듣고 실제로 간리역에 가서 확인하고 싶었으나, 집사람과 처이모님의 만류로 직접 가보지는 못했다.

4·10· "빈손으로 비료를 수입해오라고?"

북한에서 겪은 모든 장면들은 날카로운 비수가 되어 나의 가슴을 파고 들었다. 태국으로 돌아온 뒤에도 한동안 그 아픈 광경이 떠올랐고, 그 누구에게도 말할 수 없는 생생한 목격담을 홀로 가슴에 품어야 했다.

그러나 태국에서의 생활은 현업으로의 복귀를 의미했을 뿐이다. 나라가 이처럼 생지옥으로 변한 상황임에도, 그에 대한 깊은 생각보다는 당장 내가 맡은 일을 열심히 해야겠다는 평상심으로 돌아온 것이다. 그것이 내가 취할 수 있는 최선의 태도였다.

'당장 지문열쇠 기술 연구와 생산을 다그쳐야지. 빨리 성과를 내고 외화를 벌어서 쌀을 사보내야지. 조국 인민들의 배고픔을 해결하는 게 급선무 아닌가.'

짧은 생각이지만, 평범한 북한 외교관으로서 취할 수 있는 유일한 선택이었다. 그 당시만 해도 그랬다.

돈이 없어서
굶어죽는 것이
아니다

나중에야 조금씩 생각이 바뀌었다. 수많은 주민들이 굶어 죽는 것은 북한에 돈이 없어서가 아니라는 것을 알고 나서 바뀌고, 그것이 국민들의 생명과 인권을 존중하는 정권이 아니기 때문이라는 생각이 들면서 바뀌었다.

차분하게 돌아보니, 수년 전 김일성 사망 때 장면이 생각났다. 시신을 안치한 금수산 궁전을 꾸미는 데 약 7억 9천만 달러가 소비되었고, 각국 주재 북한대사관들에서 20여 일간 조문객을 받으며 많은 경비를 소비했다는 사실을 깨달았다. 그때 태국에서는 생화를 수 톤어치나 사서 특별 비행기로 실어 보냈다. 당시 북한에는 생화가 씨가 말랐으며, 산에 있는 야생화까지도 다 꺾어 김일성 동상에 바쳤다. 중국 베이징에는 생화가 다 떨어져서 남방에서 공수해다가 조문 온 대표단들에게 판매하는 지경에 이르렀다. 그때 중국의 꽃 장사꾼들은 막대한 돈을 벌었다.

'그런 돈을 죽은 사람에게 쏟아붓지 않고 식량을 사들여 주민에게 먹였다면, 굶어죽는 참사는 크게 줄었을 것이고, 사람을 잡아먹는 비극 따위는 막을 수 있지 않았을까.'

"나이지리아에서 보낸
1000만 달러는 어디로
사라지고, 빈손으로 비료를
사 오라고?"

방콕으로 돌아오고 나서, 약 15일쯤 지난 어느 날 무역성 부상을 단장으로 하는 비료구입대표단이 출장을 나왔다. 때는 6월 말, 논에 비료를 줘야 할 시기를 이미 놓친 상태였다. 그런데 대표단의 손에는 아무 것도 들려있지 않았다. 빈손으로 온 것이다. 정무원에서는 긴급 비료구입을 해야 하는데 외화가 없으니 맨손으로 비료를 구입해 오라고 대표단을 내보낸 것이다.

"홍 동무, 외화가 없어 맨손으로 나왔으니, 어찌해야 좋겠소?"

"단장 동지, 돈 한 푼없이 어떻게 비료를 수입하려고 나오셨습니까?"

"글쎄, 그것이… 나이지리아 대통령이 인민들의 식량을 해결하라고 보낸 1000만 달러 중 일부라도 비료구입에 쓰라고 정무원에 내려보낼 줄 알았는데 단 한 푼도 내려 보내지 않고 몽땅 지도자동지의 충성자금으로 갔다는구만.…"

앞이 캄캄했는지, 대표단 단장이 한숨을 쉬며 불평을 털어 놓았다. 그러고는 내 눈치를 보더니, 하소연하는 것이었다.

"홍 동무가 외화벌이에 능하고, 지난번 쌀수입 건도 잘 완수했지 않소? 그래, 어떤 방도가 없겠소?"

과연 내가 평양에 갔을 때 외교부 국장에게서 들었던 내용 그대로였다. 이런 대목은 국제사회의 대북한 원조가 주민 생활개선에 도움이 안된다는 점을 시사한다. 주민들 배고픔 해결에 쓰라고 아무리 원조를 해주어도 몽땅 권력층 주머니로 들어가서, 오히려 주민들에 대한 통제와 압박이 강화될 뿐이다. 즉, 북한의 민주화와 주민들의 인권이 개선되지 않는 한, 북한 주민들의 생활 개선은 불가능한 것이다.

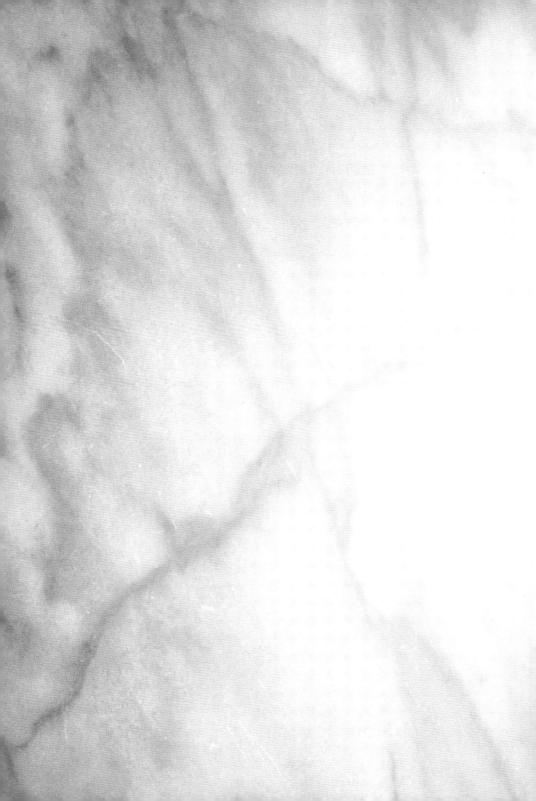

다섯

인민공화국 소년,
주경야독하다

(1948~1964)

5·1· 북간도 연변에서 유년시절을 보내다

함경남도 단천군 남두일면 이파리가 내 본적지다. 증조부부터 할아버지, 아버지와 형님까지 태어나 자란 곳이다. 증조부가 조정에서 벼슬을 하다가 이곳에 유배와서 자리잡게 되었다는 풍설이 있지만, 사실 여부를 확인한 적은 없다. 조선시대에 이 지역이 오랑캐와 접경지대였던 변방이었다는 점을 감안하면 사실에 가까울 것이다.

유배, 변방, 탈북, 망명…

어쩌면, 척박하고 비인간적인 북한 땅을 탈출하여 자유세계로 넘어온 나의 처지가 조상으로부터 이어져 온 숙명일 수도 있다.

내 출생지는 더 북쪽으로 올라가는 함경북도 성진이다. 지금은 함경북도 김책시로 불리는 그곳에서 아버지 홍일권과 어머니 김윤성의 셋째 아들로 태어났다. 위로는 홍수엽 홍수룡 두 형님이 계시고, 이름도 모르는 맏누이와 홍순옥, 순이, 여동생 순애 등 7명의 형제 자매들 가운데 여섯째다. 일제 말기에 태어난 나는, 당시 많은 조선 사람들이 살길을 찾아 여기저기 헤맨 것처럼, 한반도의 최북단이자 접경지대인 함경도 땅과 중국 땅을 넘나들며 어린 시절을 보내야 했다.

성진에서 아버지는 기와 만드는 일을 했다. 살림이 신통하지는 않았다. 어려서 서당공부를 한 덕분에 한문에는 밝았지만, 생활에는 별 도움이 안되었던 듯하다.

내가 네 살 때인 1942년, 생활고를 견디다 못한 우리 가족은 간도 땅으로 건너갔다. 길림성 연길현 노투구 후신촌으로 이주하여 소작농 생활을 했다. 항일투쟁지로 유명한 천보산에서 5리 떨어진 이 마을에는 중국인들이 대부분이었고, 조선인들은 고작 여덟 세대였다고 한다.

내 유년시절의 대부분 기억들은 이 마을 뒤 야산과 마을 옆의 시냇가에서 뛰놀던 추억들로 가득하다. 잘 먹지도 못하고 팬티도 제대로 입어보지 못한 어린시절 기억이 아직도 생생하다.

여름에는 하루 종일 물놀이를 했고, 볏짚으로 꼬아 만든 공을 차며 놀았다. 신발을 모르던 때여서 맨발로 뛰어 다니며 놀다가 돌부리를 걷어차서 피가 나기도 했지만, 아픈 줄도 모르고 마냥 즐겁기만 한 나날이었다.

겨울에는 어른 저고리 하나만 맨몸에 걸치고는 부엌에 남은 불을 화로에 담아 몸을 녹이면서 지내기도 했다. 어느 날 벌거벗고 마당에 나가 소변을 보다 옆집 동갑내기 여자애한테 들켜서 창피했던 기억은 일생동안 따라다니는 추억이다. 훗날 그 애와 함께 학교에 다니면서도 그 기억 때문에 본체만체하면서 외면할 수밖에 없었다.

천보산 근처 중국인 마을에 소작농으로 이주하다

우리집은 찢어지게 가난했다. 노동력이 부족한 탓도 있었다. 당시 아버지는 위병이 심해서 주로 할아버지와 어머니가 농사일을 하셨고, 맏형님이 많이 거들었다. 가정이 어려워 공부를 못하신 할아버지는 마을 뒷산을 삽으로 일

구어 거기에 호박을 많이 심었다. 겨울에 쌀이 부족할 때 우리 가족은 호박을 삶아 그것으로 끼니를 때우는 일이 빈번했다.

가난을 면해보려는 일념으로 무리하시던 어머니는 끝내 병을 얻어 일찍 우리 곁을 떠나셨다. 일곱이나 되는 자식들을 낳아 키우면서 하루도 쉬지 못하고 밭에 나가 일했기 때문이다.

특히 막내를 낳은 이튿날부터 밭에 나가 가을걷이를 한 것이 화근이었다고 한다. 산후 바람을 쐬는 바람에 온몸이 퉁퉁 부어 눕지도 못하고 앉아서 밤을 새우며 앓았다. 당시 가난한 농촌 마을에는 의사가 전혀 없었고 도시에 병원을 찾아간다는 것은 가난한 살림으로 상상조차 할 수 없는 일이었다. 아버지는 약초를 캐다가 약을 달여 어머니께 먹이며 정성껏 치료를 했다. 처음에는 효과가 있는 듯했고, 몸이 조금 나아지자 어머니는 다시 일을 시작했다. 그러다가 병이 다시 재발하여 1945년 7월 6일에, 일곱 살인 나와 작별하셨다. 일제 식민지에서 해방되기 직전의 일이다.

세상 물정을 알기에는 너무 어렸던 나는 어머니가 돌아가신 사실을 실감하지 못했었다. 나중에야 어머니의 사랑을 받지 못하고 자란 나의 삶이 얼마나 힘들었는지 실감날 때면, 혼자 눈물을 훔칠 때가 많았다. 간혹 누군가가 "어머니 없이 참 불쌍하구나!" 하고 동정할 때면, 눈물이 핑 돌면서 슬그머니 달아나곤 했다.

둘째 형 홍수룡은 머리가 총명했다. 소학교를 2년 만에 졸업하고 서울로 가서 부기학교에 입학하여 스스로 학비를 벌어 생활하며 졸업을 했다. 집으로 돌아와서는 천보산 광산배급소에서 일했다. 수룡 형은 술을 매우 좋아했다. 광산배급소에서 술을 물통에 담아가지고 퇴근할 때 집 근처 바위에 앉아 마시다 집에 돌아오곤 했다. 술을 마신다고 해서 주정하거나 거칠게 노는 일은 단 한 번도 없었다. 나중에는 인민군 장교가 되어 가족 부양에도 큰 도움을 준 형이다.

할아버지는 내게 천자문을 가르치셨다. 새끼를 꼬거나 짚신을 삼으면서 〈하늘 천 따지〉를 따라 외우도록 했다. 글자도 모르면서 따라 외우기만 하는 것이 나는 너무 싫증나고 힘들었다. 그럴 때면 할아버지는 나가서 쉬고 들어오라고 하시던, 전형적인 농민이었다.

5·2· 중국서 맞이한 8·15 해방 : 형들, 인민군에 들어가다

1945년, 해방되던 해의 식량 사정은 매우 어려웠다. 그해 우리는 소나무 껍질로 송이떡을 만들어 먹기도 했고 풀을 뜯어 끓여서 끼니를 때웠다. 특히 여름에는 콩죽으로 살았다. 콩 냄새가 심해서 한두 숟가락 먹고는 선반 위에 올려놓았다가 배고프면 다시 내려달라고 하여 어른들을 성가시게 했다. 쌀 한 알 섞이지 않은 콩죽만을 계속 먹으면서 해방을 맞은 셈이다. 일본군의 패망 이후 각 부락에는 자위대가 조직되고 청년들이 몰려다니며 큰일이나 하는 듯 떠들썩했다.

해방 이후에도 중국에서는 전쟁이 끝나지 않았다. 국민당 군대와 중국인민해방군의 전쟁이 더욱 격렬해진 것이다.

맏형은 중국인민해방군 의용군으로 들어갔다. 사촌 형 홍순봉도 중국 인민해방군에 입대하여 장개석 군대와 싸웠다.

나중에 사촌 형은 1949년 가을에 중국 인민해방군 중대장으로 원산지구에 나왔다. 이즈음 중국에서 싸우던 조선족 인민해방군들이 대거 북한으로 나와서 인민군에 편입되었는데, 자연스레 사촌 형도 고국에 돌아온 셈이다. 지금 보면, 남조선을 해방한다는 명목으로, 북한이 6·25전쟁을 사전에 면밀히 그리고 극비밀리에 준비해 왔다는 산 증거의 하나였다.

해방된 다음 해인 1946년에 김일성은 중국 연변에 군정대학을 세우고 학생들을 대대적으로 모집했다. 이것은 북조선 인민군대를 창설하기 위한 사전 조치였다. 둘째 형도 군정대학에 지원하여 입학했다. 얼마 후 북한으로 가서 보안간부 훈련소를 졸업한 둘째 형은 48년 2월 8일 조선인민군 창설 당시 인민군 군관이 되었다.

해방 직후 중국과 북한의 정세는 피끓는 청춘을 들썩이게 만든 면도 있었던 듯하다. 맏형, 둘째 형, 사촌 형 등이 군인이 된 배경에는 그런 면도 없지 않았다.

46년 봄에 나는 천보산 소학교에 입학했다. 학교는 마을에서 약 5리 정도 떨어져 있었다. 누나 홍순이는 2학년에 들어갔다. 보자기에 책을 몇 권 싸가지고 어깨에 둘러메고서 나는 매일 맨발로 걸어서 학교에 다녔다. 학교에서 때때로 벌을 받던 기억도 있다. 숙제를 제대로 해가지 못하거나 심하게 장난을 쳐서 벌을 받곤했다. 그때마다 손을 들고 서 있던가 아니면 학교 운동장을 뛰어야 했다.

어느 날 학교에서 공부하고 있는데 갑자기 눈이 펑펑 쏟아졌다. 그날도 맨발이었던 나는 집까지 5리를 한달음에 달려갔다. 집에 도착하니, 할머니와 누나 그리고 아버지까지 야단이 나서 언 발을 찬물에 담그라 했다. 다음 날부터 짚신 한 켤레가 내 차지가 되는 횡재를 누렸다. 비록 어렸지만, 학교에 갔다 와서는 형님과 누나를 따라 강냉이밭에 나가 김도 매보았고 산에 나무하러 가기도 했다. 그렇게 소학교를 다니다가 3학년 때 북한으로 돌아오게 되었다.

5·3· 6·25 전쟁 : 인민군 군관인 둘째 형을 따라 북한에 돌아오다

1948년 5월, 조선인민군 군관이 된 둘째 형이 우리 가족을 데리러 왔다. 멋진 군복을 입은 형은 우리가족의 자랑거리가 되었다. 당시 조선인민군 군복은 러시아식 제복 그대로였다. 당꼬 바지에 빨간 줄로 장식한 군복 그리고 빨간 줄을 두른 모자 등 모든 것이 의젓해 보였다. 둘째 형은 평양 문수리에 있는 조선인민군 항공사령부에서 복무 중이었다.

며칠 휴식을 취한 뒤 형은 다섯 가족과 함께 북한으로 먼저 돌아갔고, 나머지 식구들은 한 달 후에 뒤따라왔다. 할머니와 아버지, 누나 홍순이와 여동생 홍순애 등 다섯 식구는 보따리를 메고 두만강을 건넜다. 그때는 두만강에 제대로 된 다리가 없어서, 도강 전문 짐꾼들의 도움을 받아야 했다. 얕은 강줄기를 골라 건너 도착한 북한 땅은 회령이었다.

회령에서는 증기기관차를 타고 평양으로 갔다. 삼촌 홍기권도 보안간부훈련소를 졸업하고 최현 연대장 휘하의 참모로서 대위 계급장을 달고 있었다. 평양에 도착한 우리 가족은 평양시 문수리 비행장에 있는 항공사령부 군인가족 사택에서 생활하게 되었다.

나는 평양 제13인민학교 3학년에 편입했다가, 다시 집에서 가까운 평양 제11인민학교로 전학했다. 두메산골 촌놈이 평양 아이들과 어울리는 것이 쉽지는 않았다. 그들은 말씨부터 다른 나를 풋내기라 깔보기도 했지만, 전학할 때 형이 군복을 입고 나타났던 것을 생각하며 함부로 덤벼들지는 못했다. 당시 군인들의 수는 적었고, 군관들의 위세는 대단했다.

원산 항공부대 참모장이 된 둘째 형

1950년 초 형은 원산 항공부대 참모장으로 발령받았다. 원산의 유명한 명사십리 비행장에 주둔하는 부대였다. 형이 먼저 원산으로 가고 우리 가족은 5월 초에 원산으로 이사갔다. 나도 다시 전학을 하여 원산시 충청리에 있는 원산 제14 인민학교 5학년에 들어갔다.

일제 때 일본 해군장교들이 살던 해군사택이 우리 집이었다. 복도가 있고 다다미방과 마루, 그리고 독립 부엌 등 방이 여러 개였고, 마당에는 각종 과일 나무들이 있고 집 주변은 울타리로 둘러싸여 있었다. 난생 처음 좋은 집에서 살게 된 것이다. 원산에는 물자도 풍부하여 장마당에는 생선이 차고 넘쳤다. 평양에서는 절인 고등어 한 손에 15원이었는데, 원산에서는 고등어 20마리가 25원이었다. 누나가 고등어 20마리를 사서 가마에 넣고 끓여 실컷 먹기도 했다. 그렇게 연이틀 고등어만 먹었더니 그다음부터는 고등어를 쳐다보기도 싫었던 기억도 난다.

금강산과 가까운 항구도시 원산은 참으로 아름다웠다. 기후도 평양에 비해 따뜻해서, 여름에 덥지도 않고 겨울에 그리 춥지도 않았다. 원산에서 조금 떨어진 안변군과 배화면은 감과 배나무 등 과일들이 잘 되는 곳이었다. 물이 맑고 깨끗한 원산 송도 해수욕장은 소나무도 무성하여 잘 가꾸면 세계적인 관광명소가 될 수 있는 정말 아름다운 곳이다.

그러나 원산에서의 행복한 생활은 오래가지 않았다. 원산으로 이주한 지 두 달

만에 민족상잔의 비극인 6·25 전쟁이 발발한 것이다.

행복한 시절의
마감, 6·25 전쟁

6·25 전쟁은 철저히 북한에서 계획적으로 준비했고 소련과 중국의 동의를 얻어 김일성이 일으켰다. 당시 북한은 은밀하게 전쟁준비를 하는 한편 한쪽으로 남한에 평화대표단 파견 등 평화공세를 폈다. 중국 인민해방군의 팔로군 소속 조선인들을 대거 조선인민군으로 편입시킨 것도 전쟁 준비의 일환이었다. 남한은 전쟁 준비가 미흡했고 미군도 철수한 상태여서 남한을 단숨에 먹을 수 있다는 것이 김일성의 타산이었다.

1950년 6월 25일 새벽 5시에 기습한 인민군은 3일 만에 서울을 점령했다. 당시 북한에서는 매일 어느 도시를 점령하고 어느 도시로 인민군이 파죽지세로 진격한다는 보도가 나오고 있었다. 전선은 매일 남쪽으로 확대되었다. 형이 참모장으로 있던 원산 항공대는 인민군의 남진에 힘입어 김포공항으로 이동시켜 주둔하게 되었다.

시간이 지날수록 미군 비행기의 원산 폭격이 심해지고 바다에서 함포사격도 점점 강화되었다. 원산에 남아 있었던 우리 가족은 마당 한복판에 방공호를 만들고 공습사이렌이 울리면 그 방공호 속에 들어가 해제 사이렌이 울릴 때까지 있었다. 점점 더 미군 공습이 강화됨에 따라 우리 가족은 아예 안변군의 어느 농촌으로 피난을 갔다. 농촌에는 폭격이 많지 않았기 때문에 그런대로 지낼 수 있었다. 나는 그곳에서 논밭 메뚜기를 잡아 가마에 넣고 구워 먹기도 하면서 시간을 보냈다. 학교는 중단되고 공부는 할 수 없었다.

1950년 9월 초, 우리 가족은 본격 피난길에 올랐다. 형님 부대에서 후퇴하라는 지시가 내려왔고, 그 지시에 따라야 했기 때문이다. 아버지와 누나 그리고 8살 여동생과 함께 무작정 북쪽으로 후퇴했다. 낮에는 항공기 폭격으로 걸을 수 없어서 개인 집에 들어가서 자고, 밤에만 길을 가는데 밤길에는 자동차와 사람들이 뒤엉켜 도로를 꽉 메웠다. 12살이던 나는 보따리를 지고 어른들을 쫓아가자니 여간 힘들지 않았다. 밤에 그냥 걷다 보면 저절로 눈이 감기고, 기계적으로 발을 옮기다 돌부리를 차고는 눈이 번쩍 떠지면 다시 걸었다.

5·4· 중국으로의 피난길 : 다시 두만강 너머, 흑룡강성으로 피난가다

피난길은 고생길이었다. 정처없이 떠난 길이지만, 일단 북쪽 끝까지는 무조건 가야 했다. 피난길에 접한 여러 비극적인 장면들도 슬펐지만, 다시 중국으로 건너가야 할지도 모른다는 불안감이 엄습하기 시작했다. 둘째 형이 마련해 준 지난 2년간의 생활은 우리 가족의 인생에서 가장 행복한 순간이었다. 전쟁으로 인해 그 행복이 산산조각 났고, 이제 다시 중국 땅으로 피난가야 하는 상황으로 내몰린 것이다.

**피난길에 접한
형의 불길한 소식**

후퇴 대열에는 부상당한 군인들도 많았다. 우연히 하루는 군인 부상병을 만나 걸으면서 이야기를 나누게 되었다. 군인은 턱을 부상당하여 말하기가 불편하다며 겨우 말하는 수준이었다.

"나는 김포에 주둔한 항공부대 소속이었고, 참모장 홍수룡을 잘 압니다. 당시 김포공항 주둔 부대의 모든 비행기는 파괴된 상태였고, 보병 포함 두 개 연대 정도의 무력이 상주하고 있었소. 그런데 9월 16일 미군이 인천으로 상륙한다는 소식을 접하고 부대는 전날 밤에 해안 방향으로 전진하여 방어진을 구축했어요. 당시 부대장은 평양으로 출장가고 전투는 참모장이 지휘했습니다."

잠시 말을 멈춘 부상병은 아버지를 한 번 쳐다보고는, 다시 말을 이었다.

"새벽에 미군이 강력한 포격으로 맹렬히 공격하는 바람에 총도 제대로 쏴보지 못하고 아군은 모두 전사했습니다. 아마 참모장도 그 전투에서 전사했을 겁니다."

"확실합니까? 직접 목격한 거요?"

"… 그건, 아닙니다. 직접 본 건 아닙니다. 나는 후방에서 지원하다가 겨우 빠져 나와서, 내 눈으로 보지는 못했습니다."

그 부상병은 후방 멀리 떨어져서 활동하다가, 겨우 목숨을 건지고 후퇴하는 중이라고 했다. 전쟁 중이라 군인들의 죽고 사는 문제에 다소 둔해지긴 했지만, 2년 넘게 집안의 기둥이었던 형을 잃었을지 모른다는 말에 가족 모두가 실의에 빠졌다. 그러나 확실한 증언은 아니었기에 포기할 수는 없었다. 전쟁의 아수라장 속에서 운이 좋으면 살았을 수도 있다고 생각했다.

피난길은 계속되었다. 후퇴 도중에 미군 비행기 공습도 여러 번 겪었다. 한번은 낮에 여관 뒤 나무로 만든 화장실에 앉아 있는데 쌕쌔기라 부르는 비행기가 기관총 세례를 퍼부었다. 하늘을 진동시키는 듯한 요란한 소리를 내며 낮게 하강하여 목표물을 갈겨댄 것이다. 나는 화장실에 앉아서 나오지도 못하고 벌벌 떨다가 비행기가 떠나 간 다음에야 밖으로 나왔다. 짐을 싣고 가던 소가 널부러져 죽어 가고 있었다. 전쟁 시기 북한에서는 소달구지가 주요 운반수단이었는데, 미군 비행기는 소달구지만 보면 공격을 퍼붓곤 했다.

이렇게 피난길을 한 달 걸려서 도착한 곳이 회령이었다. 회령에 머무는 동안 당시 17살이었던 셋째 누나의 혼사가 성립되었다. 회령 철도기관구 기관사였던 장수남과 결혼을 하기로 하고 회령에 그냥 눌러앉은 것이다. 그 후 누나는 아들 셋 딸 하나를 낳고 살았다. 전쟁 중이었지만 사람사는 일은 또 그렇게도 흘러갔다.

**두만강 건너
중국으로 피난가다**

나머지 세 식구는 두만강을 넘어서 다시 중국으로 건너갔다. 길림성 연길현 용정시에 사는 고모네 집으로 간 것이다. 고모 아들은 노상철, 노상일, 노상필이 있었고 딸 노복선을 두고 있었다. 또한 용정시에는 둘째 누나 홍순옥이 매부 이상학과 살고 있었다. 아들 이용구는 훗날 한쪽 눈을 잃었다는 소식을 들었다. 고모네는 농사를 지어 겨우 힘겹게 살고 있었는데 우리 식구까지 신세를 지다 보니 여간 불편한 것이 아니었다.

중국 정부는 북한의 군인 가족과 간부 가족들을 특별히 보살펴 주었다. 많은 군인 가족들이 후퇴하여 대부분 중국 흑룡강성으로 건너갔다는 소식이 들렸다. 우리 가족도 그곳에 합류하기로 했다. 겨울 한철을 고모네 집에서 보낸 뒤, 우리 세 식구는 중국 정부의 안내를 받아 흑룡강성 령안현 온춘촌에 가서 자리를 잡았다. 한 중국인 집에 동거로 살게 되었다. 신을 신고 방에 들어가서 양쪽으로 걸터앉을 수도 있고 누울 수도 있었다. 나무를 때는 부엌에는 큰 무쇠가마가 있어서 그 안에 다른 밥솥을 넣어 밥을 해 먹었다. 무쇠가마 뚜껑은 몇 년을 닦지 않고 써서 시커먼 때가 잔뜩 끼어 있었다. 마을은 크지 않았으나 약 100여 채 정도 살림집이 있었다.

그 당시 중국인들의 생활 수준은 매우 낮았다. 일부 중국인들은 햇살 비치는 따뜻한 곳에 앉아서 옷을 벗어 '이'를 잡았다. 그들은 겨울옷을 한 번도 세탁하지 않고 입어서 옷소매가 항상 반들반들했다.

마을 사람들은 모두 농업에 종사했다. 주로 밀과 강냉이 그리고 수수 농사를 많이 했고, 수박, 오이, 토마토, 참외 등 다른 농작물도 생산했다.

흑룡강성 조선인학교에 들어가다

6·25 전쟁 때 피난온 조선인 학생들을 위해 중국에 몇 개의 조선인 학교들이 설립되었다. 흑룡강성 목단강 지역에는 북한의 간부 가족들을 위한 조선인학교, 즉 령안현 조선인중학교, 세환진 조선인중학교, 계서 조선인중학교, 목릉 조선인중학교 등이 있었다. 그중 령안현 조선인학교는 중학교와 여자 고급중학교가 함께 있었고 령안현 내 여러 농촌에 배치된 조선인 학생들과 고급 중학교가 없는 여러 지역 학생들이 모여서 공부했다.

1951년 가을, 나는 집에서 가까운 령안현 조선인 중학교에 입학하여 기숙사 생활을 하게 되었다. 당시 중국정부는 북한의 간부가족 피난민들에게 매월 일정액의 돈을 제공하여 생활할 수 있게 해주었다. 시퍼런 색의 면천으로 만든 옷을 주었고 겨울에는 주로 솜바지와 저고리를 주어 춥지 않게 지냈다. 기숙사에서는 밥과 국을 마음대로 먹을 수 있었지만, 높은 담장을 쳐서 외출을 마음대로 할 수 없게 했다.

그런데 중국어를 몰라서 상당히 불편했다. 중국에 학교를 건립했으면 중국어를 일정 부분 가르쳐야 하는데 학교에서는 한마디도 가르쳐 주지 않았다. 순전히 북한 학생들끼리만 어울리다 보니 중국말을 익힐 기회도 없었다. 기숙사 울타리 속에서 생활하다가 일요일이면 외출이 가능했고, 외부의 목욕탕과 상점들에 가곤 했다.

학교에 가서 공부를 하는 것 외에 다른 즐거운 일은 거의 없었다. 외롭고 쓸쓸했던 기억이 대부분이다. 아버지와 여동생과는 자주 만날 수도 없었고, 방학 때 집에 가 봐야 어머니는 없고 아버지가 살림하는 집이어서, 우울하게 보냈던 기억뿐이다.

그래서 하루빨리 북한으로 돌아가서 둘째 형님을 만나고 싶었다. 그는 나의 유일한 보호자이고 우상이었다. 어린 마음이지만 조국이라는 것이 정말 그리웠고 특히 형님이 그리웠다. 빨리 전쟁이 끝나고 조국에 돌아가서 형님을 만나 행복하게 살기를 원했다. 형님이 사망했을지 모른다는 걱정은 애써 지우려 했고 반드시 살아 있으리라는 희망을 가지고 있었다.

5·5· 휴전과 귀향, 다시 시작된
가난 : 둘째 형의 사망통지서

휴전이라는 이름으로, 1953년 7월 27일, 3년간의 전쟁이 끝났다. 북한은 남한을 점령하지도 못했고 전쟁 전의 38선 대신 휴전선이 그어졌다. 달라진 것은 모든 것이 파괴되고 수백만이 죽었다는 것이다. 당시 공산주의자들은 전 세계의 공산화 목표를 가지고 세계 곳곳에서 공산주의 확산을 꾀했다. 김일성은 남조선을 강점하여 세계 공산화에 이바지할 것으로 착각했으나 실패하고 만 것이다.

정전이 선포되자, 중국에 와있던 군인 가족들은 저마다 북한으로 떠났다. 우리 가족도 하루 빨리 북한으로 가기 위해 준비를 했지만, 어디로 갈 것인지가 고민이었다.

"평양으로 갈 것인가? 아니면 회령으로 갈 것인가?"

평양에는 아무도 없었기 때문에, 일단 누나가 있는 회령으로 가기로 했다. 거기에서 지내면서 형님 소식을 알아보자는 계획을 세웠다.

집안의 기둥, 둘째 형이 사망하다

드디어 1953년 9월 초, 우리 가족은 다시 두만강을 건너 회령으로 돌아왔다. 일단 누나네 집에 짐을 풀었고, 약 3개월 후 회령군 창효리에 반지하 집을 한 채 구해서 이사했다. 곁에서 보면 집으로 보이지 않는 오막살이집이었다. 지붕이 땅과 수평으로 되어 있고 앞은 개울가로 틔어 있는 집이기 때문이다. 부엌 겸 거실이 있고, 두 사람이 겨우 누울 수 있는 방이 하나 있었다.

아버지는 회령에 나온 후 둘째 형을 찾기 위해 평양으로 떠나셨다. 당시 기차 사정이 좋지 않아서 평양에 다녀오는 데 많은 시간이 걸렸다.

어렵게 평양에 도착한 아버지는 항공사령부를 찾아 가셨다. 당시 아버지의 심정을 어떻게 표현할 수 있을까? 이미 아버지는 둘째 형에게 크게 의존하고 있었다. 큰형은 배운 것도 없고 부모에 대한 효도도 부족할 뿐 아니라 능력도 없었다.

둘째 형이 바로 세대주이고 집안의 기둥이었다. 그런 둘째 아들이 살아있기만을 간절히 희망하며 찾아간 아버지 앞에 나타난 것은 아들 대신 사망통지서였다. 너무나 억울하고 원통스런 현실에 좌절한 아버지는 며칠 동안이나 정신나간 사람처럼 지내다가 발길을 돌리셨다.

한 달 넘어서야 회령으로 돌아오신 아버지는 땅이 꺼지는 한숨부터 내쉬었다. 한자리에서 기다리던 가족들에게 자초지종을 설명하고는 전사통지서를 꺼내 놓으셨다. 후퇴할 때 만났던 부상병의 말이 사실이었던 것이다. 우리 가족은 실망과 한탄으로 울부짖었다.

배급과 보조금으로 연명하다

전쟁은 우리 가족에게서 많은 것을 빼앗아갔다. 전쟁 전 평양에서 원산으로 이사갈 때 다섯째 삼촌 홍도권의 집으로 갔던 할머니 소식도 알 수 없었다. 원산에서의 단란하고 여유로워 행복했던 생활의 모든 것을 잃어버렸다. 우리 가족은 전사자 가족 앞으로 제공되는 배급과 보조금 1500원을 받아 근근히 연명했다.

맏형 홍수엽은 중국 인민해방군에 징집되어 복무하다가 제대했고, 1949년 봄에 평양으로 나와서, 인민군 장교로 자리잡은 둘째 형님의 소개로 항공사령부 노무자로 근무했다. 전쟁때 맏형도 후퇴하여 큰누나가 있는 함경북도 혜산군 갑산으로 가서 정전될 때까지 살았다. 맏형은 우리가 회령으로 돌아왔다는 소식을 듣고 회령으로 나와서, 좁은 집에서 우리와 함께 살게 되었다. 전쟁의 와중이라 맏형은 식을 올리지 못한 채, 김귀인녀와 결혼생활을 했다. 맏딸 산옥 맏아들 원표와 원학 등 자식을 여럿 낳았다. 형수에게는 이성국이라는 결혼 전에 얻은 다른 아들이 있었다. 나중에 내가 평양에 있을 때 집에 자주 놀러 왔다.

회령 고급중학교에 들어가다

형편은 어려웠지만 나는 배움을 계속했다. 계속 배워야 둘째 형처럼 능력있고 안정된 삶이 가능하다고 확신했다. 전쟁 직후 힘들고 어수선했던 시절에 나는 회령 제1중학교 3학년에 들어갔다. 1954년에 중학교를 졸업하고 회령 고급중학교에 진학했다. 회령고급중학교는 당시 북한에서 가장 실력 수준이 높아서, 북한 정부에서 '해방고중' 칭호를 주었다. 중학교 시절부터 가장 친했던 송아지 친구들인 신동준과 서재호도 나와 함께 이 학교에 합격했다. 그러나 얼마 뒤, 우리 삼총사는 각기 헤어져서 제 길을 가게 되었다.

신동준은 자기 아버지가 소비협동조합 부위원장으로 있다가 상급의 조치에 의해 대남공작원으로 선발되어 남파되었다. 그래서 회령에 그대로 있지 못하고 평안남도로 이사를 하면서 떠나 버렸다. 그곳에서 고급 중학교를 졸업하고 김일성종합대학을 졸업한 뒤 대학교 혁명력사 교원이 된다. 김일성대학 도서관장을 거친 신동준은 대학의 김일성 김정일 혁명역사연구실 관장으로 자신의 정년을 마감하게 된다.

나, 홍순경도 얼마 지나지 않아서 회령을 떠났다. 집안 형편이 어려웠기 때문에 애써 들어간 회령 고급중학교를 그만두고, 강원도에 있는 삼촌 댁에 의탁하러 떠난 것이다. 학교도 바뀌어 금강 고급중학교에 다니게 되었다.

서재호는 삼총사 가운데 유일하게 그곳에 남았다. 그대로 회령 고급중학교를 졸업하고, 김책공업대학을 졸업했다. 그 후 사회안전부에 들어가서 생활하다가, 나중에 상좌가 되었고, 마지막에 교육담당지도원으로 정년을 마감하였다.

금강 고급중학교로 전학하다

1954년 10월, 나는 혼자 기차를 타고서 강원도 금강군에 있는 작은삼촌네로 갔다. 그리고 금강읍에 있는 금강 고급중학교로 전학했다. 회령 고급중학교에 입학 직후, 작은 삼촌이 회령에 오셨다가 어려운 살림 형편을 목격하고는 내게 강원도로 와서 공부하라고 한 것이 계기가 되었다. 그래서 작은삼촌 홍기권이 후방부 연대장으로 근무하는 강원도 금강까지 찾아간 것이다.

그런데 삼촌이 근무하는 부대는 학교에서 약 50여리 떨어져 있었다. 도저히 삼촌 집에서는 다닐 수가 없어서, 학교 근처에서 하숙하며 공부를 하게 되었다. 남의 집 윗방에서 하숙생활을 한다는 것은 고통스러운 일이었다. 삼촌 집에서 배급 쌀도 제대로 주지 않았고 하숙집에 주기로 한 하숙비도 주지 않아 마음 고생도 많았다. 막내삼촌에게는 순현 순철 순화 등 자식이 있었기 때문에 나까지 부양하는 일이 쉽지도 않았다.

금강 고급중학교에서의 기억 가운데 풋풋한 첫사랑의 추억도 아련하다. 당시 형편이 어려운 나를 동정한 학급 여학생이 있었다. 그 애는 가끔 먹을 것을 가져다 주었고, 은근히 나를 좋아하는 눈치였다. 그때는 아직 어려서 아무 생각도 없었다. 어느 날 밤에 함께 길을 가다가 그 애가 갑자기 내 팔짱을 끼는 것이었다. 나는 깜짝 놀라서 팔짱 낀 팔을 풀었지만, 왠지 마음이 울렁거렸다. 그 후에도 그 여학생은 내게서 빌려간 노트 속에 연애편지를 끼워 보내기도 했다. 기분이 좋았지만, 그 여학생과의 인연은 전개되지 않았다. 그 이유는 그 여학생이 싫어서가 아니라, 당시 내 마음 깊은 곳에 또다른 소녀가 있었기 때문이었다. 중국 피난 시절, 중학교 2학년때 만난 박형금이라는 소녀였다.

1년도 채 지나지 않아서 나는 다시 회령으로 돌아왔다. 아버지의 병세는 더욱 악화되었고 생활은 더 어려웠다. 아버지는 아픈 몸에도 불구하고 작은 텃밭에 수수를 심는 등 농사를 지었다. 식구들을 살리려는 몸부림이었다. 당장에 나는 아버지의 농사 일을 거들어야 했다.

5·6· 아픈 만큼 성숙해지고 : 병치레와 두만강을 넘어서

1955년 8월 말경, 아버지의 밭일을 조금 도와주고 집에 왔는데 내 몸이 몹시 떨렸다. 이불을 덮고 누워서 잠시 잠을 자고 일어났는데 얼굴이 움직여지지 않았다. 소스라치게 놀라 거울을 보니, 얼굴 한쪽이 돌아가서 일그러진 모습이었다. 구안와사, 안면에 신경마비가 온 것이다. 당시 영양 상태도 좋지 않았는데, 밭에서 찬바람을 쏘인 것이 문제인 듯했다.

체코병원에 입원하다

아버지는 여기저기 한의를 찾아다니면서 나를 치료하기 위해 많은 노력을 하셨다. 머리에 침도 많이 맞았고 약도 써봤지만 좀처럼 낫지 않았다. 그러던 중 청진에 있는 체코병원에 입원해서 치료를 받게 되었다. 전쟁 후 북한에는 동구권 사회주의 국가들의 다양한 지원이 진행되었는데, 동독은 함흥에 모방직공장을 지어주고 체코는 청진에 대형병원을 지어 주는 식이었다.

청진의 체코 병원은 좋은 시설로 소문난 곳이었다. 병원에 가니 간호사를 포함한 모든 사람들이 친절하게 대해 주었고, 특히 병원에서 제공되는 따뜻한 식사가 좋았다. 완전히 무료로, 약 20일간 입원 치료를 거쳐서 나는 겨우 완쾌되었다.

그러나 집에 돌아온 나는 학교에 다닐 수가 없었다. 금강 고급중학교에서 회령 고급중학교로 다시 전학하는 와중에 병으로 4개월 이상을 앓으면서 그 사이 학교를 결석했기 때문이었다. 어쩔 수 없이 1년을 휴학해야 했다.

연변 누나집에 가서 재화를 얻어오다

집에서 쉬던 어느 날, 중국 친척집에 자주 다닌다는 아주머니를 만나게 되었다. 거기서 힌트를 얻은 나는 그 아주머니를 따라 길림성 용정에 있는 누나네 집에 다녀올 결심을 하게 되었다.

우리집 생활 형편이 너무 어려웠기 때문에 누나네 집에 가서 무언가를 얻어올 수 있으리라는 생각이 들었기 때문이다.

1956년 1월 겨울이었다. 아버지 허락을 받은 나는 아주머니를 따라 홀로 집을 나섰다. 두만강변의 혹한 날씨에 내 몸을 두른 것은 홑옷옷, 팬티와 바지뿐이었다. 신발도 변변치 않았고 모자도 없었다. 한겨울밤의 두만강 바람은 내 살점을 떼어낼 듯이 쓰리고 아팠다. 아주머니와 나는 강을 조심스레 건너서 중국측 산으로 올랐다. 중국측 경비대를 피해가는 길이라고 해서 아주머니가 이끄는 대로 무작정 따라 갔다. 산 너머 내려가는 길은 몽땅 자갈밭이었다. 걸어 내려오기가 어려워서 앉은 상태에서 돌을 깔고 미끄러지듯이 내려왔다. 도로에 내려와서 길로 접어들었는데 순찰대의 전짓불이 보여 우리는 밭고랑으로 들어가 납작 엎드려 있었다. 순찰대가 지나간 뒤에 다시 일어나 밤새 걸어 아침에 룡정시에 도착할 수 있었다. 나는 기억을 더듬어 누나네 집으로 찾아갔다.

누나는 나를 보고 깜짝 놀랐다. 얼른 남의 눈에 띄지 않도록 방으로 안내했다. 내 귀는 얼어서 돌처럼 굳어 있었고, 바지는 산에서 미끄러져 내려오면서 엉덩이쪽에 구멍이 뚫려 있었다. 누나는 매부가 입던 옷을 꺼내 입혀주고 나의 언 몸을 녹여 주었다. 휴식을 취하고 나서, 나는 고모네 집에도 갔고 노투구에 사는 사촌 누나 홍순월의 집에도 갔다.

그렇게 며칠 동안 쉬고 나서 누나와 고모가 챙겨준 보따리를 메고 다시 회령으로 향했다. 돌아오는 길은 조금 수월했다. 룡정에서 마차를 타고 회령 맞은편에 있는 두만강에 왔고, 해질 무렵에 언 강을 뛰듯이 넘어서 집으로 왔다. 그때 가지고 온 물건이라야 물감 원료와 옷 몇 가지가 전부였는데, 당시 중국 물감원료는 북한에서는 귀한 물건이었기에 큰돈이 되는 것이었다.

룡정에서 얻어온 재화 보따리를 도둑맞다

무사히 집에 도착하니 아버지와 여동생이 반갑게 맞아주었다. 오막살이 집에 행장을 풀고 아버지와 여동생에게 나의 무용담을 늘어 놓았다. 죽을 뻔하게 고생한 이야기 그리고 여러 친척들을 만난 이야기 등 할 말이 많았다.

그런데 집에는 낯선 할머니가 한 분 있었다. 아버지는 새 어머니라고 내게 말하셨다. 아닌 밤중에 홍두깨라고, 어리둥절한 나는 제대로 인사도 하지 않았다. 서운한 마음이 앞섰기 때문이다. 사실 그때 내 나이 18살, 어머니가 돌아가시고 10여 년간 홀로 사신 아버지의 심경을 헤아릴 수 있는 나이가 아니었다. 게다가 사전에 전혀 몰랐다는 것도 내심 반발한 이유의 하나였다. 죽을 고비를 넘기고 누나네 집에서 보따리 하나 챙겨왔는데, 낯선 사람이 어머니라고 앉아있는 현실을 어떻게 받아들일 수가 있었겠는가. 황당한 마음에다 약간의 불안감도 더해졌다.

문제는 바로 그 다음 날에 터졌다. 아침에 일어나 보니, 낯선 할머니와 보따리가 함께 사라졌다. 온 가족이 잠든 사이, 그 할머니가 내가 중국에서 가져온 보따리를 가지고 도주한 것이다. 내 심정은 하늘이 무너지는 것 같았다. 죽을 고비를 넘기며 누나에게서 받아온 보따리 아닌가. 아버지의 심정은 어떠했을까. 아버지에게 싫은 소리를 퍼부은 뒤 보따리를 찾으러 나섰지만, 이미 사라져버린 보따리는 그 어디에서도 찾을 수 없었다.

나중에 돌아보니, 내가 중국으로 떠난 후 이 할머니가 어떻게 알았는지 우리 아버지에게 함께 살자며 접근한 것이었다. 밀수꾼의 사전 계략이었는지도 모르겠다. 아무튼 죽을 고비를 넘기며 챙겨온 누나의 보따리는 간밤 이슬처럼 사라져버렸다. 내 인생 처음 발휘했던 용기의 전리품을 허무하게 날려보낸 것이다.

5·7· 아버지의 죽음

배급과 보조금에 의지해 사는 우리집 살림은 최악으로 치달았다. 할수 없이 우리는 무산으로 이사를 가기로 했다. 무산에는 맏형이 먼저 자리를 잡았으며, 회령에 살던 누나네도 무산 철도기관사로 파견되어 그곳에서 일하고 있는 상황이었다. 내가 먼저 단독으로 무산 형님네 집으로 갔고, 아버지와 여동생은 뒤따라오기로 했다.

아버지 병세는 악화되고 있었고, 마음도 무거우셨을 터다. 극도로 쇠약해진 아버지는 막내딸의 부축을 받으며 기차를 탔다. 회령을 출발해 고무산까지 와서, 무산행 열차를 바꾸어 타는 경로였다. 시시각각으로 병세가 악화되신 아버지는 무산에 도착하시기 직전, 그 기차 안에서 돌아가셨다. 1956년 3월 26일, 무산행 열차 안에서의 일이다.

**무산행 기차 안에서
아버지 돌아가시다**

그렇게 아파하시던 아버지에 대해 너무나 무심했던 내가 후회스러웠다. 자식으로서의 도리를 제대로 못 했다는 자책도 밀려왔다. 지금 그때 일을 생각하면 나는 천추에 용서받지 못할 불효를 저지른 자식이었고, 피를 토하는 심정으로 후회스러울 뿐이다. 이제 와서 돌이킬 수도 없는 노릇 아닌가. 지난 일이지만, 가끔 그때를 회상하면, 일찍 어머니를 여의고 사랑에 메말랐던 나였기에 아버지와 가족, 친구들을 아끼고 사랑하는데 인색했던 것이 아닐까 싶다.

나는 무산 고급중학교에 다니게 되었다. 원래 2학년이지만 거의 7개월을 쉬었기 때문에 2학년에 들어갈 수 없었다. 그렇다고 새 학기까지 놀 수도 없어서 1학년에 들어가야 했다. 학교에 다니지 않으면 배급을 받을 수 없기 때문이었다. 2학년에 올라가서는 학급반장으로 선출되었고, 학교 선생님들과 학급 친구들에게 인정받는 우수 학생이 되었다. 그 당시 정구하와 고범석, 허창묵과 허영복 등 잊을 수 없는 친구들이 있었지만, 나중에 이들의 운명도 모두 순탄하지 않았다.

1957년 9월 중앙당으로부터 전국 고급중학교들에서 중학교 교원을 집중 양성하라는 지시가 내려왔다. 고급중학교 3학년 가운데 우수 학생들로 교원양성반을 조직하고, 고급중학교의 마지막 6개월 동안 교원양성 교육을 시켜 각 중학교 교원으로 배치하라는 지시였다.

무산 고급중학교에서도 수학선생 배출을 목표로 교원 양성반이 조직되었다. 약 30명으로 구성된 교원 양성반은 우수한 학생이면서도 집안 배경이 부족한 학생들로 구성되었다. 나름 양질의 순수한 학생들이 망라된 것이다. 3학년 2반 학급반장을 맡고 있던 나도 포함되었다. 애초부터 나는 미래의 모습으로 중학교 교원을 희망하지 않았지만 집안 배경도 없는 우등생이었기에 당장에 회피할 수 있는 구실이 없었다.

교원양성반은 그래도 품행이 바르고 공부를 잘하는 우수한 학생들로 구성되어 괜찮은 분위기였다. 김책시 고급중학교에서도 여학생 2명이 교원양성반에 합류하는 등 나름 재미가 있었다.

5·8· 주경야독과 김일성종합대학 졸업

그런데 내 신상에 갑자기 변화가 생겼다. 우리집 세대주였던 형님이 갑자기 길주 합판공장으로 배치되어 57년 10월 말에 이사가게 된 것이다. 나는 집안 사정을 담임선생에게 이야기하고 차라리 학교를 그만두고 직장에 다니겠다고 주장했다. 학교에서는 내 문제를 놓고 교장선생 이하 여러 선생들이 심중한 토의를 했다.

**교원 양성반을
떠나 사회로 진출하다.** 학교에서는 나의 딱한 사정을 고려하여 내가 교원양성반을 졸업할 수 있도록 학교에서 도움을 주기로 결정했다. 담임이었던 여선생은 다른 학생 집에 나의 숙소를 정해주고, 무산역 앞의 식당에서 식사를 하도록 조치했다. 나의 식비는 학급 학생들이 돌아가면서 충당하도록 했다. 고마운 일이었지만 이렇게 학생들과 선생님 신세를 지면서 공부를 계속하여 교원이 되는 것은 싫었다.

1958년 4월 본격적으로 교원 양성과정 교육이 시작되는 시점에 나는 단호히 결심했다. 신세지는 것도 싫었지만 억지로 원치않는 교원공부를 하는 것은 더더욱 싫었다. 그래서 15일 동안 학교에 나가지 않고 직장으로 가겠다고 고집을 부렸다. 내 고집에 손을 든 교장 선생님과 담임 선생님은 나를 무산 어느 기관에 들어가라고 했다. 그것마저도 나는 거부했다.

1958년 7월 나는 삼촌이 살고 있는 김책시로 나왔다. 삼촌 집에 갔지만 배급 위주의 빈곤한 생활은 다를 바 없었다. 나는 취직을 위해 김책시 당위원회 공민등록과장으로 있던 외사촌 김길덕 형을 찾아갔다. 외사촌 형은 내게 소개편지를 써주었다.

성진제강소 취직, 성진금속고등학교 야간부 입학

처음 찾아간 곳이 나의 첫 직장 성진제강소였다. 성진제강소 노동과장은 나를 좋은 부서, 물리화학 실험실로 배치해주었다. 전기로에서 생산되는 강철에 대한 성분분석을 하는 부서였다. 특수강을 생산하는 성진제강소의 실험실에서 나의 사회생활이 시작되었다. 취직 후에는 삼촌집에서도 나와서 제강소에서 운영하는 노동자합숙소에서 생활했다.

당시 북한에서는 지식인 100만 명 양성이라는 국가 계획을 수립했다. 이를 위해 대학들을 증설하고, 큰 기업소마다 일하면서 공부할 수 있는 야간대학과 야간 고등전문학교를 설립했다. 성진제강소에도 고등금속전문학교가 있었다. 고급중학교 졸업생들이 입학할 수 있고 2년 과정을 마치고 졸업하면 준기사 자격을 주는 곳이었다. 나는 금속고등전문학교 금속가공 기계과에 입학했다.

사실은 주간대학에 진학하고 싶었지만, 성진제강소에서 허락하지 않았다. 회사 안의 고등금속전문학교를 먼저 졸업하고 나서 가라고 강권했고, 그래서 야간 고등전문학교에 다니게 된 것이다.

낮에는 공장에서 일하고 저녁에는 학교에서 공부를 하는 생활이 계속되었다. 결코 쉬운 생활은 아니었다. 스스로 배움에의 열의를 가지고 입학한 야간 학교였지만, 공부시간이 지루하고 졸려서 제대로 공부할 수 없었고 흥미도 떨어졌다. 2학년으로 진학한 뒤 나는 다시 주간대학 추천을 해달라고 사로청위원장에게 제의했다. 사로청위원장은 완강히 거절했다.

"당의 100만 인텔리양성 계획에 따라 현재 다니는 야간고등금속전문학교를 졸업하고 가시오."

하는 수 없이 나는 직장생활과 야간학교를 다니며 다른 기회를 모색해야 했다.

그러던 중 1959년 10월 초, 나는 눈이 번쩍 뜨이는 공고문을 보았다. 공장 정문에 김일성종합대학 통신학부 추가모집 공고가 붙어 있었다. 곧바로 공장인텔리양성 지도원실에 찾아가서 추천을 요청했다. 마침 사로청 위원장은 출장으로 부재 중이었고, 내가 야간금속고등학교를 다니는 사실을 잘 모르던 양성 지도원이 추천을 승인했다. 당시에는 공장기업소가 추천하면 대학에 가서 시험을 칠 수 있었다. 김일성종합대학 통신학부의 추가 모집학과는 신문학과와 법학부 등이었다. 젊어서 그랬는지, 법학공부에 이끌린 나는 시험준비를 하고, 시험 날짜에 맞춰 평양에 올라갔다. 법학부 응시생들 대부분은 현직 안전일꾼들이 많았고, 검찰소 일꾼 등 당원이 대부분이었다. 21살의 나는 직장도 일반 노동자이고 비당원이었지만, 부담없이 당당하게 시험을 치렀다.

김일성종합대학에 들어가다

11월 초순, 김일성종합대학에서 입학통지서가 날아왔다. 김일성종합대학생이 된 것이다. 그 기쁨은 이루 말할 수 없었다. 그런데 출장에서 돌아와 사실을 알게된 사로청 위원장이 난리를 피웠다.

"동무는 아직 대학에 갈 수 없소. 김일성종합대학 통신학부 입학을 포기하고 야간고등학교 공부를 계속 하시오."

"안 됩니다. 땀흘리고 노력해서 얻은 기회인데 왜 포기하라고 하십니까?"

"당의 방침을 어겼소. 야간고등전문학교를 졸업해야 대학에 갈 수 있다고 하지 않았소?"

"불합격했으면 몰라도 입학허가가 나왔으니, 절대 포기할 수 없습니다."

팽팽한 대립 끝에, 결국 절충안이 채택되었다. 두 가지를 동시에 공부하라는 내용이었다. 이해되지 않았지만, 사로청 위원장의 반발을 누그러 뜨리려면 나도 일부 양보해야 했다. 그렇게 하여 야간고등학교를 졸업할 때까지 1년간 두 가지 공부를 하기로 결정되었다. 당시에는 공부가 좋았으므로 금속고등학교 야간과정과 김일성종합대학 통신학부의 두 학제를 동시에 이수하는 게 가능했다고 생각된다. 힘은 들었지만 보람있는 시기였다.

김일성종합대학 통신학부는 1년에 두 번 15일씩 등교수업과 시험을 치렀다. 1학년 11월말에 첫 등교수업을 해서 만난 친구가 황화룡이다. 그는 1996년경까지 사회안전부 예심국장을 지냈고, 그 아들 황철진은 우리 큰아들과도 친했다.

1961년 봄 등교수업은 강원도 원산에서 치렀다. 그곳 안전부 요원이 같은 학부 학생이어서, 우리 학급 25명은 버스를 대절해서 금강산 구경을 가기도 했다. 이때가 처음 금강산 방문이었다.

두 개 학제를 동시에 공부하는 나에게 직장에서는 도움을 주려고 과학원 중앙 금속연구소 분소 도서관장 일을 맡겼다. 그래서 나는 도서관 관장으로 일하면서 공부에 전념할 수 있었다.

1960년 8월 나는 성진고등금속전문학교 금속가공기계과를 졸업하고 준기사 자격을 얻었다. 그리고 1964년 7월 김일성종합대학 법학부를 졸업하고 법학전문가 자격을 획득했다. 졸업논문 제목은 '소련 후루시초프 수정주의에 대한 비판'이었다.

주경야독의 시선에서 보면, 부모를 일찍 여의고 고아처럼 굶주린 배를 움켜쥐고서 회령, 금강, 무산, 김책시 등 여기저기 전전하며 공부를 시작한지 15년 만에 북한의 최고학부를 졸업하게 된 것이다. 꿈같은 일이지만, 주경야독의 고통과 슬픔을 겪은 나로서는 스스로가 대견하게 느꼈다.

북한에서는 사회 진출 과정에서 가장 중요한 것이 출신 성분이었다. 학교 성적은 별로 중요하지 않았다. 학교를 졸업하기만 하면, 그다음부터는 출신 성분에 따라 진로가 정해졌다. 출신 성분이 좋으면 자기 진로를 유리하게 선택할 수도 있었다.

김일성종합대학을 졸업한 나는 출신 성분상으로 문제될 게 없었다. 당연히 직장 선택의 기회가 주어졌다.

:: **마지막 평양 방문에서 중학생 삼총사 신동준과 함께**

1997년 6월, 마지막 평양 방문 때 김일성종합대학 동상 앞에서 찰칵. 가운데 신동준은 중학생 삼총사 가운데 한 사람이고, 김일성종합대학 역사박물관 관장을 지냈다.

여섯

무역성 취직과 결혼

(1965~1982)

6·1· 무역성 지도원으로 발령받다.

1965년 나는 무역성 지도원으로 들어갔다. 처음에는 사회안전부와 무역성을 놓고 고민했다. 간부지도원이 여러 가지 조언을 했고, 나는 미래의 희망을 선택했다. 교통지도원, 법률지도원 등 당장 폼나는 사회안전부보다는 대외무역에 종사하면서 외국에 나갈 수도 있는 무역성에 더 끌렸다. 법학전문가 자격을 취득하긴 했지만, 법을 다루는 일보다는 돈을 버는 일에 더 관심이 간 것이다.

무역성은 외국인들과 사업할 수 있고 외국에 다닐 수 있다는 것 때문에 누구나 선호하는 직업이었다. 당시 무역성은 김일성광장 옆에 위치하고 있었다. 내가 지내던 중구역 경림동에 있는 독신자 합숙소에서 걸어서 10분 거리였다. 월급은 적었지만 때때로 외국인들과 면담도 했고 때로 외국인들이 주최하는 만찬 자리에 함께 참석이라도 하는 날이면 마치 명절을 맞는 기분이었다.

무역성의 특혜 북한은 공산주의 국가이므로 모든 경제활동이 국가 독점적으로 운영된다. 대외무역도 무역성이 독점했다. 공장기업소는 생산만 하고 무역성에서 그 물자들을 내다 팔고 필요한 물자는 수입하는 체제다. 그러다 보니 무역성에서는 무역 계획을 수립하고 최종 수출입까지 수행한다.

따라서 무역성에서는 외국 출장이 많았고 외국 대표단들도 많이 방문했다. 당시 북한 사정을 잘 아는 외국 상인들은 북한과의 무역을 진행하기 위해 무역성 사람들에게 계산기, 라이터, 볼펜, 필터 담배 등의 선물을 주기도 했다. 그러면 무역성 직원들은 받은 선물 중에 일부는 상부에 바치고 일부는 본인들이 사용했다.

일본 상인들은 설 명절 때면 선물로 귤을 수백 상자씩 보내기도 했다. 이 선물들이 들어오면 중앙당과 정무원에 대부분 바치고, 그다음에 무역성 간부들이 먹고 나면, 실제 무역 일꾼들에게는 귤 다섯 알 정도가 배분되었다. 그렇게 귤을 받은 무역성 직원들은 그것이 너무 귀중해서 한쪽도 먹지 않고 집으로 가지고 가 아이들에게 준다. 이런 것이 그나마 무역성의 특혜라고 말할 수 있었다.

무역성에서 일한다는 것은 언젠가 해외로 파견되어 외교관 생활을 하게 되리라는 희망을 지니고 산다는 말과 같다. 자본주의 사회라면 개인의 능력과 의지에 따라 얼마든지 해외생활이 가능하지만, 북한같은 폐쇄된 사회에서 바깥 세상의 문물을 경험할 기회는 그야말로 낙타가 바늘구멍을 통과하는 일만큼이나 어렵다. 대내외 교역의 단일 창구인 무역성에서 근무하는 것만큼 해외파견 근무의 가능성이 높은 곳은 없었다.

물론 당시에 내가 외부의 개방사회에 대한 동경 차원에서 무역성을 지원한 것은 아니다. 어릴 적부터 가난에 찌든 생활을 해왔기에, 어른이 되어 가정을 이루게 되면 다시는 굶는 일이 없어야겠다는 각오에서 비롯된 희망이었다. 왠지 해외무역 일을 하게 되면 국내보다는 이러저런 간섭도 덜 받고 돈벌이도 쉬울 것이라는 막연한 생각이 들었다. 그래서 무산 고급중학교 시절 교원양성반에 소속

되어 교원이 되는 공부를 하게 되었을 때도 그렇게 벗어나려고 애쓰고 고집했던 것이다.

**무역성과 외무성이
최고 인기 직장**

그 당시나 지금이나 북한에서는 해외에 나갈 수 있는 직장이 제일 인기다. 중국이 개방된 이후 바깥세계의 문물을 조금씩 접하게 되면서, 외부세계에 대한 동경심도 많이 생겨났다. 무엇보다 폐쇄적인 내부사회로부터 멀리 떨어져서 일하고 싶은 생각이 많았기 때문이다. 특히 고난의 행군 이후에는 생활이 더욱 궁핍해졌고 온갖 사상교육과 정치행사의 압박감은 더욱 심해졌던 것도 원인이다. 적어도 밖에 나가면 굶어죽을 일 없고 시달릴 일도 크게 없으리라는 기대심리가 높아진 것이다. 따라서 60년대나 90년대나 바깥에 나가 일할 수 있는 외무성 무역성 등이 최고 인기 직장으로 선호된 것은 변함이 없지만, 그 강도는 더욱 높아졌다고 할 수 있다.

나만 해도 무역성에 취직했을 때, 주변에서 부러워하는 시선을 많이 받았다. 친지들은 큰 경사가 난 것처럼 기뻐했다. 주경야독을 거쳐 무역성에 들어온 나 역시 스스로 흡족한 마음이었다. 단적으로 말하면, 김일성종합대학을 졸업하고 무역성에 취직하게 된 그 당시에 나는 북한사회에서 중상류층으로의 신분 상승을 이룩한 셈이었다.

무역성에 들어가고 나서도 나는 열심히 일했다. 아무나 해외에 내보내는 것이 아니라는 정도는 알았기 때문이다. 해외에 나가려면 모처럼 잡은 소중한 기회를 잘 살려야 했다.

당시 북한의 경제 상황이나 사회 분위기는 그런대로 괜찮았다. 전쟁 피해가 빠르게 복구되면서 북한 사회는 안정적으로 굴러갔다. 세계 정세도 나쁘지 않았다. 소련과 동유럽를 비롯한 사회주의 국가들의 상호 연대와 협력과 지원이 유지되었고, 또 제3세계 비동맹운동도 생겨나던 시점이었다. 북한은 외교나 경제상황에서 남한과 비교해도 결코 뒤지지 않는다고 평가받던 시절이었다.

주업무였던 사회주의국가와의 무역 거래는 청산무역 방식으로 이루어졌다. 자본주의처럼 물자와 결제대금을 주고받는 무역이 아니다. 상호 관심 품목의 리스트와 가격표를 교환한 뒤 서로 주고받은 상품의 수량과 금액을 플러스와 마이너스로 가감하여 장부에 기재하고 나면, 그 수치가 그 해의 무역거래 결과로 장부상에 남아 다음 해로 이월되는 방식이다. 이렇게 하면 대금결재용 외화나 돈이 오갈 필요가 없게 된다.

이러한 사회주의권 특유의 무역 방식은 1980년대 후반까지 지속되었다. 국제통화가 부족한 북한 입장에서 큰 도움이 되었다. 그러나 소련과 동구권 사회주의 체제가 무너진 뒤에는 현금결재 방식이 표준화되었고, 외화가 부족한 북한 입장에서 대외무역에 커다란 타격을 입은 것은 당연한 귀결이었다. 북한의 경제난이 1980년대 후반부터 시작된 것은 우연이 아닌 것이다.

나의 무역성 생활은 평이하게 지나갔다. 9시에 출근하면 오후 1시~4시까지 점심시간이었고, 다시 일하다가 밤 12시~1시쯤 퇴근하는 일과가 지속되었다. 금요일엔 각종 노동현장에 나가 금요노동으로 일과를 보냈고, 토요일에는 각종 학습에 분주했다. 일요일에도 오전에는 사무실에 나가 근무했다.

바쁜 일과였지만 사실 노동력 낭비 성격도 짙었다. 노동현장에서 진행되는 금요노동은 비효율적인 경우가 많았다. 특히 가을, 겨울이면 추운 바깥에서 몸을 녹이느라 땔감때우기에 바빴다. 토요학습때는 김일성 교시와 김정일 말씀, 당세포회의, 혁명역사학습, 항일무장투쟁회상기 등 우상화학습에 머리가 지끈거리고 몸은 파김치가 되곤 했다. 월요일 오전에 치르는 조회시간까지 제하고 나면, 실제 일하는 시간은 많지 않았다. 일주일 내내 바쁜 생활 속에서 보통 가정에서는 아이들 쳐다볼 시간이 없을 정도였다.

어쨌든 무엇이든 할 수 있을 것만 같았던 젊은 날의 직장 생활이 유수처럼 흘러갔다. 우여곡절 많았던 나의 20대 인생도 함께 지나가 버렸다.

6·2· 결혼 : 돌격대에서 만난 아내

1968년 여름, 평양에 대홍수가 났다. 대동강이 범람하여 평양시가 물에 잠겼으며 아파트 1층까지 물에 잠겼다. 내가 지내던 경림 합숙소도 1층이 물에 잠겨, 옥상에 올라가 피신할 정도였다. 대동강의 물이 불어 다리가 무너져 떠내려 갈 듯했다. 상류로부터 불어내려오는 강물에는 초가집이 통째로 떠내려왔고 짐승들도 허우적대며 물살에 휩쓸려 갔다. 간신히 초가집 지붕위에 매달린 사람들이 살려달라고 아우성치는 모습이 비참했다. 몇몇 사람들이 옥류교 다리 위에서 그물을 띄우고 떠내려 오는 사람들을 살리려고 했으나 거의다 실패하는 광경도 목격했다.

수도건설돌격대에서 천생배필을 만나다   당 중앙위원회에서는 수해 복구를 위한 수도건설청년돌격대를 조직하라는 지시를 내렸다. 각 기관들마다 청년들이 동원되었다. 그렇게 조직된 수도건설돌격대는 수도 건설과 수해 복구를 위해 현장으로 투입되었다. 무역성에서도 많은 사람들이 돌격대에 동원되었고, 청년이던 나도 그 일원으로 참가했다.

돌격대로 근로봉사에 동원되고 몇 개월 지나서 여성 돌격대원들이 우리 중대에 합류했다. 그 가운데 중앙당 양복점에서 재단사로 일하다 왔다는 여성이 눈에 띄었다.

어느 날 그녀가 옆을 지나면서 내 도시락을 유심히 들여다보는 눈치가 보였다. 당시 독신자 합숙소에서 살던 나의 도시락에는 고작 강냉이밥과 된장과 무말랭이가 담겨 있었다. 형편없어 보이는 나의 도시락이 동정심을 유발한 듯했다.

점심시간이면 식료품점이나 잡화상점 등에서 만들어 파는 시래기국을 사서 도시락과 함께 먹었다. 운이 좋은 날에는 돼지 뼈와 살코기도 건질 수 있었다. 주로 여성들이 식사 당번을 맡았는데, 그녀가 배식을 맡은 날이면 내게 살코기를 골라 주는 것이었다. 자연스레 그녀와 눈이 마주치게 되었다. 측은한 마음이든 관심의 표현이든, 그녀가 내 국에 더 넣어준 한 점의 고기 덩어리가 내 마음을 움직였다. 어려서부터 외롭게 살아온 내게 그녀가 보인 배려는 아름다운 감동이었다. 그 일을 계기로 내 마음속에 그녀가 자리잡기 시작했다.

곧바로 나는 여러 경로를 통해 그녀에 대한 정보를 수집했다. 당시 6촌 형이 평양시 중구역 안전부 감찰과장을 하고 있어서 조회도 하고 탐문도 하고, 양복점 당비서에게 물어보기까지 했다. 그래서 그녀가 직장에서 핵심적인 역할을 하며 신임을 받고있다는 사실, 웬만하면 노력 동원에 내보내지 않는다는 사실, 그럼에도 불구하고 본인이 당에 입당하기 위해 자원해서 돌격대에 나왔다는 사실 등을 알게 되었다. 정보가 모일수록 내 결심은 굳어졌다.

'마음씨도 좋고 평판도 좋은 여성이다. 그녀와 결혼해야지.'

그녀를 쟁취하기 위한 투쟁이 시작되었다. 그녀 친구를 통해 편지를 보냈다. 보기좋게 거절당했다. 그러나 한 번에 포기할 내가 아니었다. 반복해서 편지를 보내고, 주변 다리를 놓아 그녀에게 나의 진심을 전했다.

"약혼식에 가고싶지 않아…" 처음에 그녀는 소극적으로 반응했다. 불쌍한 생각이 들어 관심을 보인 것이라고 했다. 그래서 첫 편지를 받고는 묵살했다고 한다. 그녀는 평양 출신이었다. 당시 중앙당 양복점 재단사로 일하고 있던 그녀 눈에는 부모도 없이 독신자 합숙소에서 지내는 내가 촌놈이었던 셈이다. 첫인상이 너무 약하고 보잘 것 없었다는 평가도 나중에 들었다. 직업이 나쁘지 않다는 점과 당원이라는 점을 빼고는 무엇 하나 뚜렷하게 봐줄 게 없었다는 것이다. 어찌보면 그럴 만도 했다.

그러나 한번 결심한 나는 지속적으로 그녀의 문을 두드렸다. 그녀 친구를 통해 만남을 가져 나가면서, 반신반의하는 그녀와의 믿음을 쌓아 나갔다. 당시 평양 사회는 연애나 데이트를 즐길 분위기가 아니었다. 퇴근길이면 옆에 따라가면서 버스도 같이 타고 자연스럽게 이야기도 나누고, 그러면서 서로에 대한 이해를 높여 나갔다. 그에 비례하여 호감도가 높아진 것도 인지상정이었다.

그러는 사이 그녀도 조금씩 변해갔다. 내 출신 성분을 비롯해서 집안 사정 등 이것저것 알아보기 시작했다는 것을 나중에야 들었다. 당시 북한에서는 사람보다는 출신 성분이 우선이었기 때문에, 사람 관계를 맺기 전에 출신 성분을 파악하는 것이 급선무였다. 결과적으로 출신 성분도 좋고 중앙기관에 근무한다는 것이 나에 대한 긍정도를 높이는 계기가 되었다. 물론 나 스스로는 지금도 나의 사람됨이 전제되었다고 자부한다.

　나와의 결혼을 결심하고 난 아내의 마지막 심경은 이랬다.

　"처음에는 별로 마음이 없다가, 차츰 호감이 높아져서 약혼식까지 하게 되었는데, 약혼식 전날 갑자기 마음의 동요가 와서, 절친 친구에게 말했지요. '희숙아, 내일 약혼식에 가고싶지 않아…' '그러면 오늘은 나랑 우리 집에서 자자.' 그래서 친구네 다락방에 올라가 둘이 자고 있는데, 새벽 2시에 이모와 시숙이 찾아와서 집으로 끌려가다시피 했어요. 그날 약혼식 겸 합방을 하게 되었지요. 아마 처녀 시절의 마지막 저항이 아니었나 싶어요."

벤츠승용차를 타고 결혼식을 치루다

1969년, 나는 그녀와 결혼했다. 당시 북한에는 결혼 식장이 따로 없었다. 예식장도 없어 집에서 친척들이 모여 간략히 치르는 관례가 대부분이었다. 그래도 우리 결혼식은 남들의 부러움을 샀다. 삼촌이 인민군 협주단 부단장이어서 풍악을 울려 주었고 내가 다니던 무역성 소속 벤츠 승용차를 탔다. 신부집에 가서 신랑 상차림을 받고, 신랑집에 가서 신부상차림을 받았다. 벤츠 승용차를 타고 김일성 동상에 가서 헌화하고 맹세하고, 대동강변에서 사진 몇 장 찍은 것이 전부다. 물론 신혼여행이란 말도 몰랐고 상상도 못했다.

　평양의 돌격대에서 만난 내 인생의 그녀는 지금의 아내가 되었다. 생사를 넘나드는 탈출을 함께 감행했고, 이제 자유 대한민국에서 제2의 인생을 사는 중이다. 그녀가 낳은 우리 아들들은 각기, 어려서 사고사를 당하기도 했고, 폭정에 갇혀 고통스런 삶을 살기도 했고, 자유세계로 넘어와서 훌륭한 가정을 이루기도 했다. 오늘의 내 인생을 있게 한 일등공신이 바로 내 아내다.

6·3· 무역성에서 해외파견 인재로 선발되다

무역성 생활은 바쁘게 지나갔다. 가정을 이룬 내 생활도 안정을 찾게 되었다.

우리는 결혼 후 평양시 중구역 대동문동 아파트에서 살았다. 중간 복도식 아파트의 복도 양쪽에 집들이 있었고, 작은 부엌과 방 하나가 전부였다. 한 층에 약 30세대가 살고 있는데 화장실은 공용이었고, 빨래를 할 수 있는 수도시설도 화장실 옆에 공용으로 달려 있었다.

지금도 김일성광장을 마주하고 있는 그 아파트는 그대로 남아있다. 겉치레는 타일을 붙여서 그럴 듯하게 보이지만 남한사람들이 그 속을 들여다보면 기절초풍할 것이다. 아파트 안에 들어가 보면 그 형편없는 시설에 눈이 감길 정도다. 특히 겨울에는 화장실에 얼어붙은 변이 곡식 낟가리처럼 쌓여 그냥 쪼그려 앉아서는 일을 볼 수 없어서, 엉거주춤하고 큰일을 보아야 했다. 그래도 내게는 꿈같은 안식처였다.

**외국어대학
영어특설반 입학**

1971년 가을, 나는 외국어대학 영어특설반에 입학하게 되었다. 무역성에서 주도하는 인재교육 프로그램에 선발된 것이다. 현직에서 일하면서 공부할 수 있도록 출신 성분이 좋고 발전 전망이 있는 사람들을 뽑아 교육시켰다.

원래 나는 학교에서 러시아어를 배웠는데 아주 낮은 수준이었다. 북한에서 일반교육으로 배운 외국어 수준은 사실 외국어를 안다고 할 수준이 아니다. 학교 선생들까지도 회화를 제대로 하는 사람이 드문 형편이었기 때문이다. 더우기 국내에서는 전문통역원 외에 외국어를 사용할 수조차 없는 실정이었다.

외국어대학 영어특설반은 1년 과정이었다. 서른세 살에 처음 영어 문자를 배우게 된 것이다. 글쓰기와 단어 외우기가 정말 힘들었다. 그래도 해외에 파견되고 싶은 간절한 마음에 밥먹는 시간도 아껴가면서 단어를 암기하며 열심히 영어를 익혔다. 해외에 나가려면 영어를 알아야 했기 때문이다. 그렇게 1년을 공부하고 나니 약간의 영어회화가 가능해졌다.

28년 뒤, 가족과 함께 평양의 통제로부터 탈출했을 때, 내가 익힌 영어는 무척 요긴하게 쓰였다. 유엔난민판무관실에 가서 인터뷰할 때도 그랬고, 차량전복 사고로 병원에 호송되어 집주인에게 긴급 연락을 취할 때도 영어 소통으로 탈출구를 만들 수 있었다. 그리고 북한측의 모략극을 폭로하는 기자회견을 할 때도, 북한외국어대학 영어특설반에서 익힌 영어로 북한의 억지 주장을 반박할 수 있었다.

아내의 국제관계대학 입학

1970년 9월, 아내가 먼저 국제관계대학에 입학했다. 외무성과 무역성에서 외국에 파견할 대상들을 선발하여 부인들을 공부시키는 제도를 운영했는데, 그 1년 과정에 뽑힌 것이다.

당시 아내는 결혼하고 나서 첫아들을 출산한 직후였다. 젖먹이 아이를 돌봐야 할 처지여서 쉬운 일이 아니었다. 그러나 그토록 갈망하던 해외로 나갈 수 있는 기회가 제공된 것이기 때문에 기쁜 마음으로 입학했다. 아내는 특유의 부지런함과 집중력을 발휘하여 국제관계 대학을 다녔고, 무리없이 이수했다.

아내가 국제관계 대학을 다닌다는 것은 외국에 나갈 수 있는 확률이 매우 높아졌다는 신호나 다름 없었다. 그래서 우리 친척들을 비롯하여 주변에 많은 사람들의 부러움을 사게 되었다. 그들은 우리보고 얼마 후에는 반드시 외국에 나가 생활할 것이라며 축하를 아끼지 않았다.

그러나 기대했던 해외 파견은 쉽게 이루어지지 않았다. 불운의 바람이 불어온 때문이었다. 그 바람이 잦아들고 잊혀져서 다시 행운의 바람으로 바뀌기까지는 12년의 세월이 더 흘러야 했다.

6·4· 첫 해외출장의 풍경들

드디어 첫 해외출장 명령이 내려왔다. 1972년, 외국어 강습이 끝난 지 얼마 지나지 않아서였다. 정부 무역대표단의 일원이 되어 1개월간 인도와 태국을 방문하게 된 것이다. 무역대표단 단장은 무역성 부상이고 단원들은 국장과 부국장 그리고 통역과 실무자들로 구성되었다. 나는 실무자로 선발되었다.

북한에서 해외출장을 나간다는 것은 거의 집안의 경사로 여겨졌다. 장모께서는 너무 기뻐하시면서 시골에 나가 닭 한 마리를 사가지고 와서 식구들과 함께 잔치를 벌였다. 나중에 돌아와서는 이때 먹은 닭값을 못한 느낌이 들어 죄송스럽기는 했지만 말이다.

해외출장을 나가보니, 정말 세상이 넓고 각 나라마다 다양하다는 것을 알았다. 가는 곳마다 처음 보는 풍경들, 낯선 장면들과 마주쳤다. 그러나 세상 견문을 파악하거나 헤아릴 여유가 없었다.

북한 당국에서 지급하는 출장비는 쥐꼬리만큼 적었다. 제대로 출장 업무를 처리하고 개선장군처럼 가족들 품으로 돌아가려면, 정상적인 방법으로는 불가능했다. 비용을 아끼고 절약한 돈으로 선물을 사려면 요령이 필요했다. 첫 출장 때는 그런 요령이 없어서 목이 빠지도록 나의 귀국을 기다리던 친지들에게 선물 하나 살 수가 없었고, 그래서 너무 부끄럽고 민망했던 기억이 난다.

하루 1달러의 출장비

난생 처음 비행기를 탔다. 모스크바를 거쳐서 인도를 들렀다가 다시 태국으로 가는 여정이었다. 고려 민항기를 타고 모스크바에 도착해서, 모스크바 북한대사관에서 하루를 묵었다. 다음 날 인도행 비행기로 갈아타고 봄베이, 지금의 뭄바이로 향했다. 인도 비행기를 탔는데 여성 승무원들의 옷차림이 너무 민망했다. 비행기 안의 스튜어디스들이 얇은 천으로 몸의 전면을 가렸는데, 걸을 때마다 그 천이 흔들리면서 그녀들의 배꼽이 보였던 것이다.

봄베이에 도착해서는 호텔에서 하룻밤을 자게 되었다. 이국땅으로 첫 출장을 나온 마음이 설레고 흥분된 기분이라 잠을 이룰 수가 없었다. 그래서 줄곧 창문 바깥을 내다 보았다. 이른 새벽부터 맨발로 다니는 거지들이 눈에 띄었다. 버스에 짐을 옮겨주면서 돈을 달라고 손을 내미는 그들이 몹시 불쌍해보였다. 내가 재정책임자에게 돈을 주라고 건의하자, 선임이 가로막는 것이었다.

"돈을 좀 줍시다."

"돈을 주면 안된다. 너도나도 달라고 할테니."

그 광경을 보고 나도 모르게 혼잣말이 흘러나왔다.

"여기는 왜 이리 거지들이 많은 거야. 평양에는 거지가 없는데, 자본주의에는 거지가 많구나. 우리 공화국에 배고픈 사람은 없으니 다행한 일이야."

어찌보면 거지가 직업인 것처럼 보이는 장면도 있었다. 그 처지에서 벗어나려는 의지조차도 없어 보였다. 어느 식당에서는 남녀가 벗다시피 하고 춤추는 모습도 보았다. 내 눈에는 퇴폐적인 모습으로 보였다. 상당히 이질적인 장면들도 많았지만, 무엇보다 빈부격차가 심했던 것은 충격이었다.

뉴델리에 도착해서는 아소까 호텔에서 유숙을 했는데, 시설이 좋았던 것으로 기억된다. 나의 첫 출장 경험은 엄청 낯설기도 하고 신선하기도 했다. 그러나 실제로는 출장비에 대한 압박과 스트레스가 대부분의 기억을 차지한다.

나의 첫 출장비는 27달러였다. 하루에 1달러씩 27일간의 체류 기간에 내게 지급된 비용이다. 그것도 대사관에서 숙박하지 않은 덕분에 많은 돈을 받은 것이었다. 대사관에서 합숙하는 경우에는 그 절반 금액이 출장비로 지급되기 때문이다. 인도와 태국에는 대사관의 합숙시설이 없었기 때문에 호텔 숙박을 기준으로 지급된 출장비가 총 27달러였다. 이 돈으로 무엇을 어떻게 할 수 있을까 생각할 틈도 없었다. 당시까지 시계가 없었던 나는 우선 일제 손목시계를 하나 구입했다. 돈이 모자라서 시계줄 없이 시계 몸통만 샀다. 그리고 나니 아이들에게 사탕 한 알 사다줄 돈도 없게 되었다. 결과적으로 아이들 사탕보다, 장모님 선물보다, 내 손이 더 급했던 셈이다.

이때 당혹스럽던 마음을 생각하면 지금도 소름이 끼칠 정도다. 빈손으로 돌아온 나는 처갓집 식구들 보기가 민망했고 직장 동료들을 보기에도 너무 미안했다. 그래서 내 조그만 트렁크가 텅빈 것을 안 아내가 머리를 썼다. 대사관의 친구 부인이 이불천을 보냈는데 그것으로 보자기라도 만들어쓰라고 나눠준 것이다. 그 다음부터는 요령이 생겨서 알뜰하게 비용을 줄인 돈으로 손에 조그만 선물이라도 들고 귀국하게 되었다.

**식사비를 몽땅 아껴서
딸기비누를 사다**

그 다음 출장은 인도네시아였다. 인도네시아 전람회에 북한상품을 출품하고 전시가 끝나면 돌아오는 과업인데, 모스크바까지는 기차를 타고 가야 했다. 시베리아 횡단열차를 타고 평양에서 모스크바까지는 꼬박 7일이 걸린다. 기차 안에서 1주일을 지내는 식사 비용으로 끼니땅 1.5루블이 지불된다. 그 비용을 몽땅 아껴서 선물을 샀다. 모스크바에 도착하면 가격이 0.1루블인 러시아제 세면비누를 한 가방 사서, 평양에서 기다리는 친지들에게 선물로 갖다 준 것이다. 그 비누는 딸기향이 나서 '딸기비누'라 하여 북한에서 인기를 끌던 상품이었다.

식사비를 전용했으니, 기차 안에서 쫄쫄 굶든가, 다른 대안이 있어야 했다. 내가 준비한 대안은 식량을 지참해서 가는 것이었다. 식비를 아끼기 위해서, 그렇게 아낀 출장비로 세면비누를 사다주기 위해서, 내가 준비한 것은 누룽지와 고추장이었다. 그것으로 시베리아 기차 안에서 1주일간 끼니를 때운 것이다. 기차 안에 설치된 페치카에서 온수를 공급받을 수 있어서 그나마 다행이었다.

그 이후로도 나는 1년에 한두 번은 해외출장을 다니게 되었다. 주로 내가 다닌 출장지는 동남아 여러 나라들과 아프리카 등지였다. 출장나갈 때면 주변의 친지들로부터 각종 부탁을 받았다.

"컬러필름 열 통인데, 바깥에서 사진을 뽑아다 주오."

(평양에는 필름 현상소가 한두 곳뿐이고 비용이 해외보다 다섯 배 이상 비쌌다)

"내 안경 좀 사다주오."

(평양 외화상점에서 파는 안경이 너무 비싸, 당 간부들이 자주 부탁하는 아이템이었다)

"내 조카가 병에 걸렸는데, 약제 좀 사다주오."

"우리 딸아이 시집가는데, 옷감 좀 구해다주오."

그야말로 각종 자질구레한 민원 청탁들이 넘쳐났다. 선택받은 해외출장자였기 때문에 어떻게든 해결해주어야 했다. 대부분의 민원은 현지 대사관 직원들에게 협조를 얻어 해결해야 했다.

이런 민원 청탁들이 넘쳐나는 현상은 커다란 사회문제가 아닐 수 없다. 실질적 원인은 북한의 잘못된 경제정책에서 초래된 것이다. 주민들의 실생활에 필요한 경공업을 경시해온 북한정권의 책임이다. 안경테 같은 것도 제대로 만들지 못하기 때문에 생겨난 현상이었던 것이다.

6·5· 6촌 형의 수난과 장애 : 보위부장의 무서운 보복

1972년, 영어특설반 입학 등 순조로와 보였던 해외 파견근무가 장애물을 만났다. 친인척 가운데 한 사람이 권력다툼에 휘말려 숙청당한 사건이 벌어진 것이다. 어느 날 나의 6촌 형인 홍순규가 하루아침에 보위부로 끌려가서 처형당했다는 소식을 접했다. 깜짝 놀라고 당황한 나는 아연실색할 수밖에 없었다. 억울하다거나 진상 파악은 차치하고, 혹시라도 내게 불똥이 튈 지도 모르는 일이었기 때문이다.

당시 북한에서는 수시로 피의 숙청이 일어나곤 했다. 1950년대 후반에서 1960년대 중반까지 연안파다, 소련파다, 미제 스파이다 해서 많은 권력자들이 숙청되었다. 김일성의 유일통치체계가 확립되기 전까지 당내 권력투쟁이 살벌하게 벌어졌기 때문이다.

1965년경, 중국에서 살던 6촌 형 홍순규가 평양으로 나왔다. 공식적인 중국 정부의 승인을 받고 귀국한 것이기 때문에 쉽게 평양에 자리잡게 되었다. 6촌 형은 중국 연길 공안국에서 과장으로 근무하면서 높은 신임을 받았던 것으로 알려졌다. 당시 북한은 중국보다 경제가 안정되어 있었고 생활 환경이 좋았다. 중국에서는 대약진운동이다 문화대혁명이다 해서 사회적 소용돌이가 지속되었기 때문에, 여전히 가난하고 살기가 퍽퍽하다는 이야기들이 많았다. 그래서 중국에서 활동하며 살던 북한 사람들이 적지않게 다시 북한으로 넘어오는 시기였다.

홍순규 형은 평양으로 나올 때 혼자 온 것이 아니었다. 그전부터 친분이 있던 여성항일투사 김명숙과 그녀가 연길감옥에서 낳았다는 아들까지 함께 데리고 나온 것이다. 김명숙은 부수상 김일의 부인과 가까운 사이였다. 그래서 김일 부수상의 도움으로 순규형은 평양시 중구역 안전부 과장으로 배치받게 되었다. 함께 온 김명숙의 아들은 사회안전성 지도원으로 배치받았다.

호가호위 권력을 탄핵한 6촌 형, 거꾸로 처형당하다.

평양에 정착한 지 수 년이 흐른 때였다. 의협심이 강한 성격의 순규 형은 권력에만 아부하며 위세를 떨치던 몇몇 실세들에 대해 비판적 태도를 취하고 있었다. 중국공산당에서 활동하면서 익힌 인민의 행복이라는 대의명분을 수호해야 한다는 소신이 확고했다.

1971년 어느 날, 중국 공안으로부터 비밀 자료를 넘겨받은 홍순규는 행동에 나설 결심을 굳혔다. 탄핵 대상은 당시 김일성의 비서로 호가호위하던 이건일이었다. 그는 이건일의 죄행을 작성하여 김일성에게 보고를 올렸다. 얼핏 보면 무모해보이는 행동이었지만 그만큼 순수한 충성심의 발로였다고 판단된다. 물론 홍순규는 혼자가 아니었다. 그의 행동 뒤에는 인민무력부의 일부 세력이 동조했고, 김명숙의 아들과 심지어 장성택의 삼촌 장등환도 개입되어 있었다.

그런데 사건은 잘못된 방향으로 흘러갔다. 김일성에게 보고된 문건은 당시 보위부장이던 김병하에게 떨어졌는데, 김병하가 이건일과 아주 가까운 사이였던 것이다. 때문에 이건일을 처벌하는 방향으로 진행된 것이 아니라 도리어 문제를 제기한 사람들이 피해를 입게 되었다.

거꾸로 사건이 진행되면서 홍순규는 하루아침에 반당분자로 몰렸다. 그리고 1971년 10월경 체포되어, 보위부로 끌려가서 처형당하고 말았다. 중국인민해방군 간부로 있다가 1949년에 부대와 함께 북한으로 건너와서 인민군 대대장으로 6·25전쟁에 참전했던 그의 형 홍순영까지도 화를 입어서 함께 처형되었다. 그밖에 여러 사람이 연루되어 함께 피해를 입었다. 비극적인 정치 사건이 내 주변에서 발생한 것이었다.

당시 순규형이 제기한 건 권력의 남용을 질타하는 정정당당한 사건이었다. 인민의 열망을 져버리고 잘못된 방향으로 흘러가는 권력 측근들의 부조리를 고발한 것이다. 그럼에도 불구하고 어리석은 권력과 권력 측근들의 횡포에 의해 거꾸로 충성스럽고 용기있는 사람이 피해를 보았다.

민주화된 사회라면 어떻게 처리되었을까. 합리적인 사법시스템에 의해 억울한 피해는 변호되고 용기는 격려받으며, 진실이 파헤쳐지지 않았을까. 독재국가 북한은 공명정대한 사건 처리가 불가능한 곳이다. 억울한 죽음들이 그대로 방치되고 수도 없이 반복되는 곳이다.

**반혁명분자로
숙청당한 김병하**

사실 그 당시 내 고민은 심각했다. 사태 추이에 따라서는 불똥이 더 커질 가능성도 없지 않았기 때문이다. 순간적으로 탈출의 충동을 느끼기도 했다. 죄없이 처형당하게 되면 그보다 억울한 일이 없을 듯했다. 그러나 아내와 아들까지 데리고 북한을 탈출한다는 것은 당시 여건에서 성공 가능성이 낮은 무모한 도박이었다. 묵묵히 참아내는 수밖에 없었다.

다행히도 사건의 불똥이 내게로 직접 튀지는 않았지만 간접적으로는 나의 사회적 발전에 큰 장애가 되었다. 승진에서 탈락하고 해외파견에서도 제외되었다. 아내가 국제관계 대학을 졸업하고도 해외발령이 나지 않은 것은 그 사건으로 인해 견제를 받은 때문이었다. 그렇게 해서 해외파견을 고대하던 나와 아내의 소망은 한참 뒤로 미뤄질 수밖에 없었다. 그 사건의 여파가 잠잠해지고 나에 대한 견제의 딱지도 제거되기에는 십여 년의 세월이 흘러야 했다.

홍순규 형이 억울한 죽음을 당하고 나서 수년 뒤에 반전이 일어났다. 그 위세 등등하던 김병하 보위부장이 반당 반혁명분자로 숙청당한 것이다. 이전부터 김병하는 무고한 사람들을 많이 죽인다는 악평이 많았다. 예쁜 여성들을 강간하고 처형하는 등 오만방자한 태도가 많은 물의를 빚기도 했다. 그에 따라 시기하는 적대세력도 많이 생겨났을 것이다. 결국 살벌한 권력투쟁의 결과로 숙청당할 처지에 몰리게 되자 김병하 스스로 목숨을 끊은 것으로 알려졌다.

홍순규 형도 슬그머니 복권되었다. 김병하의 몰락 이후 가족관계 문건을 보니 강원도 어디론가 나가서 부재한 것으로 기록된 것을 확인했다. 내게 드리웠던 부정적인 올가미도 해소되었고 그 뒤에야 나는 해외공관으로 발령받게 되었다.

6·6· 세 아들의 세 가지 운명

평양의 한 돌격대에서 만나 결혼한 나와 아내는 세 아들을 낳아 기르며 소박한 가정을 이루었다. 그렇지만 기괴하고 황폐한 북한 땅에서 태어난 죄아닌 죄로, 세 아들은 각기 다른 운명의 길로 가야만 했다. 돌이켜보면 큰아들은 북한이라는 동토의 유배지에 남겨진 셈이고, 둘째는 어린 나이에 부모 곁을 떠났으며, 이제 막내아들이 새로운 고향에서 가정을 이루고 후손을 낳아 기르고 있다. 기구한 운명의 끈이 한 핏줄을 이렇게도 판이한 세계로 각각 떨어뜨려 놓은 셈이다.

아내는 아들 둘을 키우면서 호위국 양복점 재단사로 계속 일했다. 당시 북한에 피신해 와있던 캄보디아 전 국왕 시아누크의 옷도 만들고, 김일성 부자 보좌 성원들의 옷도 만들었다. 덕분에 아내가 받는 대우는 괜찮았다. 비밀 수당도 받고 호위국 사람들 수준의 물자 공급도 받았다. 아내의 양재사 일은 파키스탄에 나가기 전까지 계속되었다.

6촌 형 사건의 피해를 만회하기 위해서라도 나와 아내는 더 열심히 일했다. 갖은 노력 끝에 아내는 당원이 되었다. 아내는 밤새 일하느라고 새벽에 집에 오는 날도 많았다. 그러다보니 아이들을 돌볼 겨를이 없었다. 큰아들은 인민학교에 보내고 둘째 아들도 유치원에 다녔다. 아내가 직장에서 항상 늦게까지 일하다 보니 아이들은 자기들끼리, 혹은 또래끼리 밖에서 노는 일이 많았다.

둘째 아들 : 7살에 사고사 당하다

둘째 아들 원혁이는 일곱 살 때 사고사를 당했다. 1978년의 일이다. 당시 유치원을 다니던 원혁이는 매우 똑똑한 아이였다. 부모가 직장일로 바빴기 때문에, 유치원이 끝나면 항상 자기 또래들과 어울려 놀아야 했다. 그런 와중에 사고를 당한 것이다.

하루는 원혁이와 동네아이 둘, 모두 세 명이 유치원에서 나와 군사놀이를 한다면서 중구역 만수대극장 분수대 안으로 들어갔다. 분수를 만든 지 얼마되지 않던 때여서 안전시설이 제대로 되지 않은 상태였다.

애들은 얕은 물에서 안쪽으로 들어가다가 물속에 있던 분수 파이프에 걸려 넘어지면서 물웅덩이에 빠지고 말았다. 오른쪽 아이가 먼저 빠지면서 가운데 있던 우리 아들이 끌려 들어갔고, 그러자 왼쪽에 있던 아이도 역시 넘어지면서 끌려 들어갔다.

마지막에 빠진 애는 물속에 잠기기 전에 분수대 노즐을 잡고서 간신히 버티며 울기 시작했다. 이 광경을 본 어느 대학생이 들어가서 우는 애만 건지고 나왔다. 그 아이를 구해낸 대학생은 몇 분 지나고 나서야 다른 애들이 물 속에 빠져있다는 것을 알았다. 그 대학생은 다시 들어가서 구조했는데 이미 시간이 한참 지난 뒤였다. 결국 먼저 물에 빠진 두 아이는 숨지고 말았다.

소식을 듣고 급히 달려온 나는 기가 막혀 할 말을 잃었고 아내는 기절하고 말았다. 백주 대낮에 억울한 죽음을 당한 두 아이의 부모들은 가슴만 쥐어 뜯었다. 어디에 하소연할 곳도 없었다. 북한에서는 개인의 불상사를 규명해서 책임지거나 위로해주는 곳이 아무 데도 없다. 개인의 불행을 탓하며 스스로 괴로움을 감내하는 수밖에 없다.

가끔 대한민국에서 이런 불상사가 발생했다면 어떻게 처리되었을지 생각해본다. 우선 큰 소동이 벌어졌을 것이다. 그다음에는 건설회사나 국가의 책임을 따져볼 수도 있을 것이다. 그러나 북한에서는 그럴 일이 일절 없다. 국가나 국가기관은 잘못하는 법이 없기 때문에 인민의 불행에 대해 사과하거나 보상하는 일도 없는 것이다. 북한식 인민의 국가는 허울뿐인 것이다.

큰아들 : 볼모가 되어
북한 땅에 남겨지다

1996년, 잘 성장한 큰아들이 결혼식을 올렸다. 1월 9일, 황금벌역 앞의 결혼식장에서 치렀다. 북한에서의 결혼식은 대부분 집에서 치러지지만 우리는 외국에서 생활하기 때문에 집에서 결혼식을 치르기가 불편했다. 마침 대성총국이 평양 시내에 결혼식장을 차려 외화벌이를 하고 있었고, 우리는 준비한 외화를 사용해서 아들 결혼식을 치르게 되었다. 우리가 결혼식 비용으로 대성총국에 결제한 외화도 충성 자금으로 보내진다.

북한 결혼식에도 주례가 있다. 외교부 의전국장인 이도섭이 큰아들 주례를 맡았다. 태국대사를 지낸 그는 훗날 우리가족의 탈북을 막기위한 북한대표단 단장으로 태국에 파견되어 사투를 벌이는 사이가 된다. 그럼에도 그는 아주 좋은 사람이었고, 우리 가족과는 막역한 관계였다.

큰아들 결혼식에 아버지인 나는 불참했다. 업무를 핑계로 집사람만 보내서 참으로 가슴 아팠다. 북한 사람들은 누구나 자기 의지대로 행동할 수 없기에, 첫 자식의 결혼식도 불참한 채 일에만 몰두해야 했던 아픔이었다. 그렇게 된 이후 지금은 영영 갈라진 상태라 그 아픔과 고통은 더욱 쓰라리다.

큰아들은 사춘기 때인 1983년부터 부모와 헤어져 살았다. 가족을 전부 데리고 나가지 못하게 북한 당국이 막았기 때문에, 사실상 그때부터 볼모로 북한에 남겨진 셈이었다. 집을 지키던 처이모의 손에서 자랐지만, 그래도 큰아들은 씩씩하게 잘 자라 주었다. 연극영화대학 촬영학부를 전공할 정도로 감각이 좋은 아이였고, 군대에 가서도 문화영화 제작 일 등을 맡아서 활동했다.

한때 아내가 큰아들을 해외로 데려 나오고 싶어했던 때가 있었다. 베이징과 선전 등지에 출장도 다녀간 뒤의 일이다. 국내에 드나들 때마다 아내는 큰아들 부대를 찾아가서 아들은 물론, 소속 군부대 간부들과 군 정치부장도 만나곤 했다. 선물과 함께 잘 보살펴달라는 의사표시였다. 그때마다 군 간부들이 말했다.

"홍순경 동지가 유능한 외화벌이 일꾼이라는 것을 압니다. 외국에서 만화영화 사업 등에 도움을 주면 출장을 나오겠습니다."

그때 아내는 생각했다고 한다.

'그렇게 도와서 아들을 데리고 나오게 되면 큰아들도 데리고 도망갈 수 있지 않을까.'

그러나 아내는 그런 생각을 내게 말하지 않았다. 차마 말하지 못한 것이다.

"1-2만불 지원하면, 큰애를 데리고 나올 수 있을까?"

탈북하기 몇개월 전에야, 어느 날 저녁 마당에서 산책하면서 아내가 내게 말했다.

"1-2만불 정도 아들 부대에 지원할 수 있으면, 정치부장에게 말해서 데리고 나올 수 없을까?"

"…"

긍정도, 부정도 할 수 없었다. 나는 아무 말도 하지 않았다. 나라 경계를 넘는다는 것은 쉬운 결심이 아니었다. 목숨과 살아온 인생 모두를 걸어야 하는 일이다. 아직 막다른 골목으로 내몰린 것도 아니었다. 안정된 직장과 남들이 부러워하는 해외생활 등 대체로 괜찮았다. 극단적 선택을 할 이유가 없었다. 아내 소원도 무작정 도망가자는 뜻은 아니었다. 큰아들과 늘 떨어져 지내는 것이 너무 안타까워서 가져본 생각일 것이다.

만약에 그때 진짜로 큰아들을 빼낼 생각이었다면, 모든 재산을 다바쳐서 실행에 옮겼을 것이다. 성공했을까? 그건 모른다. 안 가본 길이므로.

가끔 아내는 큰아들과의 마지막 이별 장면을 떠올린다.

1997년 11월 15일 토요일이었다. 큰아들은 후보당증을 받기 위해 이틀간 신의주에 있는 군부대에 갔다가 전날에 돌아왔다. 그리고 이별의 시간이 된 것이다. 아들이 말했다.

"어머니! 환송하러 공항까지 나갈게요."

"아니다. 오늘이 토요일 아니냐. 후보당원이 되고 나서 첫 생활총화인데, 꼭 참가해야지. 공항에는 나 혼자 가도 된다. "

아들 일이 더 중요했으니까, 그리 말한 것이다. 그렇게 집에서 헤어지는데, 다른 때와 달리 왠지 마음이 아팠다고 한다. 아파트 꼭대기에서 손 흔들며 아들이 가는 모습을 내려다 보던 아내는 하염없이 눈물을 흘렸다. 그때 아내가 처이모에게 이렇게 말했단다.

"이모, 만약에, 만약에, 우리가 들어오지 못한다거나 무슨 일이 생기면, 끝까지 큰아들을 보살필 거죠?"

"걱정하지 마라, 내가 끝까지 보살피마."

장모가 돌아가신 이후로 우리 집을 지키며 큰아들을 돌봐온 처이모는 나이에 비해 깨어있는 분이셨다. 이렇게 덧붙여 말씀하셨다고 한다.

"가능하면 들어오지 말고 오래 있으라. 외국에…"

그것이 아내와 큰아들과의 마지막 이별이었다. 곡절 끝에 나와 아내는 막내아들과 함께 죽을 고비를 넘기며 자유세계로 넘어왔고, 큰아들과의 소식은 끊겼다. 아마도 강제이혼을 당하고 정치범수용소로 끌려갔을 것이며, 결코 행복할 수 없는 불행한 운명에 처해서 나를 원망했을 것이다.

막내아들 : 죽을 고비를 넘겨 자유세계에 안착하다

막내아들은 저 세상으로 떠난 둘째 아들이 남겨준 선물이었다. 급작스런 사고로 둘째를 잃은 뒤, 한동안 우리 부부는 우울한 생활을 벗어나지 못했다. 그때 주변 친지들이 셋째를 가지라고 강권하다시피 했다. 잃어버린 아들을 잊기 위해, 맏아들의 외로움을 달래주기 위해, 셋째 아이를 가지라는 것이었다. 그렇게 하여 우리에게 내려준 하늘의 선물이 막내아들이었다.

출생 배경이 그랬으니 막내아들은 특별한 아이일 수밖에 없었다. 어려서부터 우리 부부의 특별한 사랑을 받으며 자랐다. 그리고 네 살 때 부모와 같이 파키스탄으로 나와 해외에서 어린 시절을 보내게 되었다. 열한 살 때 다시 태국에 나와 대사관 생활을 하게된 이후, 막내아들은 북한에서 산 날보다 외국에서 산 날이 훨씬 많았다.

그러다가 열아홉 살 때 부모를 따라 탈출했고, 붙잡혀서 감금생활을 했다가 다시 풀려나서 부모 품에 안겨 자유세계로 넘어왔다. 막내는 어려서부터 공부를 잘하기도 했지만, 공부에 대한 욕심도 많았다. 늘 미국 유럽 등지에 가서 공부하고 싶다고 입버릇처럼 말하곤 했다.

그런 바람과 노력의 결과, 막내 아들은 한국에서 명문대학을 졸업하고 회계사 자격증을 땄다. 그리고 소망하던 미국 유학을 다녀와서 지금은 세계적인 외국기업에 다니고 있다.

또한 수년 전에 참하고 어여쁜 배필을 만나 결혼하고 아이도 낳아서 가정을 이루었다. 죽음의 문턱을 넘어 정착한 이곳에서 어엿한 가장이 된 것이다.

일곱

대한민국
사람으로 살다

(2000~   )

2000년 10월 5일 새벽, 조선민주주의인민공화국 태국주재 북한대사관 과학기술참사 홍순경과 아내 표영희, 그리고 셋째 아들이 김포공항 땅을 밟았다. 북한 외교관으로 일할 당시, 가장 금기사항이던 경계를 넘은 것이다. 그 순간, 나는 남조선이라는 용어를 버리고 대한민국을 품에 안았다. 아니, 우리 가족이 대한민국의 품에 안겼다.

김포공항에 내린 우리 일행은 특별 통로로 비밀리에 빠져나와 승용차에 올랐다. 그 덕분에 요란한 카메라플래시 세례를 피할 수 있었다. 새벽에 도착했기 때문에 서울시내의 풍경도 제대로 보지 못하고, 강남의 어느 안가에 도착했다.

7·1· 대한민국 시민이 되다

안가에 도착하니 십여 명의 조사관들이 대기하고 있었다. 그들은 친절하게 우리를 맞이해 주었지만 진짜 친절한지는 알 수 없었다. 북한에서 말하는 남산 지하실의 악독한 경찰들인지도 모를 일이었다. 알듯 모를 듯한 긴장감 속에 절차가 진행되었다.

조사관들은 우리의 입회 하에 얼마 안되는 짐들을 세밀하게 조사하기 시작했다. 우리에게 팬티와 옷 한 벌씩을 건네면서 옷을 몽땅 갈아입으라고 했다. 순간 우리를 많이 의심하는구나 하는 생각에 불쾌했지만, 다른 방법이 없었다. 시키는 대로 했더니, 이내 입었던 옷과 팬티까지도 세심하게 검사했다.

곧 안가의 방을 배정받았다. 2층 큰 방은 나와 아내가, 맞은편 작은 방에 아들이 자리 잡았다. 1층 거실은 식당을 겸했고 지하에는 운동할 수 있는 공간이 있었다. 식사는 전문요리사 수준의 아주머니가 차려주는 음식을 조사관들과 함께 먹었다.

손맛이 좋으신 아주머니가 매끼 정성껏 음식을 차려줘서 맛있게 먹었지만 한 가지 이해가 안되는 것이 있었다. 그것은 퍼주는 밥의 양이 너무 적은 것이었다. 일반적으로 내가 먹던 밥 양의 절반밖에 되지 않았던 것이다. 며칠을 참다가 내가 투정을 부렸다.

"밥을 이렇게 적게 먹고 살라는 거요? 죽으라는 거요?"

식탁에 함께 앉아 식사하던 조사관들과 아주머니가 놀라 눈이 휘둥그레졌다. 얼른 아주머니가 밥을 더 퍼주면서 대답했다.

"밥은 얼마든지 있으니 많이 드세요."

그다음부터는 다른 사람의 밥보다 곱으로 퍼주었다. 며칠이 지난 후 나는 다시 밥을 적게 달라고 부탁했다. 왜냐하면 반찬이 많으니 밥이 더는 필요 없기 때문이었다.

지금 생각하면 황당한 일이었지만, 이는 북한생활 습관 때문에 비롯된 것이다. 한국처럼 다양한 반찬을 차릴 여건이 안되는 북한에서는 섭취하는 음식의

80-90%를 밥이 차지할 수 밖에 없다. 따라서 북한사람들은 한국사람들보다 밥을 훨씬 많이 먹게 되는것이고 나는 몸에 배인 이러한 식습관 때문에 이런 황당한 투정을 하게 된것이다.

친절한 조사관들 북한의 보위부 같으면 상상도 할 수 없을 만큼 조사관들은 친절했다. 그들은 우리의 모든 편의를 보살펴주려고 애썼다.

어느 날 저녁에 외부 식당으로 데리고 갔는데 음식이 너무 다양하고 깨끗해서 놀랐다. 태국에서 참사관으로 있을 때 태국 상업상을 단장으로 하는 태국 상업성 대표단을 데리고 북한으로 갔던 일이 생각났다. 북한 대외경제위원회 이성대 위원장이 대표단을 환영하는 연회를 고려호텔에서 열었는데, 연회 식탁에 나온 음식을 보는 순간 나는 너무나 낮은 북한의 음식 문화 수준때문에 얼굴을 들 수 없었던 기억이 떠올랐다.

하루는 조사관들이 우리를 데리고 [봉은사]라는 사찰에 갔다. 난생 처음으로 사찰에 간 우리는 사실 신기한 마음으로 모든 것을 보며 감격했다. 조사관들은 스스로 108배를 하자면서 절하기 시작했고 나도 따라해 보았지만 몹시 힘이 들었다.

이렇게 우리는 조사받는 기간동안 서울 곳곳을 구경 다니면서 남한의 문물을 익혀나가기 시작했다.

산행도 처음 경험했다. 한번은 새벽에 강남 우면산에 데리고 갔다. 거기에서 김덕룡 국회의원이 많은 사람들에게 뜨끈한 음식을 대접하기에 우리도 거기에서 음식을 나누어 먹고 약간의 산행 코스를 경험했다. 사실 북한에서는 산행이라는 언어조차 없는데 이곳에서는 산행이 하나의 문화이고 전 국민이 건강을 위해 하는 필수 코스인 듯 했다.

그 외에 백화점 구경하면서 옷도 사주는 등 많은 친절을 베풀어준 조사관들에게 우리는 감격했고, 지금도 그들을 만나면 진심으로 반가운 마음이 앞선다.

아들의 명문대 입학 내가 와서 본 대한민국의 교육열은 과히 세계최고라 할 만했다. 초등학생부터 고등학생까지, 새벽부터 늦은 밤까지 쉴 새 없이 공부에 전념하는 것은 정말 놀라웠다. 비록 이러한 과다 경쟁이 사교육비 부담 등 여러 사회적인 문제를 야기하는 것은 인정하지만 이러한 세계 최고의 교육열과 노력이 오늘의 대한민국을 만들어내지 않았나 생각한다.

아들은 한국정부의 도움으로, 모두가 희망하는 명문대학에 진학하게 되었다. 이는 대한민국 정부가 탈북자들의 성공적인 정착을 위하여 주는 엄청난 혜택이었고 나는 이러한 기회를 준 대한민국에 항상 고맙게 생각한다. 아들은 열심히 공부해서 우수한 성적으로 졸업하게 되었고, 공인회계사 자격증도 취득하여 한국의 유수 회계법인에 취직까지 하게 되었다.

약 6개월의 조사를 마치고 우리는 2001년 3월 1일에 안가를 떠나 정식 서울시민이 되었다. 보통 탈북자들은 국정원 3개월 + 하나원 3개월의 과정인데, 우리는 안가에서만 6개월을 보냈다. 조사관들은 우리 가족을 위해 손수 집도 구해주고 살림살이도 장만해 주었다.

대한민국에서 우리의 첫 보금자리는 창동의 32평짜리 전세아파트였다. 넓은 거실, 침실 3개에 화장실 2개에 더운물과 찬물이 24시간 나오고 가스로 요리를 하고 전기밥솥으로 밥을 하는 꿈꾸어오던 집이었다. 대한민국에서는 평범한 것이지만 사실 북한에서는 상상할 수 없는 호화주택이었고, 지상낙원의 꿈이 실현되는 순간이었다.

7·2· 제2의 인생을 시작하다

안가를 나온 후 나는 황장엽 선생의 도움으로 통일정책연구소에서 책임연구원으로 일을 시작하게 되었다. 4월 1일 첫 출근날 나는 설레는 가슴으로 연구소를 찾아갔고 연구소 소장은 나를 접견하고 독방에 배치해 주었다. 맡은 업무는 북한문제에 관한 연구였는데 북한에서의 경험을 살려 북한의 경제 무역 분야를 집중적으로 연구했다.

사실 연구원이라는 직업은 난생 처음해보는 일이라 적응하기 쉽지 않았다. 특히 한번도 제대로 배워본 적이 없는 컴퓨터를 사용하여 독수리 타법으로 논문을 써내고 자료를 검색하는 것이 정말 힘들었다.

2001년 말부터 나는 탈북자 동지회 회장도 겸하게 되었다. 황장엽 선생이 명예회장이었던 이 단체는 탈북자들의 한국 정착을 지원하기 위하여 설립되었는데 취업 알선, 컴퓨터, 영어 등 각종 교육 프로그램, 체육대회, 통일마라톤 주최 등 나름 활발한 활동을 펼쳤다.

또한 통일일꾼 양성사업도 적극적으로 진행했는데, 그 당시 황장엽 선생이 일주일에 한 번씩 탈북자들을 대상으로 정치 철학 등 여러가지 교육을 했다. 만 65세가 되던 2004년 말부터 나는 통일정책연구소에서 정년 퇴직하고 탈북자동지회 활동에 전념하였다.

2007년 4월부터는 북한민주화위원회 창립멤버로도 활동했다. 창립 당시 황장엽 선생이 위원장, 김영삼 전 대통령이 명예위원장을 맡았다. 부위원장은 5명이었고 그중에 내가 수석부위원장으로 임명되었다. 북한민주화위원회는 탈북자 사회를 하나의 지붕으로 통합하는 중추 역할을 했다. 북한 인권문제, 탈북자북송반대투쟁, 북한인권법제정 촉구, 국내 종북세력과의 투쟁, 북한실상 알리기 등 여러 가지 활동을 진행했다.

2010년 10월 10일 황장엽 선생의 서거는 탈북자 사회에 큰 상실감을 주었다. 그 뒤를 이어 북한민주화위원회 위원장을 맡게 된 나는 오늘도 고인의 정신을 이어가기 위해 많이 부족하지만 열심히 노력하고 있다.

2013년 7월에는 대통령소속 국민대통합위원회 위원으로 위촉되어, 박근혜 대통령으로부터 직접 임명장을 수여받았다. 가문의 영광이며 내 일생에서 가장 보람 있는 일이었다. 북한에서는 꿈도 꿔보지 못한 일이 대한민국에서 성취된 것이다.

많이 부족한 나에게 대한민국은 너무나 많은 것을 주었다. 나에게 제2의 인생을 살게 해주었고, 나라와 민족을 위하여 조금이나마 보탬이 될 수 있는 일을 할 수 있도록 기회를 주었으며, 내가 평생 갈망하던 자유를 주었다. 나는 대한민국을 내가 태어난 북한보다 10배, 100배 더 사랑한다.

7·3· 북한 외교관 부인, 한국생활에 적응하다

안가를 나온 이후 아내는 적적한 생활을 했다. 내가 통일정책연구소에 출근하

:: **대통령직속 국민대통합위원회 위원으로 위촉되다**
2013년 7월, 대통령직속 국민대통합위 위원으로 위촉되어 대한민국 박근혜 대통령으로부터 임명장을 수여받다.

고 아들은 학교로 가고 나면 아내는 집 뒤에 있는 불암산에서 샘물을 떠오거나, 난방비를 아끼려고 은행에 가서 책을 보면서 시간을 보내곤 했다. 이렇게 혼자서 적적하게 지내면서 북한에 남겨진 큰아들 생각에 매일 눈물로 나날을 보냈다.

특히 막내아들이 회계사 공부를 위해 대학교 앞 고시원에서 1년간 지낼 때에는 외로움이 더 했던 것 같다. 아내의 정신적 육체적 건강이 걱정되어 나는 무슨 일이라도 했으면 좋겠다고 했다.

처음에는 밖에서 일하는 것에 대한 막연한 두려움 때문에 망설이던 아내는 어느 날 [벼룩시장]에 파출부 광고를 보고는 일거리를 찾아 나섰다. 파출부, 가정부, 식당일 등 아내는 직업에 귀천이 없다는 생각으로 당당하게 일했다.

사실 과거 북한에서의 생활과 비교해보지 않은 것은 아니었다. 북에 남은 사람들이 알면 뭐라 할까 하는 생각도 들었다. '북에서는 그래도 남들이 선망하는 외교관 아내로 상대적으로는 풍족하게 생활했는데, 내 모습이 이게 뭐람.'

그러다가도 하루 일해서 받는 일당 5만원으로 쌀 20kg을 살 수 있다는 걸 상기하며 생각을 고쳐 먹었다. 북한에서는 한 달 일해도 쌀 1kg 사기가 어려운데, 서울에서는 하루 일해서 쌀 20kg을 살 수 있는 것이다.

식당 운영은 너무 힘들었다

굳은 일 마른 일 가리지 않고 닥치는대로 일을 하면서 아내는 남한 생활에 대한 자신감이 생기기 시작했다.

식당을 한번 해보고 싶은 욕심이 생겨 부동산을 돌아다니면서 식당 자리를 알아보기 시작했다.

어느 날 칼국수 집이 매물로 나왔다는 연락을 받고 서초동으로 갔더니, 제법 넓고 괜찮아 보이는 식당이었고 손님들도 꽤 있는것 같았다. 우리는 칼국수집을 그대로 이어받아 해보기로 하고 직원 6명까지 인계받아서 시작했다.

그런데, 식당을 운영하는 일은 생각보다 너무 힘들었다. 아침 7시 출근해서 칼국수를 뽑고 만두를 빚고, 각종 재료를 준비해야 했고 밤 늦게까지 고기와 술을 팔아야 했다. 집세는 비쌌고, 장사는 생각처럼 잘 되지 않았다.

제일 힘든 건 주방장 등 사람을 관리하는 일이었다. 주방장은 자기가 없으면 이 식당 문닫는다며 배짱을 부리기 일쑤였고 월급은 해마다 올려달라고 요구했다. 그렇다고 음식을 잘하는 것도 아니었다. 속이 썩어 들어갔다. 어느 날인가 제대로 한번 해보라고 쓴소리를 좀 했더니, 그길로 안 나오겠다며 사라졌다. 배짱있게 아내가 주방으로 들어가 급한 불은 끌 수 있었지만 아내가 전담하기에 주방은 너무 힘들었다.

결국 벼룩시장을 통해서 새 주방장을 채용했다. 새 주방장은 음식은 잘 하는데 경마에 빠진 도박꾼이어서 일요일이면 안 나오고, 자꾸 가불해 달라고 요구했다. 처음엔 가불이 뭔지도 몰랐고, 몇 번 해주니까 일요일이면 안 나왔다.

아내는 3년 6개월간 거의 하루도 쉬지 않고 열심히 식당을 운영했다. 그래서 약간의 돈을 벌기는 했으나 그동안 한 고생에 비할 바가 안되었다. 우리는 육체적으로 힘에 부쳐 식당을 매물로 내놓았고 2008년 9월에 식당을 매각했다.

돌아보면, 식당 운영은 우리에게 무리였던 일이었지만, 이를 통해서 한국사회에 대하여 더 많이 느끼고 배우게 되었고 자신감도 갖게 되었다.

7·4· 자본주의에서 울고 웃다

다단계 사기를 당하다 식당을 운영하던 때의 일이다. 2006년 어느 날부턴가, 식당 옆에 입주해 있던 다단계업체에서 회사 이름을 등록하고 매 점심마다 십여 명씩 몰려와서 식사를 했다. 저녁에는 가끔 고기와 술도 먹었는데 처음엔 매상이 올라가 기분이 좋았다. 그런데 나중에 알고보니 이는 나를 꼬드기는 미끼였던 셈이다.

차츰 그 회사 사장과 이런저런 이야기를 나누게 되었다. M&A를 통해서 높은 수익을 올리는 회사라고 소개를 받았고 회사에 투자하면 큰돈을 벌수 있다는 설명을 반복적으로 듣게 되었다.

어느 날에는 부산까지 초대받아 가보니, 호텔에 수백 명을 모아놓고 3개월에

70% 수익을 거둘 수 있다며 투자 설명회를 개최했다. 호기심이 과욕으로 변하게 되었고, 나는 우리 형편에 적지 않은 돈을 집어넣었다.

결과는 참혹했다. 사기였다.

나중에야 부랴부랴 찾아 나섰지만, 이미 그 회사 사무실은 다 철수한 뒤였고, 돈을 회수할 길이 막막했다. 주모자를 찾아 고발하는 등 법적인 처벌을 받게는 했지만, 날아간 돈을 되찾을 길은 없었다. 화가 나고 속이 상했다. 아내는 무척 충격이 컸던 듯했다. 이 일 이후 수개월 동안 아내는 내게 말도 걸지 않았다.

자본주의 사회로 넘어와서 처음으로 우리는 망치로 얻어맞은 듯한 충격을 받아야 했다. 쓰라린 경험이었다. 단기에 잘 살아보자는 과욕이 부른 참사였다.

처음 서울에 도착해서 가까이 지내던 조사관과 보호 경찰들이 건네던 조언이 떠올랐다.

"무엇을 하든 자유라는 말은 자신의 선택에 대해 책임진다는 말과 같습니다. 여기가 자유는 많지만, 먹고사는 일이 그리 쉬운 것만은 아닙니다."

"넘어오신 분들, 아무 생각없이 부닥치고 도전하고 실패하고 좌절하는 분들이 많다. 미리 상의하고 의논하는 것이 아니라, 꼭 일을 저지른 다음에 찾아와서 도와달라 하소연한다."

자본주의의 자유는 무한한 가능성을 내포하지만, 탈북자 모두에게 가능하다는 것을 뜻하는 것은 아니다. 이 말을 이해하는데 나는 6년의 시간이 걸린 셈이다.

유학장학금을 받게 된 아들

직장에 다니던 아들은 유학을 가고 싶어했다. 한국에서도 남부럽지 않은 회사였지만, 어릴 적부터 아들은 큰 세상에 나가 문물을 익히고 공부하는 꿈을 꾸며 자랐다.

회사를 다니면서 열심히 준비한 결과 아들은 그렇게 바라던 미국 유명 대학으로부터 입학 통지서를 받게 되었다. 둘도 없는 희소식이었지만 마냥 기뻐할 수만은 없었다. 유학비용이 만만치 않았던 것이다.

'내가 사기만 당하지 않았어도…'

그러던 어느 날 며느리가 신문을 읽다가 미래에셋 박현주재단에서 낸 '글로벌 투자전문가' 유학장학생 공모전 광고를 발견했다. 그 광고를 건네받은 아들은 도전을 결심했다. 큰 세상으로 나가는 관문이라면 기꺼이 도전하겠다는 각오였다. 실패하더라도 실망하지 않겠다고 했다.

얼마 지나지 않아서, 또 기적이 일어났다. 유학장학생 공모전 시험에서 아들이 당선된 것이다. 그 보상으로 아들에게 주어진 장학금은 1억 원이었다. 상금액을 본 나와 아내는 깜짝 놀랐다. 아들의 성취도 대견했지만, 거짓말처럼 바로 직전의 절망으로부터 새로운 희망이 솟았기 때문이다.

롤러코스터 같은 운명의 드라마를 보는 듯했다. 그해 우리 가족이 겪은 자본주의의 명암에 따라 우리 가족은 울고 또 웃었다. 하나님이 보여주신 기적이라 생각했고, 당연히 하나님께 감사의 기도를 올렸다.

7·5· 하나공동체와 하나님

북한에는 교회가 없다. 교인도 없다. 대외적으로는 봉수교회와 칠골교회가 있지만, 형식적이다. 하나님 말씀인 성경보다 더 절대적으로 강요되는 주체사상과 유일지도체계가 있기 때문이다. 아예 교회 신앙은 범죄로 취급된다. 사회체제가 그렇게 돌아간다.

2002년, 내가 회장으로 있던 탈북자동지회가 주최한 체육대회에서 주선애 교수를 만났다. 주 교수는 자신이 다니던 온누리교회를 통해 탈북자에게 체육복을 선물로 주게 되었다. 그것이 인연이 되어 온누리교회에 나가기 시작했다.

온누리교회를 통해 나의 도덕심이 신앙심으로 바뀌는 체험을 했다. 사실 처음에는 도움을 받아서 고맙고 보답한다는 마음이 앞섰다. 내 나름의 도덕적인 태도에서 비롯된 것이다. 그러다 보니 처음에는 주일날 교회 참석을 빠질 구실도 찾고, 예배를 보다가 졸기도 하고 그랬다.

그러던 것이 지금은 반대로 바뀌었다. 웬만한 일이 아니면 주일에는 무조건 온누리교회로 나간다. 도덕심에서 시작된 교회생활이 어느덧 신앙심으로 변해 나간 것이다.

신앙생활은 나보다도 아내가 더 열심이다. 남한에 친척도 없고 휴일이면 갈 곳도 없는 우리 가족에게 온누리교회는 그야말로 안식처가 되었다. 주말이나 명절에는 교회에 가는 것이 마음도 편하고 좋았다.

아내는 식당을 그만둔 후 2년간 온누리교회의 새생활체험학교에서 주선애 교수와 함께 탈북자들의 정착을 돕는 활동을 열심히 했다. 온누리교회에서는 산하에 하나공동체와 한터공동체를 운영하고 있다. 2003년에 주선애 교수가 주도해서 만든 탈북자지원공동체 조직이다.

하나공동체에서는 정부에서 운영하는 하나원 퇴소자들을 상대로 희망자를 모집해서 1주일간 새생활체험학교를 운영한다. 온누리교회에 마련된 숙소에서 각종 견학, 상식과 요령 습득 등 성공적인 정착생활에 도움이 될 생활 훈련을 실시하는 프로그램이다. 교회의 지원으로 숙식과 교통비, 장학금 등 혜택도 부여한다. 예배 참가 후에는 공동체 모임을 가지면서, 서로의 생활 경험과 훈련과 반성 등을 공유한다.

하나공동체에는 탈북자뿐만 아니라 북한에 관심을 가진 남한 사람들도 참여한다. 주선애 교수의 초기 주도로 운영되어온 모임은 이제 꽤 많은 수료자들을 배출했고, 탈북자공동체의 구심점 역할을 하고 있다는 평가도 있다.

탈북자지원 선교의 관점은 확고하다. 사실상 학교 역할을 수행하는 하나원 졸업생들, 즉 탈북자들이 직접 남한사회로 진출하기 전에 하나공동체의 새생활모임 등을 거치면서 실질적인 사회 적응 훈련을 쌓게 하는 것이다. 실생활 적응에 도움을 받고 열린 마음으로 신앙심에 의지할 수 있는 계기라는 점에서, 탈북자들에게는 커다란 응원군 역할을 수행한다.

온누리교회를 다니면서 많은 은혜를 입었고, 여러분들의 도움을 받았다. 2003년 4월 25일, 나와 아내는 돌아가신 하용조 목사님에게서 직접 세례를 받았다. 하 목사님이 어머니라 부를 정도로 가까운 주선애 교수와의 인연이 맺어준 결실이었다. 그 분에게서 많은 은혜를 받았다.

이재훈 담임목사님도 여러 가지 도움을 주신다. 항상 부족한 탈북자모임이나 행사에 함께 하며 격려해주실 때마다 우리를 향한 그분의 은혜가 느껴진다. 조요섭 목사 부부로부터는 일 대 일 교육을 받았으며, 그들은 진실어린 사랑으로 나의 신앙심을 이끌어주셨다. 그리고 김요성 목사, 손정훈 목사, 백인호 목사, 박희창 목사 등이 하나공동체를 이끌어 주시고 나의 신앙심도 키워주셨다.

하나공동체를 직접 담당하셨던 이광형 장로님께서 누구보다 크게 애써 주셨다. 현재 하나공동체를 담당하고 계시는 이경훈 장로님은 북한민주화위원회와 탈북자단체를 돕기 위해 혼신을 다하신다.

:: **하나공동체 공연**
온누리교회와의 만남은 우리 가족에게 은총이었다. 믿음과 신앙심으로 대한민국에 넘어와서 느끼던 외로움과 허전함
을 채워나갈 수 있었다.

무엇보다 이 모든 것이 온누리교회와 하나님의 은혜라고 느껴지는 것은 단순
한 도움을 넘어서 위로받고 의지할 수 있는 존재감 때문이다.

7·6· 대한민국의 다양성에 놀라다

대한민국에 와서 다 좋지만, 가장 화나는 일은 종북의 존재다. 죽을 고비를 넘
기며 자유의 품에 안기는 탈북이 엄연히 존재하는데, 시대에 뒤떨어진 종북이 방

치되는 현실을 어떻게 이해해야 하는가.

아무리 자유의 관점에서 수긍하려 애써도 종북이 활개치며 사회를 시끌벅적하게 몰아가는 현상은 이해되지 않는다. 북한을 탈출한 우리들이 죽음을 걸고서도 외면하려 했던 구호와 주장들이 대한민국 민의의 전당인 국회에서까지 반복적으로 울려퍼지는 현상을 어떻게 이해하란 말인가.

솔직히 우리 탈북자들 시각에서 볼 때, 남한의 정치권에 기생하고 활개치는 종북 무리들은 뿌리뽑아야 할 척결 대상이다. 마치 특권인 양 이들이 버젓이 북한의 낡아빠진 정치 구호와 선전 용어를 판박이로 구사하는 장면을 보고 있으면, 이 나라도 위태로운 거 아닌가 하는 걱정이 들기도 한다.

자유는 아무리 많이 넘쳐나도 부작용이 생겨나도 무조건 좋은 것이라는 뜻인가. 물론 민주주의 사회에서 자유분방하고 다양한 목소리는 건강한 체제의 상징이라 할 수 있지만, 지나친 건 모자람만 못하다는 격언도 고려할 필요가 있다. 책임이 따르지 않는 표현의 자유는 폭언일 뿐이다. 종북세력들은 자유라는 명목 아래 무책임한 폭언을 일삼으며 민주주의의 근간인 건설적인 정치 담론의 장을 흐리고 있는 것이다. 그 틈새를 비집고 들어오는 북한측에 이용당하는 면도 많다. 폭력과 굶주림의 북한체제에서 살아본 탈북자들은 잘 안다.

자유세계에서 여당과 야당이 서로 견제하며 균형을 유지하는 모습을 이제는 이해할 수 있다. 꼭 필요한 일이라는 주장도 납득이 간다. 그런데 사사건건 트집 잡고 싸우고 대결하는 모습을 보며, 처음에는 많이 놀랐고 적응도 안 되었다. 한국사회가 너무 시끄럽게 느껴졌다. 우왕좌왕한다는 생각도 들었다.

어느 탈북자의 말이다.

"남한의 태세가 이념적으로 뒤떨어져 있고 정신적으로 풀려 있다. 북은 남을 점령 대상이고 쳐죽일 놈들이라고 교육하는데, 남은 북을 어떻게 상대해야 할지 우왕좌왕한다. 그러니, 남한은 무장해제되어 가고, 북은 남의 지원을 활용하여 핵과 미사일로 무장한다."

북한에서는 주체사상을 믿고 따라야 산다는 이념으로 살았다.

"내 운명의 주인은 자기 자신이며, 자기 운명을 개척하는 힘도 자기 자신에게 있다."

이 명제는 옳은 말 아닌가.

그러나 김부자는 이를 수령세습독재체제를 수립하는데 악용하였고 종북세력은 이 구절에 잘못 빠져 들었다. 명제는 좋지만, 실제로는 남한과 북한이 바뀌었기 때문이다.

남한에서는 명제는 없어도, 실제 자기 운명의 주인은 자기 자신이다. 오히려 북에서는 내 운명을 내가 개척할 수 없다. 아이러니다. 북에서는 주체사상도 구호일 뿐이다. 내가 하고 싶은 일을 할 수도 없고, 할 말도 못한다. 자기들 지시대로 안 따르면 반동이고, 죽일 놈으로 몰린다.

북한에서는 쌀배급 정도로도 만족했다. 돌아보면 배급제로 일생을 사는 것이 얼마나 비참한 일인가. 인간으로서 자유를 박탈당한 채 산 것이다. 먹는 자유도 없었다. 먹고 싶은 것을 먹는 것이 아니라 주는 대로만 받아 먹어야 하는, 가축과 다름없는 삶을 살았다.

그러한 북에서 살던 경험과 대조하면, 백 가지를 비교해도 대한민국이 좋고 옳다.

자유, 다양성, 정말 소중한 것이다. 소중한 만큼 잘 지켜내야 한다. 책임없는 자유, 부도덕한 자유가 아니라, 우리 탈북자들이 목숨을 걸고 찾아온 대한민국의 진정한 자유를 지켜야 한다.

7·7· 통일이 대박의 길로 가려면

최근 박근혜 대통령이 '통일은 대박'이라는 화두를 한국사회에 던졌다. 통일에 대한 막연한 두려움과 걱정 등이 팽배했던 근래의 분위기를 감안하면, '통일을 준비해 나가자'는 박대통령의 화두는 매우 시기적절했다고 생각한다. 이를 계기로 통일에 대한 국민의식을 한단계 높이고 보다 철저한 준비를 할 수 있는 계기가 되었으면 하는 바람이다. 통일의 시기는 분명 빨리 오고 있는데, 우리가 준비해놓은 것은 별로 없기 때문이다.

그런데 적지 않은 사람들이 박대통령의 '통일 대박론'을 잘못 이해하고 있는 듯 하다. 많은 이들이 '통일에 드는 비용보다 통일로 거두는 이득이 훨씬 큰데 왜 여태껏 몰랐나'는 식의 단순 논리로 통일의 당위성과 불가피성을 쉽게 얘기한다. 통일만 되면 무조건 대박이라는 식이다. 물론 통일로 인한 경제적 이득은 상상할 수 없을 만큼 클 것이다. 그러나 무조건 대박은 아니다.

통일을 대박으로 만들기 위해서는 그냥 앉아서 될 일이 아니다. 건설적인 정치적 담론을 통해 범국민적 공감대를 형성한 토대 위에서 철저한 준비를 거친 통일만이 진정한 대박을 가져올 수 있는 것이다. 구체적 관건은 통일의 과정과 방식이 어떤 내용을 담을 것인가에 있다.

어떤 방식의 통일이 대박을 가져올 수 있을까? 통일 방식은 크게 2가지로 생각해 볼 수 있다. 하나는 '정치 주도형' 통일로서, 가장 가까운 사례는 동서독의 통일이다. 소위 흡수통일론이다. 즉 급변으로 인한 북한정권의 붕괴와 남한으로의 정치적인 통합이 급격히 이루어짐과 동시에 경제통합도 동시에 일어나는 것이다. 다른 하나는 '경제 주도형' 통일로서, 북한을 개혁개방의 길로 나가도록 원칙을 가지고 지속적으로 압박하여 점진적으로 남한 경제와의 통합을 이룬 후 정치적 통일로 나가는 방식이다.

'정치주도형' 통일은 엄청난 통일 비용과 또다른 갈등을 초래할 것이다.

어떤 통일 과정도 희망의 시나리오대로 이루어지기 어렵다는 역사적 사례와 현실을 감안하면 상대적으로 가능성이 높은 것은 '정치 주도형' 통일이다. 김정은의 약한 권력 기반, 장성택 숙청 등 권력 교체에 따른 정국불안, 완전히 붕괴되다시피한 북한경제 등 북한의 현재 상태는 정치적으로 결코 안정적일 수 없다. 따라서 북한의 급변사태로 촉발될 '정치 주도형' 통일은 현실적으로 충분히 가능한 시나리오 가운데 하나가 분명하다.

그러나 '정치 주도형' 통일은 엄청난 통일 비용을 초래하게 될 뿐만 아니라 장기적으로 또 다른 '남북'의 갈등과 분단을 가져오게 될 것이다. 이것은 진정한 의미의, 우리 모두가 바라고 꿈꾸는 그러한 통일이 될 수 없다.

'정치 주도형' 통일에 따른 급격한 경제적 통합이 이루어 질 경우, 남한의 법률

체계 등 모든 제도가 북한지역에 동일하게 도입될 것이다. 한 예로 남한의 최저 임금 제도를 북한 지역에도 동일하게 적용한다고 가정해보자. 40분의 1의 소득 및 생산성 격차가 현존하는 상황에서 이러한 제도를 북한 지역에 바로 적용한다면, 북한지역은 경제기반의 공동화를 초래하게 될 것이고, 결국 북한사회 전체가 남한으로부터의 보조금에 의존하게 될 것이며, 이는 또 다른 '남북' 갈등과 분단으로 이어질 것이다.

'정치 주도형' 통일을 이룬 독일의 경우 통일 당시의 소득격차는 2분의 1 정도였다. 또한 통일 전부터 인적, 물적 교류가 활발하게 진행되어 우리의 상황과 비교할 때 훨씬 우호적인 환경에서 흡수통일이 이루어졌다. 그럼에도 불구하고, 급격한 통일은 독일에게 엄청난 경제적 고통을 가져다 주었다.

개혁개방을 거쳐 '경제 주도형' 통일로 나가야 대박이다

나는 통일이 대박으로 가기 위해서는 철저하게 준비되고 빈틈없이 실행된 '경제 주도형' 통일이 이루어져야 한다고 생각한다.

1) 북한을 개혁개방의 길로 나가도록 원칙을 세우고 지속적으로 압박한다.
2) 개혁개방을 통해 북한경제를 일으켜 세우고 남북 간 격차를 줄이며 남북 간 경제교류를 활성화한다.
3) 개혁개방의 성과를 바탕으로 군사적 대치 상황을 완화하여 나간다.
4) 이런 과정을 거치면서 적절한 시기에 정치적 통합을 이룰 수 있는 기반을 마련한다.

개혁개방은 북한의 주민들뿐 아니라 고위층들도 바라고 있다. 또한 급변을 바라지 않는 주변국들의 이해관계와도 부합되어 현실적으로 가장 접근 가능한 정책이다. 유일한 반대 세력은 북한의 세습독재정권과 측근 세력인데, 이들은 여러 각도에서 지속적으로 압박하면 돌아서도록 만들 수 있다.

여기서 중요한 것은 일관된 원칙을 적용하여 북한을 상대하는 것이다. 정권이 바뀔 때마다, 여론의 방향이 변할 때마다 북한에 대한 정책이 오락가락한다면 결코 북한의 변화를 이끌어낼 수 없다. 더욱이 북한을 압박 대신 '햇볕'으로 풀어준다면 절대 개혁개방으로 나오지 않는다. 즉, 개혁개방을 유도하고 압박하는 '햇볕'은 의미가 있지만, 그러지 못하고 단순히 북한을 지탱시켜 주는 '햇볕'은 의미가 없다는 말이다.

북한의 상황은 간단하다. 먹고 살 수 있으면 이대로 갈 것이고, 먹고 살기 어려우면 개혁개방으로 갈 수밖에 없다. 이것이 북한집권세력의 아킬레스 건이다.

북한의 개혁개방은 민주화를 거쳐 통일로 가는 지름길이다. 이렇게 가야 통일이 대박이 된다. 개혁개방 이후에는 남북연방제 단계를 지나서, 국제 사회의 공정한 감시 아래 민주주의 기본 원칙에 따른 총선거를 실시하여, 단일 독립정부를 수립하면 된다.

박 대통령이 제시한 화두를 이제는 우리 국민 모두 진지하게 생각하고 고민할 때다. 우리는 한반도 역사를 아시아의 변방 국가에서 세계의 중심 국가로 바꿀 수 있는 중요한 전환점에 와 있다. 통일에 대한 진지한 고민을 통하여 범 국민적인 공감대를 형성하고 이를 원칙있게 실천에 옮길 때 우리는 진정한 통일 대박을 맞이할 수 있을 것이다.

여덟

고마운 인연들

8·1· 은인의 나라, 태국

집주인, 찰리따   집주인 찰리따는 우리 가족의 생명의 은인이다. 태국의
어느 시골 병원에서 북한의 손아귀로 부터 빠져나오려고
몸부림치던 절체절명의 순간에 그는 우리 전화를 받고 태국 정부와 경찰에 연락
하여 우리가 구조를 받을 수 있도록 도와주었다.

찰리따는 이후에도 우리 가족을 물심양면으로 도왔다. 난민보호소에 수용되
어 있던 1년 8개월간 찰리따는 마치 자기 일인 양 면회도 자주 오고, 내가 부탁하
는 일들도 잘 들어주었다.

북한이 내가 범죄자라는 거짓 뉴스를 언론에 배포한 뒤, 그 뉴스를 본 그녀는
이렇게 말했다.

"내가 아는 미스터 홍이 절대 그럴 사람이 아니라고 생각했다. 오히려 북한 사
람들이 우르르 몰려와서, 집기를 가져가고 기물을 파손하고, 그랬다. 나쁜 사람
들은 그들이라고 생각했다."

찰리따는 대부분의 태국인처럼 불교신자다. 난민보호소에 있을 때의 일이다.

어느 날 그녀는 자신이 신수점을 보고 온 이야기를 해주었다. 신수점이란 길흉화복을 점치는 태국의 관습 가운데 하나다. 관상이나 사주팔자를 보는 심리와 비슷한 행태다. 북한에서는 미신타파 구호가 있기 때문에, 공식적으로 점을 치거나 보거나 하는 행위가 금지되지만 음으로 점을 보는 관습이 퍼져있다.

그날, 색깔나는 병 4개를 들고 찰리따가 면회를 왔다. 찰리따는 큰아들 운명까지 적어와서 말해 주었다.

"미스터 홍과 와이프를 태우고 가던 승합버스가 굴렀던 그곳이, 그 지역을 다스리는 여자 신이 있는 곳이에요. 그래서 신이 지켜준 겁니다."

어떤 신인지는 몰라도 우리에게는 무척 고마운 신이었다. 찰리따는 큰아들 얘기도 들려 주었다.

"북에 있는 큰아들은 잘 지내고 있으니 걱정하지 말아요."

믿고 싶고 안도하고 싶은 이야기이긴 했지만, 가능성이 희박해서 믿어야 할지 말지 잠시 고민스러웠다. 그리고 내 이야기도 했다.

"미스터 홍도 얼마 있으면 풀려날 거예요. 그리고 희망하는 대로 일이 잘 풀릴 겁니다. 걱정하지 않아도 돼요."

얼마나 고맙고 희망찬 예언인가. 특히 큰아들 관련 대목은 정말로 믿고 싶었다.

한번은 찰리따가 예전 해프닝을 꺼내며 말했다.

"옛날에 그 집에 구렁이가 나왔을 때, 죽이지 않고 살려보낸 적이 있잖아요, 기억나요?"

"아, 예. 그 구렁이 정말 징그럽고 무서웠지요."

"그때 안 잡고 안 죽여서, 그게 미스터 홍 살린 겁니다."

"아, 예…"

언젠가 집주인 집에 살 때, 부엌 창앞에 내놓은 의자 밑에서 구렁이를 발견한 적이 있다. 팔뚝만한 몸통의 구렁이가 의자 밑에 똬리를 틀고 있었다. 아내가 질 겁을 하며 소리를 지르고, 아들과 내가 구렁이 사냥에 나섰었다. 결국 못 잡고, 그냥 살려보낸 적이 있었다.

옛말에 집에 뱀이나 구렁이가 들면 죽이지 않고 쫓아 보낸다는 말이 있긴 하다. 우연한 해프닝이긴 했지만, 잘한 일이라는 해석이 반가웠다. 그 기억을 끄집어낸 찰리따의 해몽이 좋아 위로가 되기도 했다.

2012년 10월, 우리 가족은 태국을 방문해서 찰리따를 찾아갔다. 아쉽게도 그녀는 시골에 내려가서 집에 없었고 전화통화로 새삼 고마움을 전했다. 대신 그녀의 딸을 만나 저녁을 함께 하며 지난 과거일을 회상했다.

특수경찰(정보부), 뜨리또뜨

뜨리또뜨 부국장은 막후에서 우리 문제를 처리한 특수경찰이다. 태국의 특수경찰은 북한의 보위부나 한국의 국정원과 비슷한 조직이다. 뜨리또뜨는 우리가 난민보호소에서 체류한 1년 8개월 동안, 눈에 보이지 않게 우리와 관련된 모든 일을 해결하고 처리한 정보 전문가다.

당시 그의 행위가 자신의 업무에서 비롯된 것이었겠지만, 우리 가족에 대한 그의 호의와 배려는 분명했다. 상황 판단과 정보 공유, 물자 지원 등 그의 개입과 작용이 없었다면, 그 치열한 외교전 속에서 나 자신조차 길을 잃었을지 모른다. 나와 가족에게 그의 도움은 절대적이었다.

:: **뜨리또뜨 가족과 함께**
2012년 태국을 방문하여 뜨리또뜨 가족과 만났다. 12년여 만에 만난 뜨리또뜨는 은퇴 후 생활을 하고 있었다. 나와 아내를 보고 오랜 친구처럼 반가이 맞아주었다.

그와의 만남은 나콘 라차시마주 경찰청에서 시작되었다. 사고현장 근처의 병원에서 집주인 찰리따와 통화에 성공한 이후, 우리는 태국 정부와 연결되었다. 그 즉시, 태국 경찰의 보호 움직임이 강화되었고, 우리는 지방 파출소에서 주경찰청으로 호송되었다. 그때 앞에 나타난 사람이 특수경찰 부국장 명함의 뜨리또뜨였다.

그의 첫 업무는 언론을 상대로 나의 기자회견을 개최하는 일이었다. 주경찰청의 기자회견장에서, 나는 북한측 주장이 엉터리라는 논거를 제공하며 일일이 반박했다. 긴가민가하던 언론 분위기가 바뀐 것이 그때부터다. 역시나 북한 측이 거짓말로 나에게 범죄 혐의를 뒤집어씌웠다는 사실이 드러나기 시작한 것이다.

막내 아들의 보호와 석방을 위한 노력을 적극 기울인 사람도 뜨리또뜨였다. 그는 막내아들이 졸업한 학교를 찾아가 정보를 제공하고 아들 석방촉구 시위를 전개하도록 유도했다. 또한 250여 명의 경찰 병력을 북한대사관 주위에 포진시킨 사람도 뜨리또뜨다. 북한대사관을 압박하면서 막내아들의 안위도 보호하고, 북한 측의 동정도 포착하려는 다목적 용도에서였다.

뜨리또뜨를 통해 숙지한 상황 정보도 큰 도움이 되었다. 태국정부의 기본 입장은 범죄자라는 북한 주장이 소명되어야 한다는 점과 교섭단 대표로 이도섭단장이 왔다는 점, 그리고 이도섭 단장이 무언가 말도 안되는 일이 벌어졌고, 자신도 어쩔 수 없다는 뉘앙스를 풍겼다는 점도 알게 되었다.

뜨리또뜨는 우리 가족과 북한대사관의 협상을 중재했다. 북한 대표단장인 이도섭을 만나고 오더니, 넌지시 북한 측의 제안을 전달한 것이다. 북한 측 보위부 요원들의 재판 회부를 막아주면 우리 가족에게서 빼앗은 소지품을 돌려주겠다는 내용이었다. 우리 문제의 장기화를 막고 조기 종결하려면 북한측과의 적당한 타협이 필요할 수도 있다는 말까지 덧붙였다. 잠시 숙고하다가 나는 북한 대표단과 협상을 타결했다. 북한 보위부 요원들은 감옥행을 면해서 12월까지 대사관에서 체류하다가 평양으로 들어갔다.

사실 뜨리또뜨의 중재는 공식적인 태국정부의 입장과 배치되는 측면이 있었다. 그러나 외교란 때로 강경 대응의 이면에 타협론이 도사리는 경우가 종종 있다. 합리적으로 생각해도, 북한 요원들을 구속시키는 것과 내 망명 문제가 해결되는 것은 반드시 일치하는 것이 아니었다. 오히려 현실적으로 접근 가능할 때, 수습하고 마무리하는 것이 최선이라고 생각되었다. 무엇보다 전체 과정을 조절해온 뜨리또뜨에 대한 신뢰도 작용한 것이다.

뜨리또뜨의 활약은 자기 일에 열심히 노력한 점도 있고, 인간적인 면모를 베푼 점도 있다.

세밀하게 살펴보면 담당 직무 범위를 넘어나는 수준으로 조치해준 사례가 많았다. 북한의 반격으로부터 보호하기 위해 헬리콥터로 이송해 준 것도 그랬고, 이민국난민보호소 대신 안전한 특별보호소로 이송시킨 점도 그랬다. 소지품을 찾아주려 노력도 하고, 매 방문 때마다 먹을 것 등을 챙겼다. 부인과 함께 찾아와서 선물과 위로를 건넬 때는 깜짝 놀란 아내가 그의 부인에게 감옥에서 직접 뜬 식탁보를 맞선물하기도 했다.

2012년 10월, 태국을 방문하여 우리 가족 보호를 위해 많이 노력해준 그에게 진심어린 감사 인사를 드렸다. 어느새 그는 은퇴한 노인으로 살고 있었다.

태국총리, 추안 릭파이 추안 릭파이 총리가 아니었다면, 막내아들은 북한대사관에서 풀려날 수 없었을 것이다. 그러면 오늘의 안정과 행복을 이루지 못했을 것이다.

원래 탈북의 목표가 막내아들이라도 구하자는 심산이었기 때문에, 아들을 구해내지 못한다면, 탈북 망명은 실패한 거나 마찬가지였다. 그래서 오히려 부모인 내가 모든 것을 뒤집어쓰고 죽는 길이 아들의 처벌을 경감시킬 수 있는 차선책이라고 판단해서, 실려간 태국 병원에서 자해소동을 벌이기까지 했다.

찰리따 덕분에 태국 정부의 보호 아래 들어간 뒤로도 나와 아내는 상당 시간을 아들 걱정으로 불안에 떨어야 했다. 그때 구세주처럼 등장한 인물이 태국 총리인 추안 릭파이였다.

처음에는 어리둥절했다. 일국의 총리가 직접 나서서 아들을 구하겠다는 말을 들었을 때, 도저히 믿기 어려웠다. 더구나 북한이 얼마나 독한 집단인지 잘 알기 때문에, 태국총리의 의지대로 실현되리라는 확신도 별로 없었다.

그러나, 1999년 3월 23일, 거짓말처럼 북한대사관의 정문이 열리고, 2주간 감금되었던 막내 아들이 풀려났다. 태국정부가 승리한 것이다. 아니 이념을 넘어서 인권을 중시한 추안 릭파이 총리의 승리였다. 나는 환호와 쾌재를 불렀다. 주체할 수 없는 기쁨의 눈물로 아내는 뒤범벅이 되었다. 추안 릭파이 총리는 백척간두의 칼끝 위에 서 있던 우리 가족에게 의인이요, 은인이었다.

추안 릭파이 총리와 나는 구면이었다. 이전 김달현 부총리의 태국 방문 때, 배석자로 참석해서 인사를 나눈 사이였다. 김일성 사망 때도 대사관에 설치한 조의 영정에 헌화하기 위해 찾아왔고, 그때 재차 인사를 나누었다. 그리고 기어이는 망명자 신분으로 추안 릭파이 총리의 창과 방패에 의지하고 있던 것이다.

어쩌면 총리 입장에서는 우리 가족의 안위보다 실추된 태국의 자존심과 명예를 회복하려고 싸운 것일 수도 있다. 거짓말을 밥 먹듯 하며 태국정부의 자존심을 짓밟은 북한에게 일격을 가하려고 강하게 맞선 것일 수도 있다. 어쨌든 태국 정부는 우리 편에 섰고, 나와 우리 가족은 그 힘에 기대어 탈북 망명을 성공시켰다.

2012년 10월, 태국 방문 길에 추안 릭파이 총리를 만날 수 있었다. 인품과 청렴 등 국민들로부터 신망이 높은 총리를 두 번 역임한 정치 거물이다. 그는 아직

:: **추안 릭파이 전 태국총리를 다시 만나다**
2012년 태국 방문 중 자리를 함께한 전 태국 총리 추안 릭파이와 우리 부부 일행.

도 태국 정치권과 야당에서 중요한 역할을 하고 있었다. 태국 민주당 고문을 맡아서 활동하고 있고, 여전히 무척 바쁜 일정을 소화하고 있었다. 선약과 바쁜 일정들로 인해, 짧은 시간의 면담이 허용되었다. 겨우 비서를 통해 짬을 내도록 해서 대면하게 된 것이다.

그는 무척 반가운 얼굴로 우리를 맞이했다. 우리는 정치적 망명을 허용해 주어서 고맙다고 인사했고, 내 아들을 흉포한 북한 통치자들의 손아귀로부터 구출해 주어서 너무 고맙다고 말했다.

선한 미소를 지으며 그가 물었다.

"그래 가족 모두 한국으로 갔나요?"

아내는 갑자기 큰아들 생각이 나서 울먹이며 대답했다.

"태국에서 살던 가족은 무사히 한국에 갔지만, 평양에 있던 큰아들과 손녀딸은 북한에서 어떤 고초를 겪는지 생사 조차 모르고 있습니다."

총리는 깜짝 놀라면서 반문했다.

"어떻게 그런 일이 있을 수 있지요? 큰아들의 이름을 알려주세요."

큰아들에 대한 그의 관심 표명이 너무 고마웠다.

"그때 에피소드를 정리해서 책으로 출판할 예정입니다."

"그래요? 책이 나오게 되면, 내게도 하나 보내줄 수 있나요?"

"물론입니다."

8·2· 황장엽 선생
....

안가에 있을 때, 나를 찾아온 첫 손님이 황장엽 선생이다. 태국 난민수용소에 있을 때, 한국정부를 통해 황선생의 편지를 받은 이후 감격스런 대면을 한 것이다. 그는 여윈 체구였지만 혈기왕성한 표정으로 반갑게 악수를 건넸다.

"홍 선생, 정말 잘 왔소."

"황 선생님, 이제서야 왔습니다. 태국에서 선생님 편지를 받고 너무 반가웠습니다. 하루 빨리 한국에 와서 뵙고 싶었습니다."

"늦게 온 사정을 짐작하고 있소. 햇볕정책 등 한반도 주변 정세가 그리 만든 게지."

"잘 지내고 계신 거지요?"

"나는 잘 지내고 있소. 이렇게 홍 선생을 만나게 되니, 천군만마를 얻은 심정이오."

"필요한 일이 있으면 열심히 돕겠습니다."

"나를 돕는 게 아니오. 나와 함께 우리 북한민주화운동을 해나가는 거지. 북한을 변화시키는데 손잡고 함께합시다."

황장엽 선생이 내게 주신 격려와 배려는 과분할 정도였다. 그러나 빈말이 아니었다. 황 선생은 당시 자신이 이사장으로 있는 〈통일정책연구소〉에 내가 취직할 수 있도록 적극 도와주셨다. 이때부터 황 선생과의 인연이 시작되어 선생님이 돌아가시는 순간까지 함께 일해 왔다. 그 영광을 가슴에 새기면서, 지금도 선생님의 뜻을 받들어 미숙한 힘이나마 노력하고 있다. 그렇게 황장엽 선생을 만난 것이 두 번째 만남이었다.

첫 만남의 기억은 이렇다.

내가 태국대사관 무역참사로 있던 1995년 여름, 황장엽 선생이 태국을 방문했다. 인도에서 열리는 주체사상연구토론회에 참가하기 위해 가는 도중 방콕에 며칠 체류한 것이다. 대사관에서 만나 인사를 하고 이야기를 나누게 되었다.

그러나 그때는 고난의 행군을 하면서 수백만 명이 굶어죽는 시기였다. 내 속마음은 씁쓸했다.

'수많은 인민들이 굶어죽는 나라에 무슨 사상이 좋다고 돈을 써가면서 주체사상을 선전하러 다니는가! 차라리 그 돈으로 식량을 사다가 백성들이나 살릴 것이지!'

물론 북한 인민들의 굶주림을 학자 황장엽이 해결할 방도는 없다는 것을 모르는 바 아니었다. 당시 북한 상황이 그만큼 심각했기에, 뒤틀린 마음이 생겨난 것이다.

그런데, 두번 째 만남은 북한대사관이 아닌 서울에서 만나게 되었다. 그것도 망명자라는 같은 처지로 만난 것이다. 황 선생은 진심으로 반가워하며, 우리 가족을 격려해주었다. 아마도 북에 두고 온 처자들이 생각났을지도 모르겠다.

탈북자사회에서 황장엽 선생은 대표적인 상징이고 구심점이었다. 그러나 기대했던 만큼의 활동이 보이지 않자 그를 둘러싼 소문들이 무성하게 자랐다.

"서울로 오면서 부총리급 대우를 약속받았는데, 남한의 새정부가 약속을 지키지 않았다"

"남한정부에서 바깥 활동을 억제시켰다"

"황장엽의 미국 방문을 원치 않았다."

"아예 남한 정부의 지원이 끊겼다"

황장엽 선생은 철학자이고 교육자였다. 대북단체의 구체적인 운영보다는 탈북자조직을 통일일꾼으로 교육하는 일을 중시했다. 그들을 중국 접경지역에 파견하여 북한을 변화시키는 활동에 투입할 수 있기를 바랐다.

북한민주화운동의 첫걸음은 북한의 인권 문제다. 현실적으로 북한의 인권 이슈는 탈북자 인권을 중심으로 전개되고 있다. 탈북자 인권은 한국의 주도 아래, 국제사회의 협력으로, 관련국들이 탈북자의 안전과 생존을 보장하도록 하는 정책을 취해나가야 한다. 그런 흐름이 정착되면 통일에도 도움이 된다.

황 선생은 이렇게 말했다.

"햇볕정책으로 북한을 변화시킬 수 있다면 절대 찬성이지만, 현실은 정반대로 가고 있다. 햇볕정책을 진행하는 동안, 북한이 핵을 개발했다는 사실을 직시해야 한다."

"중국을 설득하여 북한을 변화시켜야 한다. 그런 다음에 통일로 가야 한다. 진정성있게 접근하면 충분히 가능한 일이다."

황 선생의 이런 견해는 결코 틀린 얘기가 아니다. 한중정상회담에서 탈북자 문제를 둘러싼 두 정상의 대화를 보면 확인할 수 있기도 하다.

박 대통령이 선처 요청을 했다.

"탈북자 문제를 불법 월경자로 보지 말고, 인권 차원에서 봐주면 좋겠다."

"… 알기는 아는데, 북한과의 예민한 문제이니, 중국의 애로도 좀 이해해 주시오."

시진핑 주석의 애매한 답변 속에는, 정책 차원에서 요란하게 접근하기보다는 현실 차원에서 조금씩 조용하게 다뤄나가자는 힌트가 보인다. 황 선생께서 이런 국제정치의 현실을 직시하자고 지적한 것이기도 하다.

27권의 책으로 남은 황장엽

김대중 정부와 노무현 정부는 황 선생의 고언에 귀를 기울이지 않았다. 북한을 자극하는 대외활동을 사실상 제한하는 조치를 취했다. 아무리 황장엽이라도 어쩔 수 없는 일이었다.

결국 황 선생은 자신의 인간중심철학에 대한 연구와 교육 활동에 주력했다. 그가 남한으로 넘어와서 13년간 집필한 저작물은 27권의 책으로 남았다.

황 선생은 미국으로부터 수십 차례의 초청장을 받았지만, 그의 미국행은 번번이 가로막혔다. 노무현 정부 들어서 고작 1주일 다녀온 것이 전부였다. 그 대신 정부는 황 선생을 통일정책연구소 이사장직에서 해임하고, 국가 지원을 단절했다. 경호체계도 국정원 안가에서 경찰 보호로 바뀌었다.

이명박 정권이 등장하자, 황 선생은 내심 기대를 가지기도 했다. 그러나 정권 초기에 촛불이다, 쇠고기다, 정국이 복잡해 지자 이명박 정부도 별다른 관심을 기울이지 않았다. 결국 그의 탁월한 식견은 빛을 보지 못한 채, 남한에서 운명을 달리하게 된 것이다.

나와 아내는 황 선생 생신을 세 번 챙겼다. 존경심의 발로이기도 했고, 혼자 사시는 게 안타까운 생각도 작용했다. 창동에서 살 때, 상계동에서 살 때, 식당을 운영할 때. 각기 다른 환경에서 생일상을 차렸지만, 일정한 생활 패턴이 있었다. 황 선생은 밥을 일절 안 드셨고, 갈비찜과 깍두기를 좋아하셨다. 체중은 늘 40kg을 유지했다. 남자 노인네 몸무게로는 너무 심하다 싶을 정도로 엄격하게 건강관리를 하셨던 분이다.

돌아가신 뒤에, 황장엽 선생은 정부로부터 국민훈장 1급 무궁화훈장을 추서받았고 대전 현충원에 안장되었다.

**황장엽의 인간중심
철학을 공부한 제자들**

황 선생은 제자 양성 교육에도 힘을 쏟았다. 한국의 젊은 제자들을 체계적으로 교육하셨고 그중에는 손광주, 선우현을 비롯한 여러 명이 있다. 특히 고령의 나이에도 불구하고 열심히 학습했고, 황 선생 사후에도 공부를 계속하고 있는 분들이 기억에 남는다.

그 가운데 처음으로 학습반을 조직하고 이끌어 온 민주주의이념연구회 강태

:: **황장엽 선생과 철학을 함께 공부했던 포럼회원들의 봄나들이**
황장엽선생은 교육적이고 철학적인 분이다. 통일과 북한민주화에 대한 그의 탁월한 안목과 전략적 고언들이 정세의 변화로 인해 온전하게 수용되지 못한 아쉬움이 많다.

욱 회장을 빼놓을 수 없다. 2003년 2월 어느 날, 강태욱 회장이 탈북자동지회에 찾아와서 내게 황 선생을 소개해달라고 부탁했다. 그때부터 매주 1회씩 황선생의 철학공부가 시작되었다.

핵심 성원들은 전 서울대 철학교수 이남영, 전 신성대학 부총장 인권식 박사, 인간중심철학연구소장 서정수 박사, 정지욱 회장, 양금선 회장, 임중산 선생, 차광진 박사, 이광우 소장, 강미순 등 여러 사람들이 있다. 탈북자로서는 김영순 여성부위원장이 모범적으로 끝까지 충실했다.

또다른 학습조로는 이동복 선생, 경찰대 유동열 박사, 고려대 조용기 교수 등이 있었고, 다른 한편으로 한기홍, 김영환 등 주사파 활동을 하다가 전향한 애국세력들이 매주 열심히 학습했다.

이처럼 황장엽 선생은 대한민국에 넘어와서도 많은 제자들을 양성하는데 열심이었고, 투사로 키워 조국통일 일꾼으로 양성하기 위해 노력하셨다.

8·3· 서울에서 만난 소중한 사람들

주선애 교수　　　　서울에서 맺은 인연 가운데 가장 의미있는 만남 중 하나는 주선애 교수와의 인연이다. 탈북자동지회 체육대회때 황장엽 선생 소개로 만나서 운동복을 기증받은 인연으로 시작되어, 우리가 온누리교회에 다니기 시작하면서 주 교수와의 인연이 본격화되었다. 할아버지, 할머니, 부모 등 대대로 교인 집안에서 자란 주선애 교수는 실향민 출신이다. 그래서 그런지 탈북자에 대한 주 교수의 애착은 남달랐다. 온누리교회에 탈북자들을 위한 하나공동체를 설립하였고 새생활체험학교를 통하여 탈북자들의 정착을 돕는 일을 열심히 했다. 우리 부부에게 신앙을 만나게 해주고 탈북자 사회를 위하여 헌신하고 있는 주 교수는 정말 우리에게 소중한 인연이 아닐 수 없다.

민영빈 회장　　　　YBM 민영빈 회장과의 인연도 아주 소중하다. 그는 성공한 실향민으로서 주선애 교수의 소개로 만나게 되었다. 민영빈 회장은 애국운동 사업에 많은 지원을 하는 애국자이다. 내가 회장으로 있

:: **주선애 교수와 아내**
주선애 교수와의 인연으로 온누리교회의 품에 안기게 되었다. 실향민 출신인 주선애 교수는 하나님밖에 모르는 신앙인
이며, 탈북자 지원조직인 하나공동체 출범에 큰 역할을 했다.

던 탈북자동지회에 탈북자 지원금을 기탁하고 탈북자 대상 무료 영어교실을 개
설해주는 등 탈북자 사회의 적극적인 후원자이시다. 내 아들에게도 많은 성원과
격려를 하셨다.

조동래 이사장과　　서울에서 만난 고마운 사람들 중에 서서울생활과학고등
황정숙 교장　　　학교의 조동래 이사장과 황정숙 교장을 빼놓을 수 없다.
　　　　　　　　조동래 이사장은 학생들을 통일 역군으로 키우기 위해 학
교에다 훌륭한 통일관을 지었고, 통일부 인가까지 받아 정식 통일관으로 지정되

었다. 학교 정문 현수막에는 이런 표어가 걸려 있어서 많은 오해를 받기도 한다.

"하루 세 번 통일을 생각합니다!"

황정숙 교장은 후대 교육에 많은 심혈을 기울이고 있다. 많은 학생들을 대학과 유학을 보내고 있어서 학교 명성을 높이고 있다. 두 분은 탈북자들을 물심양면으로 지원하며 통일의 역군이라고 고무해주시는 분들이기도 하다.

8·4· 가까운 사돈네

대한민국 시민으로 제2의 인생을 살면서, 가장 좋은 만남 가운데 하나가 사돈네와의 인연이다. 북한에도 '사돈과 뒷간은 멀수록 좋다'는 말이 있다. 그만큼 어려운 관계를 상징하는 속담이다. 사실 한민족의 부정적인 관습 가운데 하나가 사돈과의 인연이라 할 수 있다. 그러나 우리 가족에게는 예외다.

2006년 막내아들이 결혼하면서, 사돈네와의 인연이 시작되었다. 사실 아들과 며느리의 결혼은 난관을 뚫고 성사된 경사였다. 한국 사회에서 탈북자에 대한 부정적인 시선이 존재하는 것이 엄연한 현실이기 때문이다. 당시 아들의 베필감인 며느리도 그런 난관 앞에 고심해야 했다.

막내아들은 대학을 졸업하고 회사를 다니던 중 직장 친구 소개로 며느리를 만났고, 서로 호감을 주고받으며 사귀기 시작했다.

그리고 진지한 관계로 접어들기 시작한 어느 날, 아들이 고백했다고 한다.

"나, 이북 출신이야. 탈북자라고…"

"예? 그런 거짓말을… 히히, 농담하지 말아요~"

"거짓말 아냐. 인터넷 사이트 들어가 봐."

그날 밤, 며느리는 인터넷을 통해 사실을 확인했다고 한다. 그리고는 고심했다. 주변 친구들과 의논하니, 탈북자와의 결혼을 찬성하는 의견은 거의 없었다고 한다. 탈북자에 대한 차별적 시선이 존재하는 한국사회 현실의 벽에 부닥친 것이다. 고심을 거듭하던 며느리는 부모님께 이 사실을 알리고 의논했다. 교제 사실과 상세한 이야기를 들은 지금의 사돈네는 이렇게 말했다고 한다.

"만나는 사람이 탈북자 출신이라고? 사람을 판단하는 기준은 여러가지가 있지만, 탈북자라는 사실만으로 그 사람의 모든 것을 판단할 수는 없는 것 아니겠니? 무엇보다 중요한 것은 인간 됨됨이가 어떤가가 아닐까?"

"친구들이 다 반대해요. 그럴 필요가 뭐 있냐면서…"

"네 할머니도 황해도 출신 실향민이시다. 우리 가족의 뿌리 절반은 북한이라는 뜻 아니겠니? 그 청년을 한번 데려와 보거라."

얼마 뒤, 아들은 사돈네로 인사를 갔고, 사돈네는 아들의 성실한 품성과 열심히 노력하는 태도에 마음이 끌렸다고 한다. 사람됨을 중시하는 사돈네의 인간적인 태도가 차별적 시선을 극복하는 계기가 된 것이다.

나와 아내는 첫인상부터 며느리가 마음에 들었다. 식당을 운영하던 시절, 아들이 며느리를 처음 데려왔다. 체구는 좀 작았지만, 요즘 젊은이들 분위기와는 달리 참하고 조신한데다 지혜로운 인상이었다. 우리는 애초부터 가능하면 남한 출신 며느리를 바라던 차였다. 남한에 가족 친지들이 없는 우리 입장에서는 당연한 바람이었고, 아들한테도 처가 식구들이 있는 편이 더 좋을 것이라고 생각했다.

결혼에 성공한 아들 내외는 사돈네의 기대를 저버리지 않았다. 결혼 후 스스로 개척해서 유학도 다녀왔고, 지금은 커다란 외국기업에 취직해서 잘 살고 있다. 손주를 얻은 나와 아내는 할아버지 할머니가 되었다. 양가에서 바라보면, 이보다 흐뭇한 일이 어디 있겠는가.

바깥사돈은 중소기업을 경영하는 기업가다. 가난한 집안의 장남으로 자라서 일찌감치 결연히 성공의지를 다져왔다. 중병에 걸려서도 의지로 이겨내는 등 자수성가하여 성공한 인생을 살아온 분이다. 청소년선도 활동과 성범죄 예방센터장 등 왕성한 사회 활동도 전개한다.

비록 나이 차이가 10살 정도지만, 아내와 안사돈의 각별한 친분을 보면 자매지간인 듯한 착각에 빠지기도 한다. 하루라도 전화를 거르면 당장 왜 연락 안하느냐는 책망이 날아들 정도로, 자주 대화하며 소통한다. 무엇 하나라도 함께 나누려는 마음이 앞서는 사이기도 하다.

가끔 아들네가 귀국하면, 양가 집안이 함께 여행을 다녀오기도 한다. 생일도 거르지 않고 서로 챙긴다. 며느리도 좋지만, 주변에서 부러워하는 이야기를 들을 때면 사돈 잘 만난 행운을 실감한다.

∷ 손주들
　죽을 고비를 넘기며 감행한 자유세계로의 탈출이 가져다 준 가장 소중한 보물. 막내아들 하나라도 살리자는 절실한 마음이 자유세계에서 결실을 거두어 기쁘다.

자유의 역설 : 자유세계로의
탈출을 부추기고 강요한 보위부에 감사하며

지금에 와서 돌아보면 고난으로 점철된 내 인생이 마치 한 편의 드라마처럼 느껴진다.

자유가 무엇인지도 몰랐던 인생, 주는 대로 먹고 생명을 유지하는 가축과도 같은 신세였다. 그래서 자유를 요구하지도 못하고 시키는 대로 움직여 온 로봇 같은 인생이었다. 그 로봇은 스스로 북조선 인민의 어버이라 칭하며 폭압적으로 군림하는 절대 수령의 노예였다. 이 노예들의 나라가 함께 나눠 먹는다는 배급제 논리로 인간의 자유를 억제하는 세계 유일의 독재국가, 바로 조선민주주의인민공화국이다.

그런 나를 낯선 자유의 세계로 등떠민 것은 국가보위부의 긴급 소환장이었다. 다행스럽게도 그들의 긴급 소환장에 도사린 폭력과 음모를 간파했기에, 그들의 손아귀에서 벗어나기 위한 필사의 모험을 감행한 것이다. 얼마나 아이러니한 일인가. 그 긴급 소환장이 아니었다면, 보위부가 아닌 다른 부서에서 날아온 소환장이었다면, 나는 순진하게 북한으로 돌아가서 지옥인지도 모르고 그 속에서 살다가 이미 오래 전에 저 세상 사람이 되었을 가능성이 높다.

이쯤되면 내 탈출의 기폭제가 된 그 긴급 소환장에다 고맙다는 절을 해야 하는가? 그런 소환장을 친히 보내주어 내게 암시를 던져준 보위부에다 감사의 절을 올려야 하는가? 말 그대로, 폭력적 음모가 극적인 반전을 거쳐 탄생시킨 자유의 역설이 아닐 수 없다.

가끔은 다원주의 사회에서 누리는 '자유'가 지나치게 자유롭다는 생각이 들기도 하지만, 그 덕분에 나는 자유인의 호흡과 걸음으로 당당히 대한민국 수도 서울에서 제2의 인생을 행복하게 살고 있다.

내가 지나온 모든 날들과 굽이굽이에서 마주친 모든 사람들에게 감사드린다.